이차전지
슈퍼커패시터
개론 및 활용

이차전지 슈퍼커패시터 개론 및 활용

발 행 일	2024년 7월 15일
저 자	이 국 환
감 수	김 형 석
발 행 자	최 봉 조
발 행 처	진샘미디어
주 소	서울시 은평구 연서로 5길 28 부호아파트 102동 상가5호
전 화	02-353-4421 / FAX 02)353-4431
홈페이지	www.jinsaem.co.kr
신고번호	제311-2005-000025호
I S B N	979-11-91419-37-5 (93570)

정가 32,000원

이차전지

슈퍼커패시터 개론 및 활용

이국환 지음
김형석 감수

JINSAEM 진샘미디어

이차전지(Secondary cell)

제1회 세계 한인 과학기술인대회가 2023년 7월 4일(화)~7월 7일(금)까지 서울 강남구 한국과학기술회관에서 개최되었다.

과학기술정보통신부와 한국과학기술단체총연합회 주관으로 열린 이 대회는 세계 각지의 한인 과학기술자들과 함께 공동연구와 협력의 장을 마련하고 교류하며 대한민국이 세계적 과학기술 중심국가로 거듭나 선도적인 역할과 위상을 갖추고, 발판을 마련하겠다는 취지이다.

프로그램을 살펴보면 다음과 같다.

프로그램

<table>
<tr><th></th><th>첫째날
7.4(화)</th><th colspan="4">둘째날
7.5(수)</th><th colspan="4">셋째날
7.6(목)</th><th colspan="4">넷째날
7.7(금)</th></tr>
<tr><td>09:30~10:00</td><td rowspan="8"></td><td colspan="4">기조강연 Ⅰ</td><td colspan="4">기조강연 Ⅱ</td><td colspan="4">기조강연 Ⅲ</td></tr>
<tr><td>10:00~10:30</td><td colspan="4">Break</td><td colspan="2" rowspan="3">산학연
Tech 포럼
(산학연
사례중심)</td><td colspan="2" rowspan="3">우수논문
시상식
(10:00~11:30)</td><td colspan="4" rowspan="3">차세대 리더스 포럼</td></tr>
<tr><td>10:30~10:50</td><td colspan="4">제1회 세계 한인 과학기술인 대회 개회식</td></tr>
<tr><td>10:50~12:00</td><td colspan="4">사이언스 토크콘서트</td></tr>
<tr><td>12:00~13:00</td><td colspan="4">오찬</td><td colspan="4">오찬</td><td colspan="4">오찬</td></tr>
<tr><td rowspan="2">13:00~15:00</td><td colspan="4">미래과학기술</td><td colspan="3">미래과학기술</td><td rowspan="2">세계
여성
과학
기술인
포럼</td><td rowspan="2">세계
한인
스타
트업
포럼</td><td rowspan="2">차세대
Job
Fair</td><td rowspan="2">과학
외교
포럼</td><td rowspan="2">한인
석학
과의
대화</td></tr>
<tr><td>우주항공·해양</td><td>첨단모빌리티</td><td>인공지능</td><td>기초 Ⅰ</td><td>수소·이차전지</td><td>차세대 원자력</td><td>종합 Ⅰ</td></tr>
<tr><td>15:00~15:30</td><td colspan="4">Break</td><td colspan="4">Break</td><td colspan="4">Break</td></tr>
<tr><td>15:30~17:00</td><td>등록</td><td colspan="4">미래과학기술</td><td colspan="4">미래과학기술</td><td colspan="4" rowspan="4">세계한민족 과학기술자
공동협의회 총회
(19개 과협회장단,
Invitation Only)</td></tr>
<tr><td>15:30~17:30</td><td>환영연
(17:00~17:30)</td><td>사이버보안</td><td>차세대통신</td><td>첨단로봇·제조</td><td>기초 Ⅱ</td><td>첨단바이오</td><td>양자</td><td>반도체·디스플레이</td><td>종합 Ⅱ</td></tr>
<tr><td>17:30~18:00</td><td>특별강연 Ⅰ</td><td colspan="4" rowspan="2"></td><td colspan="4">특별강연 Ⅱ</td></tr>
<tr><td>18:00~20:00</td><td>환영만찬·공연</td><td colspan="4">환송만찬</td></tr>
</table>

현재 4차 산업혁명시대에 있어 이차전지는 국가의 과학기술과 산업 경쟁력 핵심 중의 한 산업분야이다. 기술 패권의 한 축인 것이다.

친환경의 대표적인 전기자동차를 비롯한 전동화 모빌리티(Mobility)는 물론 차세대 모빌리티를 포괄하는 동력원으로 없어서는 안되는 이차전지는 전기차 원가의 51% 이상을 차지하는 핵심요소기술의 집합체로 전 세계적으로 수요가 폭발적으로 증가하고 있는 산업이다. 그 만큼 이차전지를 구성하고 있는 주요 핵심요소인 양극재, 음극재, 분리막, 전해질 분야에 있어 연구개발과 기술의 고도화 경쟁력은 우리가 상상하는 그 이상이다. 그야말로 선의의 경쟁으로 기술 패권을 확보하고자 하는 것이다. 또한 이와 관련된 모듈, 부품, 소재와 더불어 광물 추출 및 가공을 비롯한 폐배터리 재활용 산업 등 연계 산업도 계속 빠른 속도로 성장하고 있다.

저자는 학부와 대학원에서 전기자동차를 비롯한 전장, 메커니즘, 배터리 이와 관련된 플라스틱 소재와 물성, 응용 등을 비롯한 기계시스템응용설계 그리고 창의적 공학설계특론 등을 가르치며 역공학설계와 기능분석 방법론에 의한 문제해결과 창의적 · 개념적 선도기술 구현 등을 동반으로 고도화 신행개발 등을 가르치며, 연구해왔다.

실제로도 저자는 전동 모빌리티에 있어, 주행 시 차체의 안정성과 안전성을 유지하는 핵심요소기술인 자세복원 메커니즘에 대한 미국, 중국 등에 등록특허와 함께 연관된 특허를 수 십개 보유한 연구 및 기술개발 전문가이기도 하다.

전동 모빌리티에 들어가는 메커니즘과 시스템은 물론 리튬이온 배터리(LIB), 리튬인산철 배터리(LFP), 슈퍼커패시터 배터리 등의 개발에도 참여했다.

이차전지의 중요성을 이론적으로 그리고 개인용 이동장치인 PM(Personal Mobility)을 연구개발하여 양산하는 과정에서 절실히 깨달아 이를 저서로써 출간하게 된 것이다.

연구개발의 결과인 전문적인 내용보다는 우선 이차전지의 종류, 원리, 특성, 소재, 활용 등을 폭넓게 이해하고, 알기 쉽게 개론적으로 저술하고자 하였다.

이는 이차전지에 대한 관심은 물론 핵심 내용에 대한 이해와 습득이 용이하도록 하여, 향후 보다 전문적인 학업과 연구개발 그리고 산업기술 현장에서 실무와 적용에 도움이 되도록 한 것이다.

이차전지는 미래를 향한 국가 경쟁력의 상징 중 한 품목이다. 미래 먹거리의 창출이며, 고용 효과에 있어서도 위대한 동력이 된다.

이차전지 산업 분야에서 묵묵히 헌신하며, 땀과 노력과 열정을 가지고 종사하는 많은 분들이 있다. 그 분들의 노고에 진심으로 감사드린다.

화학공학, 소재공학, 전기공학, 전자공학, 기계공학 등을 비롯한 관련 융복합기술이 적용된 종합기술(개발기술과 공정기술)의 집합체는 그 분들의 그 동안 헌신의 결과인 놀랍고 자랑스런 업적이며 결과물이다.

저자는 이러한 축적된 훌륭한 결과물을 조사하고, 분석하고, 검토하고, 탐구하면서, 거기에 직접 PM(Personal Mobility)용 이차전지(삼원계 리튬이온, 리튬인산철, 슈퍼커패시터 등)를 연구개발하고, 전기바이크(e-bike) 및 전동킥보드에 직접 실장 · 탑재하여 수 년에 걸친 현장시험과 수 차례 개선보완을 거친 후 초기 제품을 판매해 본 기술개발과 현장실무 경험을 바탕으로 본 저서를 집필하게 되었다.

이번에 강조하는 슈퍼커패시터(Supercapacitor) 또는 울트라커패시터(Ultracapacitor)는 위에서 언급하고 강조한 삼원계 NCM, NCA 리튬이온배터리, 리튬인산철(LFP) 배터리와 같이 차세대 에너지저장장치로 그 수요와 발전 가능성이 아주 크다.

슈퍼커패시터(Supercapacitor) 특징을 간결 · 명료하게 말하자면 슈퍼커패시터는 출력밀도(power density)가 높고 에너지밀도(energy density)가 낮은 특성을 갖는 기존의 전통적 · 재래식 커패시터(콘덴서, condenser, 축전기)와 에너지밀도가 높고 출력이 낮은 이차전지(삼원계 리튬이온, 리튬인산철 배터리)의 단점을 보완하기 위해 고출력과 적절한 에너지밀도를 갖는 배터리 즉, 에너지저장장치이다.

슈퍼커패시터(Supercapacitor)는 빠른 충전속도와 반영구적인 수명은 물론 화재 및 폭발 가능성이 전혀 없는 최고로 안전성을 갖는 장점으로 고출력이 필요한 응용분야, 산업분야 및 실생활분야에 사용하거나 이차전지와 하이브리드화하여 고성능 배터리, 고성능 에너지저장장치로 사용되고 있고 한편으론 크게 주목을 받고 있다.

따라서 현재 한국이 주도하고 있는 삼원계 NCM, NCA 리튬이온배터와 중국이 주도하는 리튬인산철(LFP) 배터리에 비해 에너지밀도는 약간 떨어지지만 안전성은 최고이고, 충전속도도 빠를 뿐 아니라 수명 사이클도 아주 좋기에 산업 및 실생활 여러분야에서 사용이 급속히 확장되고 있다.

슈퍼커패시터의 용도는 태양광, 풍력, 반도체, 디스플레이, UPS(무정전전원장치), 순간 정전보상장치, 연료전지보조, ESS(에너지저장시스템), 펄스 파워(Pulse power), 하이브리드 자동차, 주파수조정기, AMR(자율이동로봇), 운송, 회생제동, 에너지 하베스팅(에너지 수확), 전압안정기, 해양발전 등을 비롯해 소비재로써 전동공구, 비상발전 등에 있어서 이차전지로써 주 배터리 또는 하이브리드 배터리, 보조 배터리로써의 그 수요는 엄청나다. 현재는 전기자동차에 하이브리드 배터리로, 보조 배터리로 사용하고 있지만 주 배터리로 사용하기 위해 에너지밀도를 높이고자하는 연구개발이 전세계적으로 활발히 진행되고 있는 중이다.

본 저서 '슈퍼커패시터 개론 및 활용'은 저자가 직접 원통형과 파우치형 슈퍼커페시터의 개발에 참여해, 전동바이크에 탑재하고 1년이 넘는 오랜 기간 현장시험(field test)을 거친 후 국내 최고 권위의 공인시험인증기관인 국토교통부 산하 한국교통안전공단 자동차안전연구원(KATRI)에서 시험 성적서를 획득했기에 자부심을 갖고 기술사업화 결과를 사례연구로 해서 슈퍼커패시터 이론과 적용(즉, 응용 및 활용)으로 실무와 유관 업무−이는 상품기획, 아이템 발굴, 연구개발, 기술설계, 시험, 제조, 마케팅 등에 이르기까지 전주기−에 실용적으로 도움이 되고자 하는 목적과 목표로 집필한 것이다.

저자는 근 40년 가까이 오직 한길을 걸으며 연구개발과 기술사업화에 전념을 해오고 있다. 그리고 그 오랜 기간 갈고 닦은 이론과 실무를 통합한 성과물로 논문, 수 백개의 특허(상용화 특허 포함)를 비롯한 80권이 넘는 공학기술 분야, R&D 및 기술사업화 분야, 창의성 분야 등 다양한 분야의 저서를 출간하였나.

그동안 공학자, 연구개발자, 발명가, 엔지니어로서의 신념은 "과학기술(Science & Technology)이란 인간의 일상생활을 풍족하고 편리하게 해주는 '도구이자 수단'이 되어야 한다는 것이다. 그것도 인간의 문명 발전과 번영에 유익한 도구이며 수단으로서."

"급격히 변화하는 시대에 적응하고, 현실을 직시하며 좀 더 나은 미래를 개척하기 위해서는 오로지 끈기와 열정으로 자기계발에 힘쓰는 것이다"라고 강조하고 싶다.

각자가 꿈꾸고 희망하고 목표로 삼고 있는 미래 개척과 도전에는 본인들의 땀과 노력과 눈물이 비례한다는 것을 확신한다.

보다 나은 미래 도약을 위해서 독자분의 꾸준한 호기심과 탐구심, 도전정신을 기대해본다.

아무쪼록 본서가 연구 및 기술개발과 산업발전에 있어 훌륭한 길잡이가 되었으면 한다. 그리고 기술보국(技術報國)의 현장에서 최선을 다하는 독자들에게 큰 도움이 되기를 바라며, 끝으로 이 책을 펴내는데 있어 수고해 주신 도서출판 진샘미디어 관계자분께 진심으로 감사를 드린다.

2024년 6월
공학박사 이 국 환(李國煥)

Contents

CHAPTER 1

커패시터(Capacitor)

CHAPTER 2

슈퍼커패시터(SuperCapacitor)

CHAPTER 3

슈퍼커패시터 개발 및 활용-사례연구

CHAPTER 4

울트라커패시터(UltraCapacitor)

제1장

커패시터
Capacitor

커패시터(capacitor, 축전기) 또는 콘덴서(condenser)란 전기회로에서 전기용량을 전기적 퍼텐셜 에너지(electric potential energy, 전기적 위치에너지 : 전기적 위치에너지는 정의된 물리계 안에 놓인 전하 사이에서 발생하는 정전기력이 변화·발생하는 위치에너지로, 전압은 전기적 위치에너지의 차이인 것이다)로 저장하는 장치이다. 두 개의 단자가 있는 수동소자이다. 축전기 내부는 두 도체판이 떨어져 있는 구조로 되어 있고, 사이에는 보통 절연체가 들어간다. 각 판의 표면과 절연체의 경계 부분에 전하가 비축되고, 양 표면에 모이는 전하량의 크기는 같지만 부호는 반대이다. 즉, 두 도체판 사이에 전압을 걸면 음극에는 (−)전하가, 양극에는 (+)전하가 유도되는데, 이로 인해 전기적 인력이 발생하게 된다. 이 인력에 의하여 전하들이 모여있게 되므로 에너지가 저장된다.

다음 사진 1.1은 서로 크기가 다른 여러 종류의 커패시터(축전기)의 모습이다.

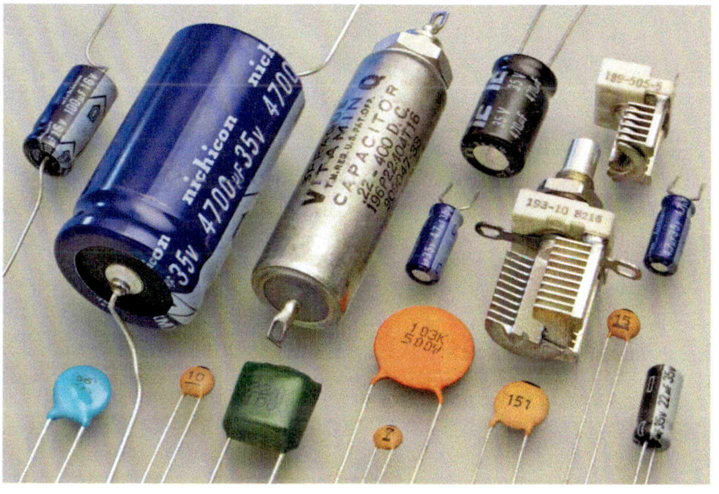

사진 1.1 여러 종류와 크기의 커패시터(축전기)

01 커패시터의 연혁 및 정의

1745년 최초의 축전기 형태인 라이덴병(Leyden jar, 정전기를 저장할 수 있도록 만든 최초의 장치(일종의 축전기)를 말한다. 즉, 라이덴병은 정전기를 축적하는 도구이다. 유리병을 사이에 두고 두 전극이 안쪽과 바깥쪽에 놓여 있다. 라이덴병은 일반적으로 유리병의 안쪽과 밖을 감싼 한쌍의 금속 박막으로 이루어져 있으며 금속막대가 안쪽과 연결되어 있다. 라이덴병은 일반적으로 콘덴서라고 불리는 축전기의 시초이다)이 독일 발명가인 에월드 게오르그 폰 클라이스트(Ewald Georg von

Kleist)에 의하여 발명되었고, 1746년에는 네덜란드 라이덴 대학의 물리학자인 피터르 판 뮈스헨브루크(Pieter van Musschenbroek)도 독자적으로 라이덴병을 발명하였다. 최초의 라이덴병은 유리병에 코르크 마개 중앙으로 도선을 삽입하여 물에 닿도록 한 후 정전기를 충전시키는 단순한 형태였다. 그 후 유리병의 안과 밖에 금속박(주석박, Tin foil, 주석으로 만든 얇은 호일이다. 주석 호일은 제2차 세계대전 이후에 더 저렴하고 내구성이 뛰어난 알루미늄 호일로 대체되었다)을 입혀 극성이 서로 다른 전하를 충전시키고 도선을 서로 연결하여 충전된 전하를 방전시키는 완전한 형태의 커패시터(capacitor, 또는 콘덴서)로 발전하게 되었다. 라이덴병에서 유리가 유전체, 주석박이 전극역할을 하고 있는 것이다.

그림 1.1은 에월드 게오르그 폰 클라이스트가 발명한 초기 라이덴병의 단순한 구조와 모양을 나타낸다. 사진 1.2는 최초의 축전기인 라이덴병의 실물이다.

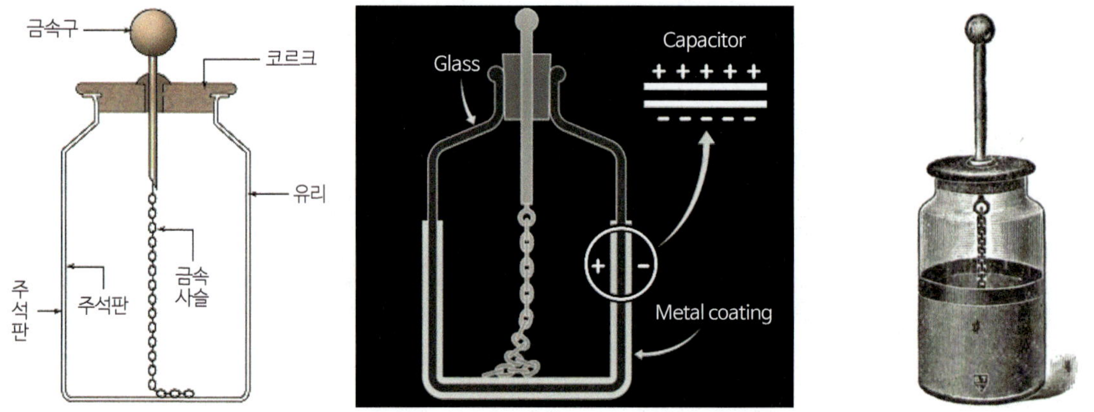

(a) 구조 (b) 스케치된 모양

그림 1.1 초기 라이덴병의 단순한 구조와 모양

사진 1.2 라이덴병(최초의 축전기)

그 후 지금과 같은 축전기가 비약적으로 발전하게 된 동기는 제2차 세계대전이 결정적인 고비가 되었다. 그 전에는 주로 자연적인 재료를 유전체로 사용하였으나 제2차 세계대전을 전후하여 독일에서 금속증착기술이 상용화되면서부터 소형화된 축전기의 출현이 가능하게 된 것이다.

우리말로 축전기라고 불리는 커패시터는 전기에너지를 축적(저장)할 수 있는 소자를 말하며, 기본적으로 두 장의 판으로 구성한 전극을 서로 마주보는 구조로 구성하고 있다. 이 절연체(insulator, '유전체'로 전기나 열을 전달하기 어려운 성질을 가지는 물질의 총칭이다. 전기가 통하기 쉬운 도체(전기전도체)에 비교해서 부도체(不導體)라고도 한다. 그리고 절연체는 유전체의 성질을 갖는다)는 전극판과 전극판 사이의 전기를 차단하고 전기를 담아두는 역할을 한다.

유전체(dielectric)는 전기적 유도작용을 일으키는 물질로 보통 부도체(절연체)이다. 그리고 주석박은 납과 주석의 합금을 얇게 펴서 종이처럼 바꾼 것으로, 주석박이 바로 전극(electrode) 역할을 하는 것이다.

02 커패시터의 원리, 구조와 특성

그림 1.2는 커패시터의 기본적인 구조와 구성요소를 보여준다.

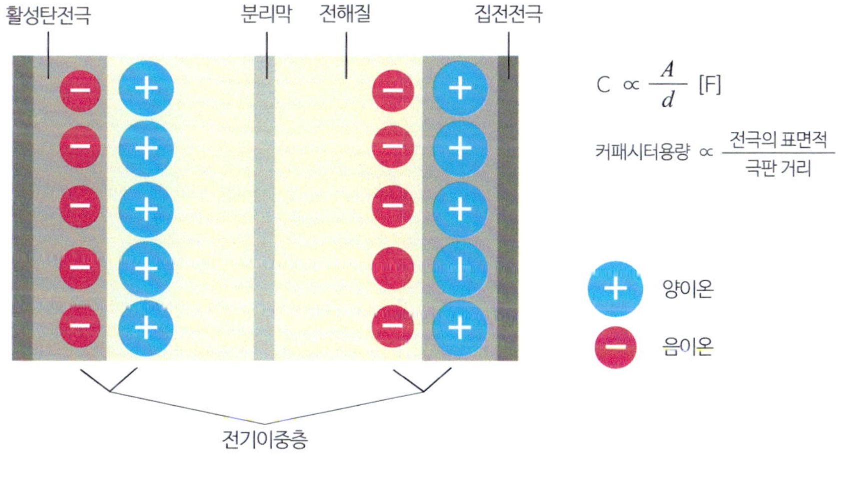

그림 1.2 커패시터의 기본 구조

그림 1.3은 커패시터의 충전 과정을 나타낸다.

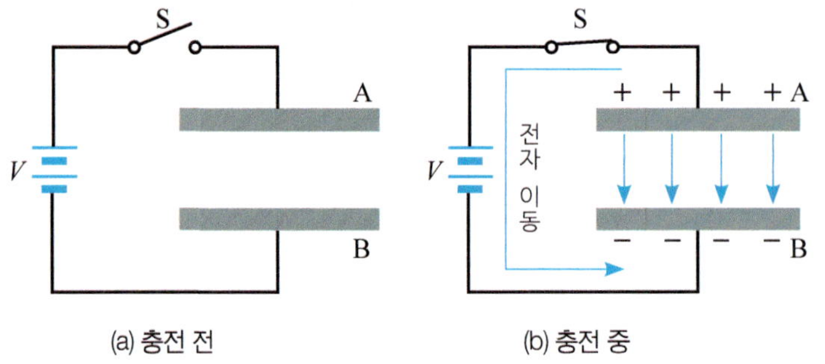

그림 1.3 커패시터의 충전 과정

커패시터(축전기)의 충전 방법은 커패시터의 한쪽 판 A에는 (+)전하가, 다른 쪽 판 B에는 (−)전하가 대전되는 데, 두 금속판 사이의 전위차가 전지의 전압과 같아질 때까지 전하가 이동하여 각 금속판에는 전하가 같은 양으로 분포하게 만든다. 이 상태가 되면 전지를 떼어도 두 금속판에는 전하 사이의 전기적 인력에 의해 전하가 그대로 저장되어 충전이 된다. 커패시터는 그림 1.4의 모식도(도식적(圖式的)으로 정리 · 배열한 그림)에서와 같이 전극판 사이에 유전체(절연체)를 넣어 제조하고 있어, 유전체의 재질에 따라 여러 종류의 커패시터가 제작될 수 있으며, 아무것도 삽입하지 않고 공기를 유전체로 하는 커패시터도 있다.

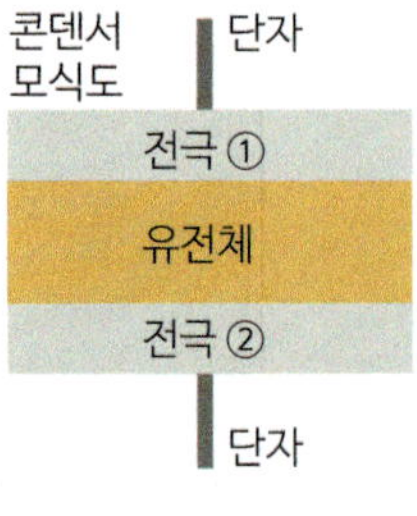

그림 1.4 커패시터(축전기, 콘덴서)의 모식도

커패시터(capacitor)는 전하(전기)를 저장하는 회로 소자로서 회로내의 배터리 기능을 한다. 엄밀히 말하자면 배터리도 커패시터의 일종으로 전하(전기)를 저장하는 회로 소자이다.

커패시터의 구조는 양극 사이에 유전체라고 하는 물질을 넣어서 전하를 저장한다. 유전체는 절연체로 전기가 통하지 않으며 일반적인 상태에서는 극성을 띄지 않고 전기장 안에서는 극성을 띄게 된다.

그림 1.5에서 나타낸 바와 같이 커패시터 양단에 전압차가 발생을 하면 양전하와 음전하가 서로 다른 단자에 모이면서 내부에 전기장을 형성하고 전기장의 영향을 받아 유전체의 극성이 만들

어진다.

커패시터의 전하가 충전되는 원리를 자세히 보면 전기장이 없을 때는 양자와 전자가 원형을 이루고 있다가 양극에 전기장이 가해지면 타원으로 변하면서 (−)극에는 (+)의 양자가 (+)극에는 (−)의 전자가 모이게 된다. 이런 현상을 유전분극 현상이라고 하는데 유전분극은 유전체의 물질에 의해 결정되며 유전분극이 잘 일어날수록 커패시터의 용량도 커지게 된다.

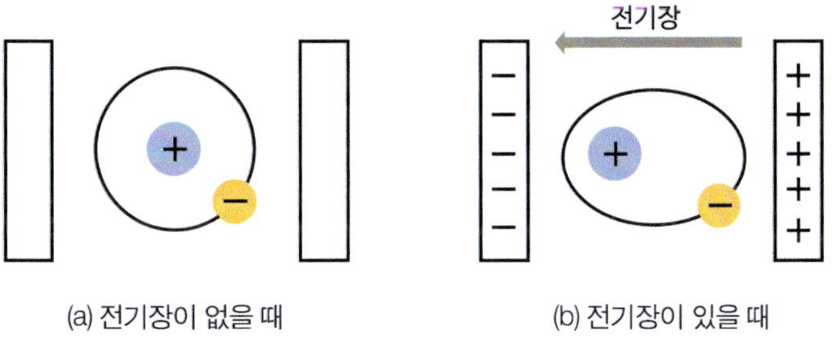

그림 1.5 커패시터의 전하가 충전되는 원리

1) 커패시터 내부에 충전되는 전하량과 정전용량

커패시터(콘덴서) 등에서 전하(전기)를 얼마나 축적할 수 있는지 나타내는 양으로, 전기용량이라고도 한다.

공식은 다음과 같이 나타내며, 대전체의 전위(V, 전압)와 대전량(Q, 전하량)은 서로 비례한다.

$$Q = CV$$

여기서, Q는 커패시터 내부에 충전되는(축적되는) 전하량이고, C는 커패시턴스(Capacitance : 커패시터가 전하를 충전할 수 있는 능력으로 정전용량 혹은 커패시턴스(Capacitance)라고 한다. 기호는 C, 단위는 패럿(F)이며 전압을 가했을 때 축적되는 전하량의 비율을 나타내는 양을 말한다)로, C는 전극이 전하를 축적하는 능력의 정도를 나타내는 비례상수이며, 정전용량이라고도 불린다. V는 인가된 전압이다.

이 때 1F(Farad, 패럿)의 정전용량을 갖는 커패시터에 1V의 전압을 인가했을 때, 1C(쿨롱, 쿨롱(Coulomb, 기호 C)은 국제단위계의 전하의 단위다. 1C는 1A(암페어)의 전류가 1초 동안 흐를 때 이동하는 전하의 양(전하량)이다)의 전하를 두 금속판 사이에 충전할 수 있음을 의미한다.

위의 공식에 따라서 정전용량(커패시턴스)이 클수록, 전압이 클수록 많은 양의 전하가 커패시터(축전기, 콘덴서)에 충전된다.

이를 정리하면 다음과 같다.

비례상수(정수) C는 정전용량이라고 하며, 커패시터(콘덴서) 등에서 전하(전기)를 얼마나 축적할 수 있는지 나타내는 양으로, 전기용량이라고도 한다. 단위는 F(패럿, Farad)으로 나타낸다.

전하량이 1C(쿨롱, Coulomb)이며 전위차가 1V인 경우는 정전용량(커패시턴스)은 1F가 된다. 다만 이것은 너무 큰 단위이므로, 실용적인 단위로는 1F의 100만분의 1(10^{-6})에 해당하는 단위인 μF(마이크로 패럿)이나 1F의 1조분의 1(10^{-12})에 해당하는 단위인 pF(피코 패럿)으로 나타내는 것이 일반적이다($1F=10^6\mu F=10^{12}pF$).

또한 커패시턴스(Capacitance, 정전용량) C값은 아래의 3가지로 결정이 된다.

① 커패시터 양 단자의 면적(A)

② 양 단자 사이의 거리(d)

③ 내부 유전체 재료의 특성(ε)

그림 1.6은 커패시턴스(Capacitance, 정전용량) C를 구하기 위한 축전기의 구조도이다.

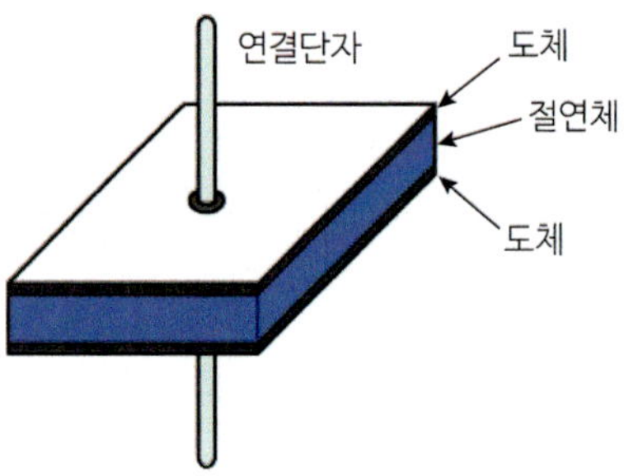

그림 1.6 커패시턴스 C값을 구하기 위한 축전기의 구조도

커패시턴스(Capacitance, 정전용량) C값을 구하는 공식은 다음과 같다.

$$C = \varepsilon \frac{A}{d} = \varepsilon_r \varepsilon_0 \frac{A}{d}$$

여기서, 도체의 면적을 A, 양극 사이의 간격을 d, 그리고 유전체(dielectric)의 특성(permittivity, 유전율)을 ε으로 나타낸다.

앞 그림 1.6과 공식에서와 같이 결국 커패시턴스(Capacitance, 정전용량) C값을 키우기 위해서는 단위면적을 키우고, 양 극간의 간격을 매우 좁게 해야 한다.

여기서 유전체를 어떤 것으로 하느냐에 따라 종류와 특성이 결정된다.

2) 커패시터(콘덴서)란?

커패시터(Capacitor, 축전기, 콘덴서)는 전하(전기)를 충전하는 부품으로 극성을 갖는 두 금속판이 존재하며 그 사이가 유전체(절연체)로 분리되어 있는 것이 기본 형태이나. 커패시터는 극성이 없는 커패시터와 (+), (−)극성이 존재하는 커패시터로 나누어진다. 그림 1.7은 커패시터를 표시하는 기호이다. 그림 1.7(b)에서와 같이 극성이 있는 커패시터는 오른쪽의 휘어진 극성이 (−)이고 반대가 (+)이다.

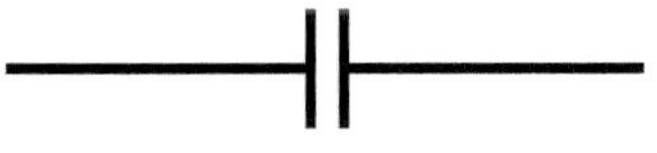

(a) 무극성 커패시터

(b) 극성 커패시터

그림 1.7 커패시터의 표시 기호

커패시터 양단에 전압이 걸리면 쿨롱의 법칙에 의해서 한 쪽 금속판에는 Q_+전하가 저장되고 반대쪽 판에는 Q_-전하가 저장된다. 그렇게 충전과 방전을 반복하는 소자가 바로 커패시터이다.

커패시터가 전하를 충전할 수 있는 능력을 정전용량 혹은 커패시턴스라고 하며 기호는 C이다.

단위는 페럿(Farad, F)으로 전압을 가했을 때 충전되는 전하량의 비율을 나타내는 양이다. 보통 피코 페럿[pF, 10^{-12}F]을 기본 단위로 사용하고 [nF, 10^{-9}F], [μF, 10^{-6}F] 순서로 커지게 된다.

커패시터에 충전된 전하를 Q, 인가된 전압을 V라고 할 때, 1[F]의 정전용량을 갖는 커패시터에 1[V]의 전압을 인가했을 때 1C(쿨롱, 쿨롬)의 전하를 두 금속판 사이에 충전할 수 있음을 의미하다.

따라서 정전용량(커패시턴스) C가 클수록, 전압(인가전압, V)이 클수록 많은 양의 전하(Q, 전하량, 충전량)가 충전됨을 다음 공식에 의해 알 수 있다.

$$Q = CV$$

3) 커패시터의 특성

(1) 커패시터의 직렬 연결

커패시터를 직렬로 연결할 경우 합성(총, Total, 합성) 커패시턴스를 구하는 공식은 다음과 같다. 여기서 C_T는 총(합성) 커패시턴스이다.

$$\frac{1}{C_T} = \frac{1}{C_1} + \frac{1}{C_2} + \frac{1}{C_3} + \cdots$$

(2) 커패시터의 병렬 연결

커패시터를 병렬로 연결할 경우 합성(총) 커패시턴스를 구하는 공식은 다음과 같다. 여기서 C_T는 총(합성) 커패시턴스이다.

$$C_T = C_1 + C_2 + C_3 + \cdots$$

(3) 커패시터의 전압과 전류

커패시터의 두 단자에 직류전압을 인가하면 과도전류가 흐르면서 전하(전기)가 충전되며 전압이 발생한다.

충전이 끝나고 안정화되면 더 이상 전류가 흐르지 않으며, 일정 전압을 유지하게 된다. 그렇게 안정화된 상태에서 전압의 인가를 중지하면 이전에 발생한 전위차만큼 전하를 방전한다.

그림 1.8은 커패시터의 전압 특성 곡선을 나타낸다.

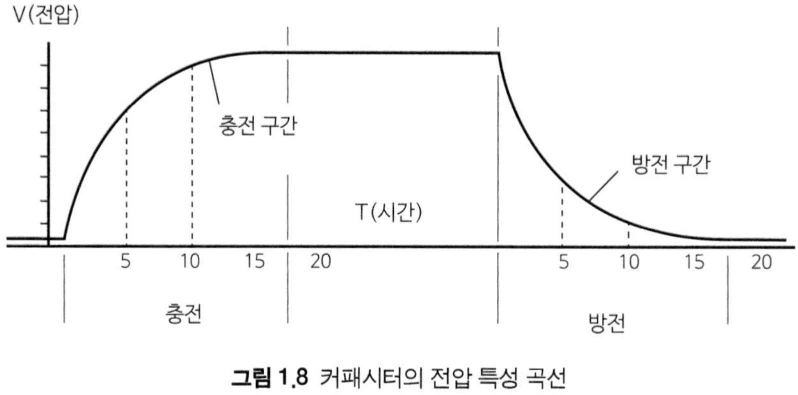

그림 1.8 커패시터의 전압 특성 곡선

직류전원을 사용한다면 전원을 인가하고 차단할 때에만 충전과 방전이 일어난다. 그러나 교류전원을 사용하게 된다면 순방향일 때는 충전, 역방향일 때는 방전을 계속 반복하게 된다.

따라서 커패시터에 안정적인 직류를 인가하면 충전된 이후 전류가 흐르지 않는다. 그리고 교류를 인가하면 전류가 흐르게 되며, 커패시터의 충전되는 전위차만큼만 방전되기 때문에 일정한 전압을 출력하는 특성이 있다.

(4) 커패시터의 내전압과 누설전류

커패시터에는 내전압이 존재한다. 이는 커패시터의 양단에 전압차가 생겼을 때 절연파괴가 일어나지 않는 전압을 말한다. 커패시터의 내전압이 16V이면 16V를 넘는 전압을 인가했을 때 절연파괴가 일어나서 커패시터의 특성을 읽어버리고 전류가 흐르게 된다.

커패시터가 충전된 상태일 때 양단 사이는 유전체로 채워졌기 때문에 전류가 거의 흐르지 않는다. 하지만 미세전류가 양단 사이에 흐르는데 이를 누설전류라 한다. 누설전류는 유전체로 인한 손실, 절연저항 등의 여러 이유로 인해서 생긴다.

(5) 커패시터와 리액턴스(Reactance, X_c)

커패시터의 용량인 커패시턴스(정전용량) 외에 커패시터의 저항 값인 용량성 리액턴스(reactance, 반응저항(反應抵抗) : 리액턴스는 교류회로에서 코일과 축전기에 의해 발생하는 전기저항과 유사한 역할을 하는 물리량이며, 교류전압이 인가되었을 때 인덕터, 캐패시터가 전류 흐름을 방해하는 성질을 의미한다. 교류회로에서 나타나는 저항성 척도로, 교류 흐름의 변화를 방해하는 정도이다)가 존재한다. 기호는 X_c이며 공식은 다음과 같다.

$$X_c = \frac{1}{2\pi fc}$$

여기서, X_c는 용량성 리액턴스로 단위는 옴(Ω)이다. f는 전원의 주파수로 단위는 Hz이고, C는 커패시턴스(정전용량)로 단위는 F(Farad, 패럿)이다.

커패시터의 저항인 용량성 리액턴스는 주파수와 커패시턴스 값에 반비례하는 것을 알 수 있다.

4) 커패시터의 활용

(1) 시간지연 용도

그림 1.9에서 나타낸 바와 같이 커패시터가 충전되는 시간을 활용하여 시간을 지연시키는 용도로서 사용할 수 있다.

그림 1.9 커패시터의 시간지연

(2) 백업 용도

그림 1.10과 같이 커패시터에 충전된 전기를 방전하여 부족해진 전압을 일시적으로 유지하는 백업(backup, 임시 보관) 용도로 사용할 수 있다.

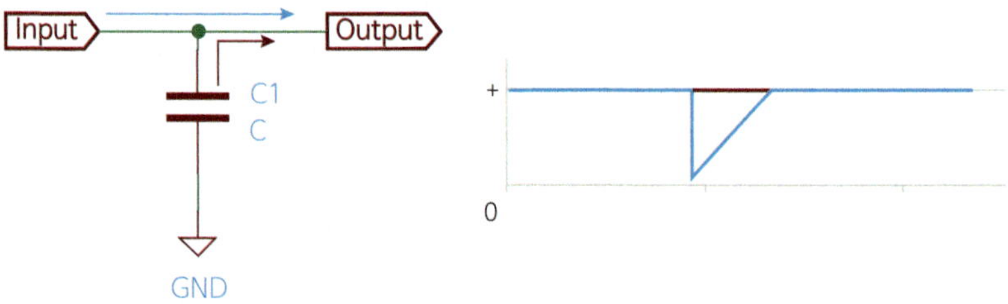

그림 1.10 커패시터의 백업 용도

(3) 커플링(Coupling) 용도

그림 1.11과 같이 커패시터의 교류를 흐르게 하는 특성을 활용하여 직류와 교류 성분의 전원(신호)에서 교류만을 통과하게 한다. 이 때 입력과 출력 사이에 커패시터가 직렬로 연결된다.

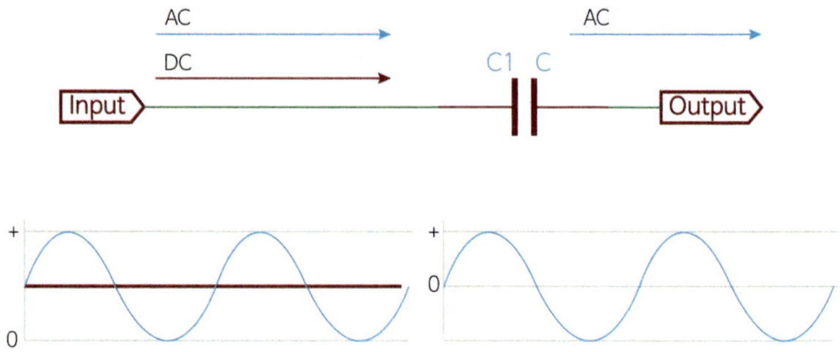

그림 1.11 커패시터의 커플링 용도

(4) 디커플링(Decoupling) 용도

그림 1.12와 같이 커패시터의 교류를 흐르게 하는 특성을 활용하여 교류 성분을 접지로 통과하게 한다. 이 때 입력과 출력 사이에 커패시터가 병렬로 접지와 연결된다. 따라서 디커플링 커패시터는 전원 공급기 신호의 주파수 노이즈(AC 신호)를 억제하는 커패시터이다.

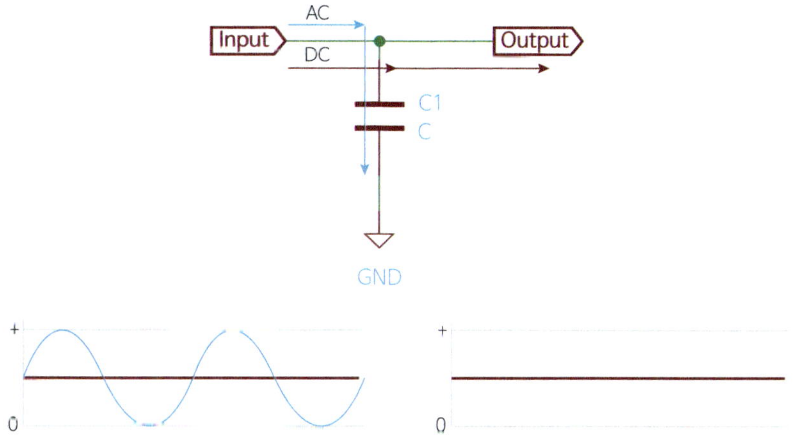

그림 1.12 커패시터의 디커플링 용도

03 커패시터의 특징 및 종류

1) 특징

커패시터(축전기)는 전기를 저장하는 용도 외 다양하게 이용되고 있으며, 커플링(coupling), 발진(oscillation), 충전(charge), 평활(smoothing), 바이패스(bypass, 우회로) 등의 용도로 이용되고 있다.

표 1.1은 커패시터의 여러 용도를 나타낸다.

표 1.1 커패시터의 용도

구분	용 도
커플링	직류와 교류가 섞여 있는 신호에서 교류 신호만 통과
발 진	충전과 방전을 반복하여 과도 파형을 만들어 내는 기능
충 전	보조 배터리처럼 전압을 충전한 다음 전류를 출력하는 기능
평 활	맥류 신호(직, 교류가 합쳐진 신호)를 일정한 직류 평균 전압으로 전환
바이패스	노이즈 성분의 전류를 그라운드로 이전하는 기능

커패시터는 다양한 종류가 있고 커패시터에 따라 상당히 다른 특징을 가지고 있으며, 회로를 설계하는 데 있어 커패시터의 선정은 주파수 특성과 정격전압을 고려하는 것이 중요하다.

2) 종류

커패시터는 사용하는 유전체에 따라 진공 커패시터, 공기 커패시터, 금속화 종이 커패시터, 알루미늄(전해) 커패시터, 마일러 커패시터, 세라믹 커패시터 · 적층 세라믹 커패시터, 탄탈 커패시터, 필름 커패시터, 마이카(운모) 커패시터를 비롯해 종이 커패시터, 자기 커패시터, 유기막 커패시터 등으로 나눈다. 특히 최근에 대용량 이차전지(배터리)로 부각되는 슈퍼커패시터가 있다.

또 전기 용량이 변화하지 않는 고정 커패시터(축전기)와 변화하는 가변 커패시터(축전기)로도 분류한다. 가변 커패시터는 흔히 바리콘(varicon, variable condenser, 콘덴서의 용량(정전용량)을 가변(可變)할 수 있는 콘덴서)이라고도 불리며 임피던스를 조절하여 전파를 수신하는데 사용된다.

이 밖에도, 용도에 따라 슈퍼커패시터(SuperCapacitor, 용량이 매우 큰 커패시터), 고압 커패시터(고압 전기를 축전할 때 사용한다. 대표적으로 테슬라 코일의 콘덴서로 사용하거나 카메라 플래시에서 순간적인 고전압을 발생시킬 때 사용) 등으로 분류한다.

(1) 진공(Vacuum) 커패시터

진공 커패시터(vacuum capacitor)란 유전체를 사용하지 않고 진공관과 같은 진공용기 속에 전극을 마주놓은 커패시터이다. 진공 속에서는 글로방전(glow discharge)이 발생하지 않고 대기 속의 습도 · 탄산가스 등의 영향이 없으므로 내전압(耐電壓)이 높고 안정하다. 따라서 전극 사이 거리를 좁힐 수 있으며, 소형으로 큰 용량을 얻을 수 있다. 또 높은 주파수라도 손실이 적고 안정하므로 송신기와 같은 고주파의 대전력에 적합하여 많이 사용한다. 구조는 고정용량형(동량형)과 가변용량형(가변형)이 있다. 대전력에 사용할 때는 커패시터의 바깥쪽을 접지쪽으로 해서 사용하는 편이 좋다. 사진 1.3은 진공 커패시터의 실물 예를 보여준다.

글로방전(Glow discharge)

진공의 유리관 속에 낮은 압력의 기체를 채우고 높은 전압을 걸어줄 때 생성된 플라스마에서 아름다운 빛이 생기는 현상이다.
저압 가스를 통해 전류의 통과로 형성된 플라즈마(plasma)이다. 이것은 함유 가스 유리관 두 금속 전극 사이에 전압을 인가함으로써 생성된다. 색상은 사용되는 가스에 따라 달라진다. 낮은 압력의 관에서 전기적 흐름에 의해 일어나는 방전(빛 발생)으로 이 때 일어나는 부분이 주로 음극부근에서 발생하여 음극 방전(negative glow)라고도 한다.

사진 1.3 진공 커패시터

(2) 공기(Air) 커패시터

공기 커패시터(air capacitor)란 유전체로서 공기 자체를 사용하는 커패시터이다. 이는 유전체(절연체)를 넣지 않고 공기를 유전체(dielectric)로 하는 커패시터이다. 밀봉하여 건조공기를 충전하면 시간에 따른 변화가 적으므로 이를 표준용으로 사용한다. 휴대용 이외의 라디오 AM수신기에 가변용량형 공기커패시터가 사용된다. 얇은 판으로 된 금속극판이 공기 속의 음향으로 진동하면 두 금속판 사이 거리가 달라져 용량값이 변동한다. 이것을 억제하기 위해 보통 극판을 상호 결합해서 기계적 강도를 크게 한다.

사진 1.4는 공기 커패시터의 실물 예를 보여준다.

사진 1.4 공기 커패시터

(3) 금속화종이(Metalized paper) 커패시터

금속화종이 커패시터(축전기)란 파라핀 등을 스며들게 한 얇은 종이의 한쪽 면에 아연・알루미늄 등의 금속을 높은 진공 속에서 증발시켜 부착시킨 금속화종이를 2장을 포개서 감은 커패시터이다. MP콘덴서(Metalized Paper condenser)라고도 한다. 얇은 금속막이 전극이 되고 그 사이에 1장의 종이가 절연물로서 끼워져 여러 층으로 쌓인 구조의 커패시터(축전기)가 된다. 전극이 얇고 원통으로 감은 구조로 표면적이 넓어서 소형 커패시터를 만들기 쉽다. 전자부품에 쓰는 원통형 커패시터는 이 방식을 사용한다. 하지만 전극이 대단히 얇기 때문에 종이의 작은 구멍에서 절연파괴가 일어나기 쉽다. 사진 1.5는 금속화종이 커패시터의 실물 예를 보여준다.

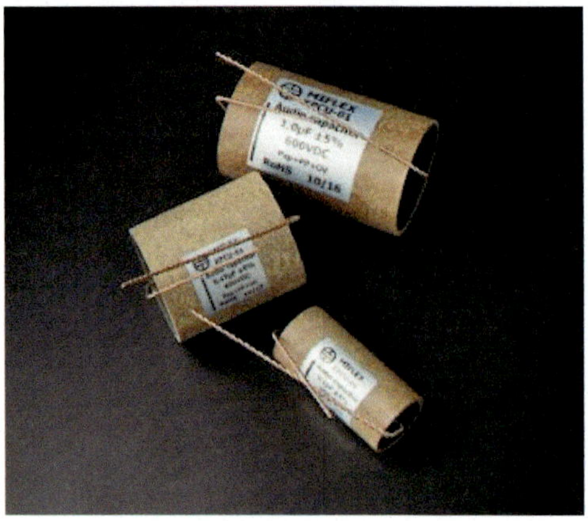

사진 1.5 금속화종이 커패시터

(4) 알루미늄 전해(Electrolytic) 커패시터

알루미늄 전극 표면에 형성된 산화 피막을 유전체로 사용하는 커패시터이다.

알루미늄 전해 커패시터는 (+)극성을 갖는 양극(anode)과 (−)극성을 갖는 음극(cathode)으로 이루어져 있다. 양극은 양극산화를 통해 산화층을 절연한 금속으로 구성되어 있으며, 전해 커패시터의 유전체(dielectric) 역할을 하고 있고, 음극은 산화층의 표면을 덮는 전해로 구성되어 있다. 매우 얇은 유전 산화층과 넓은 양극 표면적으로, 전해 커패시터는 다른 커패시터에 비해 훨씬 높은 정전용량을 나타내어 큰 정전용량으로, 저주파 신호를 통과시키거나 많은 에너지를 저장하기에 적합하여 보통 전원공급 단에서 노이즈를 제거하거나 에너지를 저장 혹은 증폭기에서 커플링(coupling), 저주파 바이패스(bypass, 우회로)용 등으로 많이 사용되고 있다.

하지만 용량이 크고 온도 특성, 주파수 특성이 나쁘며, 단자에는 전극이 있어 사용할 때는 주의가 필요하다.

알루미늄 전해 커패시터는 극성이 있는데 띠 있는 쪽이 음극이다. 보통 용량과 정격전압이 숫자로 씌어 있다. 누설전류가 조금 있으며, 초고역에서의 주파수 특성이 좋지 않다.

사진 1.6은 알루미늄 전해 커패시터(Aluminum electrolytic capacitor)의 실물 예를 보여준다.

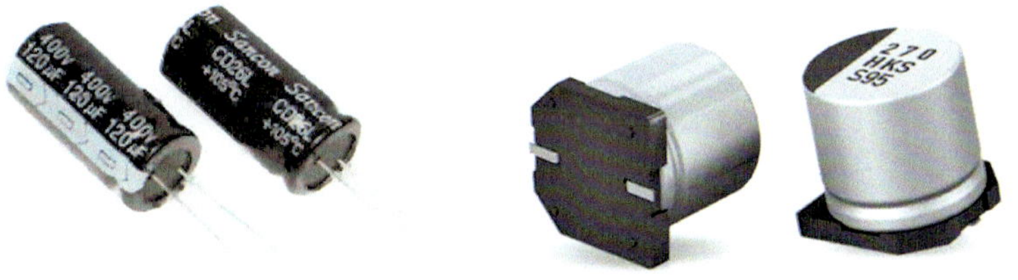

(a) 리드(lead, 부품다리) 타입 (b) SMT(Surface Mount Type, 표면실장타입)

사진 1.6 알루미늄 전해 커패시터

(5) 마일러(Mylar) 커패시터(폴리에스테르 필름 커패시터)

얇은 폴리에스테르 필름에 양쪽에서 금속을 끼우고 원통형으로 감은 것이다. 인덕턴스 성분이 많으므로 비교적 저주파 회로에 사용된다.

유전체로 폴리에스테르 등이 사용된다. 일반적으로 다른 종류보다 저렴해서 많이 사용된다.

사진 1.7은 마일러 커패시터의 실물 예를 보여준다.

사진 1.7 마일러 커패시터

(6) 세라믹(Ceramic) 커패시터

전극 사이의 유전체로 세라믹을 사용한 커패시터이다. 고주파 특성이 좋으므로 고주파 신호 성분의 바이패스(bypass) 용도로 많이 사용된다.

크기가 작고 납작하며 유전체로 세라믹이 사용된다. 고주파를 잘 흐르게 하므로 고주파 필터에 사용될 수 있다. 일례로 RC 자동차 모터와 병렬로 연결하면 브러시로부터 발생하는 채터링(chattering, 스위치의 상태가 변하는 순간 10ms 이내에 열림과 닫힘이 수 회 반복되는 현상을 잡음 또는 채터링이라 한다)을 접지로 보내는 역할을 하기 때문에 전파 간섭을 막을 수 있다.

세라믹 커패시터는 절연체로 세라믹을 사용한 커패시터이며, 세라믹은 강유전체의 물질로 아날로그 신호의 회로에 사용하면 신호의 일그러짐이 발생할 수 있으며, 세라믹 커패시터는 인덕턴스(코일의 성질)가 적어 고주파 특성이 양호하고, 고주파 노이즈의 바이패스(bypass, 우회로) 용도로 주로 사용하고 있다.

사진 1.8은 세라믹 커패시터의 실물 예를 보여준다.

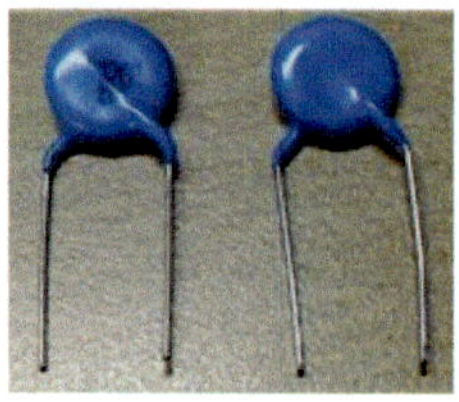

사진 1.8 세라믹 커패시터

(7) 적층 세라믹 커패시터(MLCC : Multi-Layer Ceramic Capacitor)

유전체로 세라믹을 사용하되 적층구조(multi-layer)로 되어 있는 커패시터이다. 주파수 특성이 양호하여 바이패스용으로 흔히 사용되며 온도 특성도 양호하므로 온도변화를 꺼려하는 회로에도 사용된다.

사진 1.9는 적층 세라믹 커패시터(MLCC)의 실물 예를 보여준다.

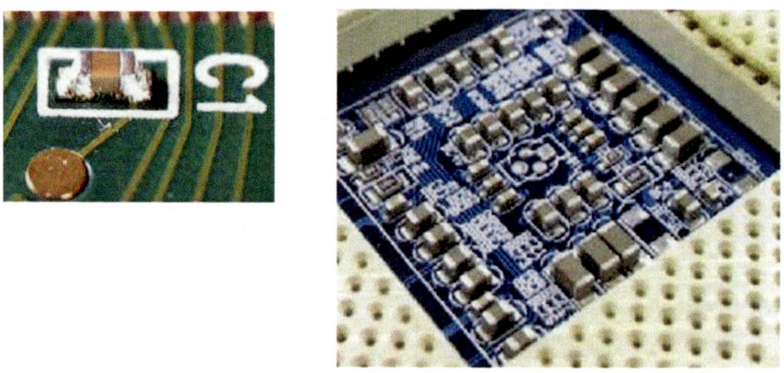

(a) 회로에 실장된 모습(SMT)

(b) 삼성전기의 적층 세라믹 커패시터(MLCC)

사진 1.9 적층 세라믹 커패시터(MLCC)

(8) 탄탈(Tantalum) 커패시터

전극으로 탄탈(륨)(Ta, 원자번호 73번)을 이용한 전해 커패시터이다. 용량이 크고 온도 특성, 주파수 특성 모두 알루미늄 전해 콘덴서보다 뛰어나며 전해 커패시터보나 가격이 높은 반면 스파이크(spike, 상응하는 전류증가(전류 스파이크)를 유발하는 것) 형상의 전류가 나타나지 않는다. 단자에는 극성이 있어 사용할 때는 주의가 필요하며 커플링, 필터 회로 등에 널리 쓰인다.

유전체로 탄탈륨 합금을 사용하며 전해 콘덴서와 유사하게 극성을 가지고 있으며, 비교적 쉽게 큰 용량을 만들 수 있다. 특성은 전해 콘덴서보다 매우 뛰어나지만, 내압이 작다는 단점이 있다.

탄탈 커패시터는 절연체로 탄탈 금속을 사용한 커패시터이며, 알루미늄 전해 커패시터와 마찬가지로 비교적 큰 정전 용량을 얻을 수 있고, 온도 및 회로의 직류전압에 의한 정전용량 특성의 변화가 적은 편이다. 용도는 전해 커패시터와 비슷하나, 오차, 주파수 특성 등이 알루미늄 전해 커패시터보다 좋으며 가격이 더 비싸다는 단점이 있는데, 전해 커패시터에서 발생하는 스파이크 형상의 전류가 나오지 않아 아날로그 신호에는 주로 탄탈 커패시터를 사용하고 있다.

사진 1.10은 탄탈(륨) 커패시터의 실물 예를 보여준다.

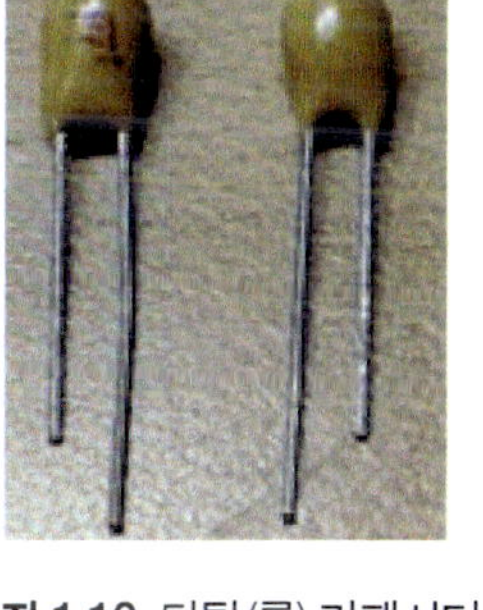

사진 1.10 탄탈(륨) 커패시터

(9) 필름(Film) 커패시터

폴리에스테르, 폴리프로필렌, 폴리스티렌, 폴리카보네이트 등의 필름 양쪽에 전극을 끼워서 원통형으로 감아 넣은 커패시터이다. 무극성으로 절연저항이 높고 손실이 적으므로 아날로그 회로에서 많이 사용한다.

사진 1.11은 필름 커패시터의 실물 예를 보여준다.

사진 1.11 필름 커패시터

(10) 마이카(Mica) 커패시터

유전체로 마이카(운모, mica)를 이용한 커패시터이다. 절연저항, 주파수 특성, 온도 특성이 좋고 용량 정밀도가 높고 비싸다.

사진 1.12는 마이카 커패시터의 실물 예를 보여준다.

사진 1.12 마이카 커패시터

(11) 슈퍼커패시터(SuperCapacitor)

축전용량이 대단히 큰 커패시터로 화학반응을 이용하는 배터리와 달리 전극과 전해질 계면으로의 단순한 이온 이동이나 표면화학반응에 의한 충전현상을 이용한다. 커패시터는 전기를 저장했다가 꺼내 쓸 수 있는 축전기로, 초고용량의 커패시터를 슈퍼커패시터(SuperCapacitor)라고 하며, 또는 울트라 커패시터(ultra capacitor)라고도 한다.

슈퍼커패시터는 전력밀도가 높고, 충·방전 속도가 빠르며, 충·방전 사이클 수명이 매우 길고, 사용에 있어 매우 안전하다는 특성을 갖고 있다.

낮은 에너지밀도와 높은 전력밀도(빠른 에너지 방전속도)가 특징으로, 따라서 리튬이온 이차전지(배터리)만큼 많은 양의 에너지를 저장할 수는 없지만 ESS(Energy Storage System, 에너지저장장치) 축전기 용도 등 신재생 에너지 발전 등에 주로 사용하고 있다. 현재는 일반적인 커패시터처럼 사용되기도 하지만, 한편으로는 리튬배터리(이차전지)와 비슷한 동력원으로서 전기자동차(EV, Electric Vehicle) 등의 초대용량(초고용량)으로 사용하고자 하는 연구 및 기술개발 시도가 계속되고 있다.

사진 1.13은 슈퍼커패시터의 실물 예를 보여준다.

(a) 단일 슈퍼커패시터

(b) 슈퍼커패시터의 조합(어레이, array)

사진 1.13 슈퍼커패시터

04 커패시터의 전기용량(정전용량, Capacitance)

평행한 커패시터(축전기)의 두 극판 사이의 거리가 일정할 때 양 극단에 걸린 전압 V가 클수록 더 많은 전하량 Q가 대전되게 된다. 여기서 다음 공식과 같이 Q와 V가 서로 비례관계에 있다는 것을 알 수가 있는데 여기서 C는 이들 사이의 들어가는 비례상수로서 역할을 하며, C를 커패시터의 전기용량(정전용량, Capacitance)이라고 한다. 그래서 양 극단에 걸린 전압 V가 같을 때 전기용량 C가 클수록 더 많은 전하가 대전된다고 할 수 있다.

$$Q = CV$$

(1) 평행판 커패시터(축전기)

두 개의 평행한 판이 서로 평행하게 나란하게 있는 커패시터를 평행판 커패시터(축전기)라고 한다. 평행판 커패시터의 면적을 A, 서로 떨어져 있는 거리를 d, 유전율(유전체의 특성, permittivity)을 ε_0라고 하고, 두 판에 모두 전하 Q와 $-Q$가 대전되어 있다고 하면 평행판 커패시터 사이의 전기장의 세기 E는 다음과 같은 식이 성립한다.

$$E = \frac{\sigma}{\varepsilon_0} = \frac{Q}{\varepsilon_0 A}$$

그리고

$$\Delta V = Ed = \frac{Qd}{\varepsilon_0 A}$$

식이 성립하므로, 이 식을 기존의 전기용량식

$Q = CV$에 대입하면

$$C = \frac{Q}{\Delta V} = \frac{Q}{Qd/\varepsilon_0 A}$$

이 성립하게 되고, 평행판에서의 전기용량(정전용량)은

$$C = \frac{\varepsilon_0 A}{d}$$

가 됨을 알 수가 있다.

(2) 원통형 커패시터(축전기)

원통형 커패시터는 반지름이 다른 두개의 동축(同軸) 원통으로 구성된 축전기이다.

그림 1.13에서 보여주는 바와 같은 원통형에서 길이가 짧은 순서대로 각각 두 개의 동축 반지름을 $R_1 = a$, $R_2 = b$라 하고 길이를 L이라 할 때, 길이 L이 반지름 a, b에 비해 매우 길다고 가정하면 가우스 법칙(Gauss's law, 폐곡면을 통과하는 전기 선속이 폐곡면 속의 전하량과 동일하다는 법칙으로 맥스웰 방정식 가운데 하나다)에 의해 폐곡면(closed surface) 내에 존재하는 입자의 전하량(electric charge) q는

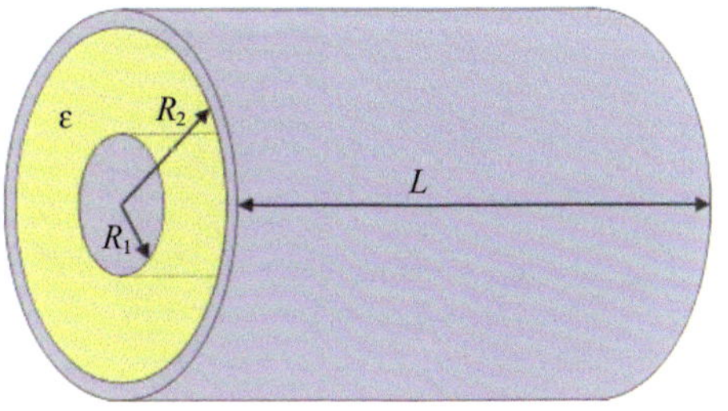

그림 1.13 원통형 커패시터(축전기)

$$q = \varepsilon_0 EA = \varepsilon_0 E(2\pi rL)$$

와 같은 식이 성립한다. 이 식을 전기장 세기 E에 대해서 풀면

$$E = \frac{q}{2\pi\varepsilon_0 rL}$$

가 나오고

$$V_f - V_i = -\int_f^i \mathrm{E} \cdot ds$$

위 식을 사용해서 정리하면

$$V = -\frac{q}{2\pi\varepsilon_0 L}\int_b^a \frac{dr}{r} = \frac{q}{2\pi\varepsilon_0 L}\ln\frac{b}{a}$$

를 얻는다. 따라서 전기용량(정전용량)은 다음과 같은 공식을 얻게 된다.

$$C = 2\pi\varepsilon_0 \frac{L}{\ln(b/a)}$$

(3) 구형 커패시터(축전기)

그림 1.14에서 도시한 바와 같이 구형 커패시터란 반지름이 서로 다른 두 구형껍질의 금속판으로 구성된 축전기다. 이 두 반지름 사이에 가우스 면을 잡으면, 입자의 전하량(electric charge) q는 다음 식이 된다.

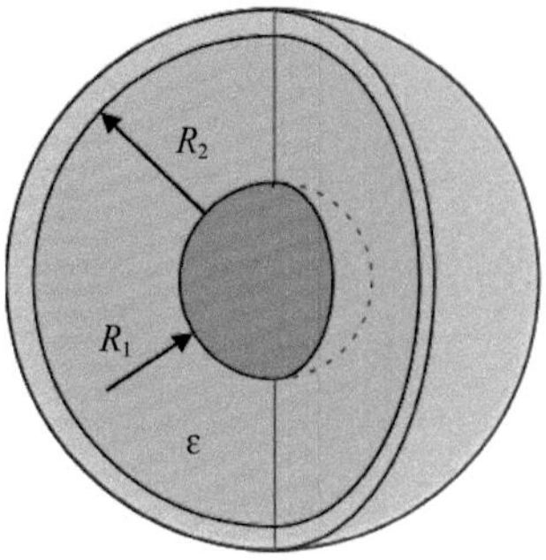

그림 1.14 구형 커패시터(축전기)

$$q = \varepsilon_0 EA = \varepsilon_0 E(4\pi r^2)$$

이 식을 다시 전기장 세기 E에 대해서 풀면,

$$E = \frac{1}{4\pi\varepsilon_0}\frac{q}{r^2}$$

가 나오고 앞의 원통형 커패시터와 마찬가지로 풀어보면

$$V = -\int_f^i \mathrm{E} \cdot d\mathrm{s} = -\frac{q}{4\pi\varepsilon_0}\left(\frac{1}{a} - \frac{1}{b}\right) = -\frac{q}{4\pi\varepsilon_0}\frac{b-a}{ab}$$

를 얻는다. $Q = CV$ 이므로 C에 대해서 정리하면

$$C = 4\pi\varepsilon_0 \frac{ab}{b-a}$$

처럼 전기용량(정전용량)을 구할 수 있다.

이 밖에도, 구면 하나로만 이루어진 커패시터(축전기)도 자기전기용량(self-capacitance)을 가지는데 다음과 같다.

$$C = 4\pi\varepsilon_0 a$$

여기서, C는 전기용량(정전용량, capacitance), ε_0는 유전율, a는 구의 반지름이다.

05 커패시터(축전기)의 연결

(1) 직렬 연결

그림 1.15 직렬연결

위의 그림 1.15와 같이 커패시터(축전기)가 직렬로 연결되어 있으면 각 커패시터는 동일한 전하량(q)을 갖는다. 왜냐하면 C_1의 왼쪽 금속판에 (−)전지가 연결되어 있어 (−)전하를 띄면 C_1의 오른쪽 판이 (+)전하를 띄게 되는데, 이 C_1의 오른쪽 판이 C_2 왼쪽 금속판에 다시 (−)전하를 띄게 만들기 때문이다. 또한 각 커패시터(축전기)미다 동일한 전하를 가지고 있으므로 전체 커패시터에 걸리는 전압은 각 축전기에 걸리는 전압의 합과 같다. 직렬 연결된 커패시터의 합성 전기용량을 구해 보면, 먼저 각 커패시터마다 동일한 전하량을 가지고 있으므로

$$V_1 = \frac{q}{C_1}, \quad V_2 = \frac{q}{C_2}, \quad V_3 = \frac{q}{C_3}$$

이다. 전체 커패시터의 전압은 세 커패시터 전압의 합이므로

$$V = V_1 + V_2 + V_3 = q\left(\frac{1}{C_1} + \frac{1}{C_2} + \frac{1}{C_3}\right)$$

이고, 전체 합성 전기용량(정전용량)은 다음과 같이 된다.

$$\frac{q}{V} = \frac{1}{1/C_1 + 1/C_2 + 1/C_3}$$

이것을 다시 풀어쓰면

$$\frac{1}{C_{eq}} = \frac{1}{C_1} + \frac{1}{C_2} + \frac{1}{C_3}$$

가 나온다. 여기서, C_{eq}는 등가전기용량(equivalent capacitance : 두 개 이상의 커패시터(축전기)가 전기회로에 연결되었을 때 커패시터(축전기)의 전기용량은 회로의 연결방식(직렬 연결 또는 병렬 연결)에 따라 다르게 계산된다. 회로의 연결방식에 따른 커패시터(축전기)의 합산 전기용량을 등가 전기용량이라고 한다)이다.

(2) 병렬 연결

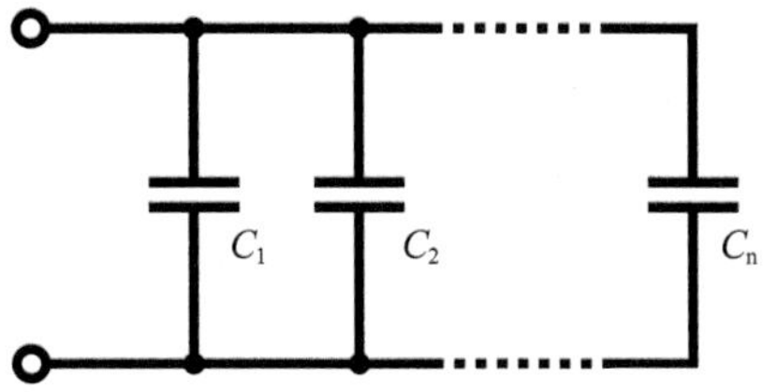

그림 1.16 병렬 연결

위의 그림 1.16과 같이 커패시터(축전기)가 병렬로 연결돼 있고 전지가 연결되어 있으면 각 커패시터의 극판에 전지의 단자들이 모두 직접 연결되어 있다. 그래서 각각의 커패시터에는 동일한 전압 V가 걸리게 되고 그에 따라 전하가 대전된다. 다시 정리하자면 병렬 연결된 커패시터에 전압 V가 걸릴 때 전압 V는 각 커패시터에 동일하게 걸리고 커패시터에 저장된 총 전하량은 각 커패시터에 걸린 전하량의 합과 같다. 병렬 연결된 커패시터의 합성 전기용량을 구해보자. 먼저, 각 커패시터의 전하(q)를 구하면

$$q_1 = C_1 V,\ \ q_2 = C_2 V,\ \ q_3 = C_3 V$$

이다. 총 전하량은 각 커패시터의 걸린 전하량의 합이므로

$$q = q_1 + q_2 + q_3 = (C_1 + C_2 + C_3)V$$

이다. 그러므로 합성 전기용량은

$$C_{eq} = \frac{q}{V} = C_1 + C_2 + C_3$$

가 됨을 알 수 있다. 여기서, C_{eq}는 등가전기용량이다.

06 커패시터(축전기)에 저장된 에너지

커패시터에 저장된 전기적 위치에너지를 구하기 위해서 대전되지 않은 하나의 커패시터를 생각해보자. 대전되지 않은 커패시터의 한 극판에서 다른 극판으로 전자를 옮긴다고 할 때는 일이 필요하다. 그런데 전하를 옮길 때마다 커패시터에는 전기장이 생겨 점점 더 많은 일이 필요하게 된다. 어느 한 순간에 한 극판에서 다른 극판으로 전하량 q를 옮긴다고 하자. 이때 양 극판의 전압차는 $V = q/C$이고, 추가로 dq의 전하를 옮긴다고 하면 필요한 일은

$$dW = Vdq = \frac{q}{C}dq$$

이다. 그러므로 $q = 0$부터 $q = Q$까지 이동시키는데 한 일의 양은

$$W = \int dW = \frac{1}{C}\int_0^Q q\,dq = \frac{Q^2}{2C}$$

이다. 이 일이 전기적 위치에너지 U로 커패시터에 저장되므로

$$U = \frac{q^2}{2C}$$

이다. 전하 q 대신 전압 V로 쓰면 전기적 위치에너지 U는

$$U = \frac{1}{2}CV^2$$

이 된다. 여기서 U는 전기적 위치에너지, C는 전기용량(정전용량), V는 전압이다.

07 슈퍼커패시터와 리튬이온 배터리(리튬이차전지)와의 비교

1) 슈퍼커패시터의 필요성(정의 및 구조)

커패시터는 전압에 비례하여 전하를 모아 필요한 곳에 공급할 수 있지만, 저장 가능한 전기에너지의 양은 매우 적어 충전하는 장치(충전장치)나 회로에 사용되고 있다. 그러나 실제로 산업분야에 대표적인 에너지저장장치(ESS, Energy Storage System)와 전기자동차(EV, Electric Vehicle, 전기차)를 비롯한 모빌리티(mobility) 등에 널리 사용되고 있는 것은 전기적 저장방식이 아닌 화학적 저장방식의 리튬이온 배터리(LIB, Lithium-ion battery, Li-ion battery : 리튬이차전지)이다. 리튬이온 배터리는 이차전지의 일종으로 방전 (discharge) 과정에서 리튬이온이 음극에서 양극으로 이동하는 전지이며, 충전(charge) 시에는 리튬이온이 양극에서 음극으로 다시 이동하여 제자리를 찾게 된다. 리튬이온 배터리는 충전 및 재사용이 불가능한 1차전지인 리튬전지와는 다르며, 전해질로서 고체 폴리머를 사용하는 리튬이온 폴리머전지(Lithium-ion polymer battery)와도 다르다.

리튬이온 배터리(LIB)는 에너지밀도(energy density)가 높고 기억효과(memory effect)가 없다. 배터리의 주요 성능인 에너지밀도는 단위 부피 또는 단위 무게 당 가지고 있는(저장된) 에너지의 양을 뜻한다. 전지나 연료의 효율을 나타내는 지표이다. 보통 와트시/킬로그램(Wh/kg · W-hr/kg)으로 단위를 표시한다. 기억효과는 이차전지에서 나타나는 효과로 방전이 충분하지 않은 상태에서 다시 충전하면 전지의 실제 용량이 줄어드는 효과를 말한다.

또 리튬이온 배터리는 사용하지 않을 때에도 자가 방전(self-discharge)이 일어나는 정도가 작기

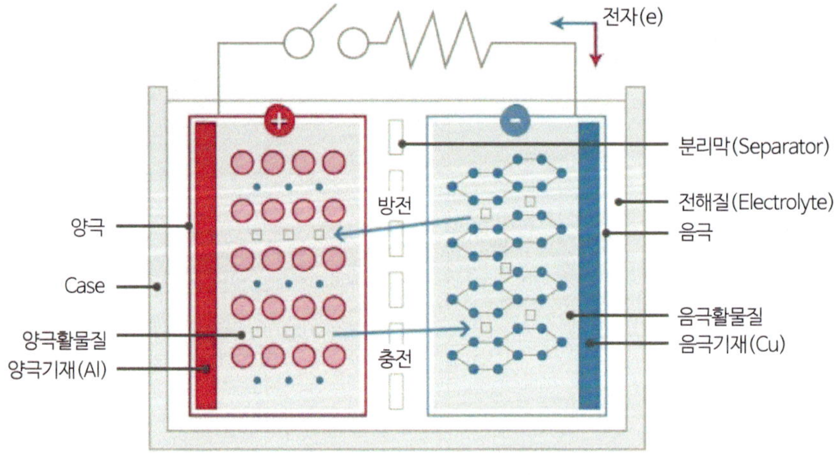

(a) 리튬이온 배터리의 구조

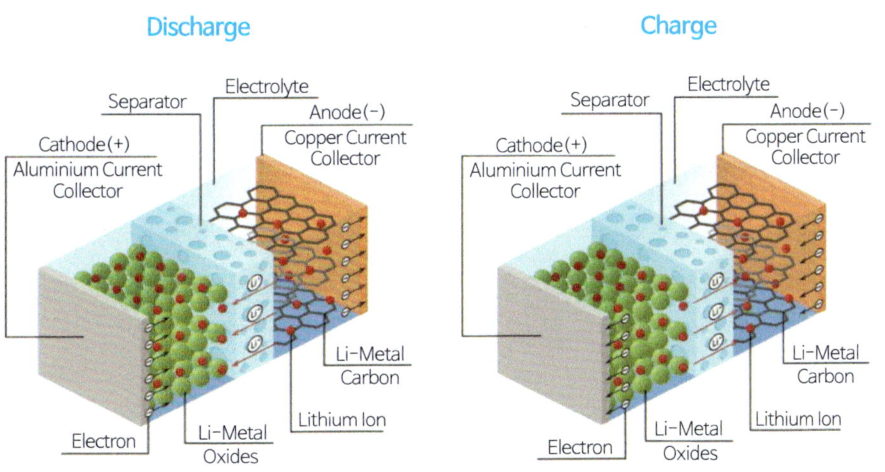

(b) 리튬이온 배터리의 충 · 방전 상태도

그림 1.17 리튬이온 배터리(리튬이차전지)의 구조 및 충 · 방전

때문에 휴대용 전자기기와 IT 디바이스(device) 등에 많이 사용되고 있다. 자가 방전이란 전지가 보유하는 전기량이 외부 회로에 대한 유효한 일에 사용되지 않고 자연히 없어지는 현상으로, 방전 중에나 혹은 그냥 방치해 두어도 일어나는 방전을 말한다.

이 외에도 에너지밀도가 높은 특성을 이용하여 전기자동차(전기차)를 비롯한 모빌리티(mobility), 방위산업(방산)이나 자동화시스템, 그리고 항공산업 분야에도 폭 넓게 사용되고 있다.

그림 1.17은 리튬이온 배터리(리튬이차전지)의 구조이다.

그러나 일반적인 리튬이온 배터리는 잘못 사용하게 되면 화재나 폭발할 염려(위험성)가 있으므로 주의해야 한다. 리튬이온 배터리는 크게 양극, 음극, 전해질의 세 부분으로 나눌 수 있는데, 여기에는 다양한 종류의 물질들이 이용될 수 있다.

상업적으로 가장 많이 이용되는 음극 재질은 흑연(graphite)이며, 양극에는 층상의 리튬코발트산화물(LCO, Lithium Cobalt Oxide, $LiCoO_2$), 니켈코발트망간산화물($LiNiMnCoO_2$: 리튬코발트산화물(LCO)을 기본으로 니켈(Ni)과 망간(Mn)이 결합된 산화물로, 편의상 '삼원계 NCM'이라고 부른다. 정확히는 LiNi(x)Co(y)Mn(y)O(z)의 조성을 갖는다)과 같은 산화물, 리튬인산철과 같은 폴리 음이온, 리튬망간산화물(LMO, $LiMnO_2$: 리튬코발트산화물(LCO)에 비해 가격이 저렴하며 친환경적이다. 또한 리튬이온 전도도가 우수하며 구조적으로 열적 안정성을 가진 양극 소재이다), 스피넬(spinel) 등이 쓰이고 있다.

2) 슈퍼커패시터와 리튬이온 배터리(리튬이차전지)와의 차이

리튬이온 배터리와 슈퍼커패시터 모두 전기화학적인 반응(electrochemical reaction)을 이용한 에너지저장장치이다. 그러나 에너지를 저장할 때 사용되는 전기화학적 메커니즘이 달라서 그림 1.18에서와 같이 에너지밀도(energy density), 전력밀도(power density)에 차이가 있다. 그림 1.18의 라곤 플롯(ragone plot)은 다양한 에너지저장장치의 에너지밀도를 비교하는 데 사용되는 플롯(plot, 구성도)이다. 이러한 차트에서 특정 에너지의 값은 특정 전력에 대해 표시되며, 두 축 모두 대수(log, 로그)이므로 매우 다른 장치의 성능을 비교할 수 있는 장점이 있다.

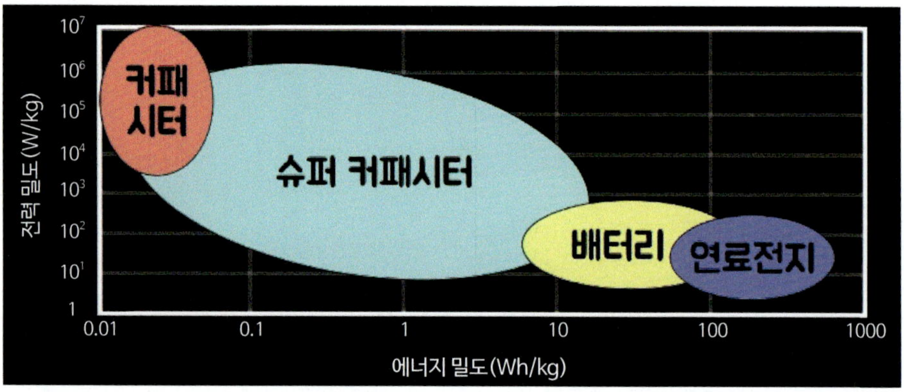

그림 1.18 에너지밀도, 전력밀도의 라곤 플롯(ragone plot)

그림 1.18의 라곤 플롯 그래프에서 3가지 종류의 에너지저장장치를 비교해 보면 다음과 같다.

(1) 커패시터(Capacitor)

그래프에서 보면 기존의 일반적인 커패시터는 좌측 상단에 위치해 있다. 전력밀도(power density)는 높은 반면 에너지밀도(energy density)는 상당히 낮음을 알 수 있다. 이는 한 번에 높은 전력을 출력할 수 있지만, 커패시터 특성상 충·방전 시간이 너무 빨라 실제로 저장하는 에너지는 적다는 뜻이다.

(2) 배터리(Battery)

그래프에서 보면 배터리는 우측 하단에 위치해 있다. 전력밀도(power density)는 낮은 반면 에너지밀도(energy density)는 상당히 높음을 알 수 있다. 휴대폰이나 태블릿 등 우리가 가장 흔하게 사용하는 배터리인 리튬이온 배터리(LIB)는 리튬이온(Li^+ ion)의 산화·환원반응을 통해서 전기가 생성되는 원리(방식)를 가지고 있다. 배터리는 전력밀도 자체는 커패시터보다 낮지만 화학적인 반응을 수반하기 때문에 천천히 긴 시간동안 전력을 충·방전하여 저장할 수 있는 에너지가 상대적으로 많아 에너지밀도가 높다.

(3) 슈퍼커패시터(Supercapacitor)

그래프에서 보면 슈퍼커패시터는 기존의 커패시터와 배터리의 중간지점에 위치해 있다. 즉, 평범한 일반 커패시터에 비해 많은 양의 에너지를 저장할 수 있으면서 동시에 배터리보다 훨씬 높은 출력을 낼 수 있는 장점이 있다.

다음 표 1.2는 전자소자로 일반적으로 널리 사용되고 있는 전해 콘덴서(electrolytic condenser) 또는 전해 커패시터(electrolytic Capacitor)와 EDLC(Electric Double Layer Capacitor, 전기 이중층 커패시터 : 전기 이중층 현상을 이용하여 전하의 흡·탈착 반응으로 전기에너지를 저장하는 커패시터) 원리를 이용한 슈퍼커패시터 그리고 리튬이온 이차전지로 대표되는 재충전 배터리(rechargeable battery)와의 특성을 서로 비교한 것이다.

표 1.2 전해 커패시터, EDLC 원리를 이용한 슈퍼커패시터와 재충전 배터리(리튬이온 이차전지)의 특성 비교

구분	Electrolyte Capacitor	Green-Cap(EDLC)	Rechargeable Battery
방전 시간	10^{-6}~10^{-3}sec	1~30sec	0.3~4hrs
충전 시간	10^{-6}~10^{-3}sec	sec~min	0.5~5hrs
동작 온도	–40℃~125℃	–40℃~85℃	–20℃~60℃
에너지 밀도(Wh/kg)	<0.1	1~15	30~100
출력 밀도(W/kg)	>10,000	1,000~4,000	50~2,000
충방전 효율	~1.0	0.9~0.95	0.7~0.85
충방전 횟수	Infinite	>500,000	500~2,000
방전 그래프	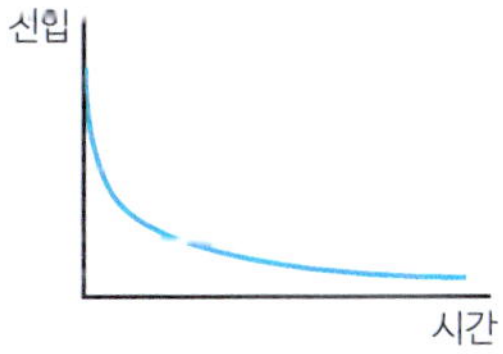	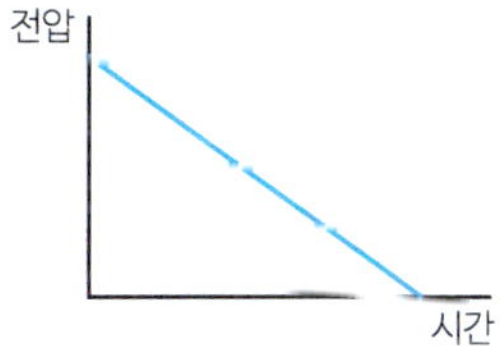	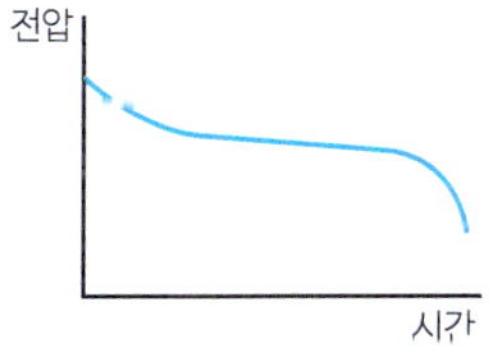

08 고효율 및 고출력 에너지저장장치의 필요성 대두

최근 에너지 사용의 증가는 온실가스 배출 증가의 결정적인 원인으로 작용하고 있으며, 온실가스

감축 및 국제환경 규제 대응이 필수이다. 화석에너지 고갈, 국제환경 규제 강화로 인해 향후 신재생에너지는 주요 에너지원이 될 것이다. 하나의 사례를 들자면 RE100이다.

RE100이란 '재생에너지 전기 100%(Renewable Electricity 100)'의 약자로 2050년까지 기업에서 사용하는 전력의 100%를 태양광과 풍력 등 재생에너지를 이용해 생산된 전기로 대체 · 사용하자는 국제적 기업 간 협약 프로젝트이다. 이를 달성하기 위해서는 재생에너지로 생산된 전력만을 이용하거나, 사용한 전력만큼 REC(신재생에너지공급인증서)를 구매해야 한다.

RE100의 목적은 기후위기 대응이다. 우리가 직면하고 있는 가장 심각한 글로벌 위기인 기후변화를 막는 것이다. 이를 위해서 우선 기업활동에 필요한 전기를 온실가스를 배출하지 않는 신재생에너지로 생산된 전기로 사용하겠다는 확고한 목적이 있다.

온실가스 감축의무를 준수하고 지속가능한 경제발전을 위해 신재생에너지 개발보급목표를 정하여 중점적으로 투자가 진행되고 있다. 우리나라는 에너지 대외 의존도가 높고 유가 변동에 의한 영향의 폭이 커서, 안정적 에너지 수급이 중요한 과제로 대두되고 있다. 또한, 환경 규제 및 에너지 정책에 의하여 친환경 EV(전기자동차), 스마트 그리드가 주목 받으면서 에너지저장장치의 개발 필요성이 대두되었고, 현재 급성장을 보이고 있다. 가장 많이 적용되고 있는 에너지저장장치로는 니켈수소 이차전지와 리튬 이차전지가 사용되고 있으나, 이차전지의 경우 고출력 방전 시 전압강하 및 반복사용 수명이 짧아지므로 2~3년 주기로 교체가 필요한 단점이 존재하고 있다. 그리고 태양광, 풍력 등은 기상 상황과 시간대에 따른 출력 예측이 어렵고, 출력 패턴이 불규칙함으로, 유틸리티(utility) 기업(전기, 수도, 가스, 도로 등 우리가 살아가는데 필요로 하는 필수 인프라를 구축하는 기업을 의미한다. 예를 들면, 한국전력, 한국도로공사, 한국가스공사, 한전기술, 한전KPS 등)과의 계통 연계 시에 급격한 출력 변동에 의한 전력의 안정적 공급 및 전력 품질의 확보에 지장을 초래하고 있는 상황이다. 다양한 분야에서 많은 에너지를 안전하게 저장할 수 있는 에너지저장 시스템에 대한 요구가 급증하고 있으며, 차세대 저장장치는 전력회사의 전력공급에서 신재생에너지원에 의한 전력공급으로 전환할 때 발생하는 순간부하에 대한 신뢰성을 확보할 수 있어야 하며, 기상조건 또는 시간대 등에 따라 변화하는 재생 발전원에 의한 불안정한 출력변동 보상에 의한 전력품질을 확보할 수 있어야 한다. 일정출력의 발전기에 대해서는, 부하가 적을 경우 에너지 전력저장장치에 저장하고, 부하가 클 경우에는 에너지저장장치로부터 보조 또는 심야 전력으로 공급함으로써 에너지를 효율적으로 이용이 가능해야한다. 이에 적합한 저장장치를 필요로 함에 따라, 고효율 및 고출력 특성을 특징으로 하는 슈퍼커패시터(Supercapacitor)는 신재생에너지 분야에 새로운 에너지저장장치로 현재 주목받고 있다.

09 슈퍼커패시터 기술개발로 차세대 에너지저장장치 기대

신재생에너지의 보급으로 인해 에너지저장장치의 중요성은 점차 커지고 있고, 주파수 변동폭을 보완하는 역할은 출력 특성이 좋은 슈퍼커패시터가 배터리보다 화재 및 폭발로부터의 안전성과 적합한 기능을 가지고 있어 4차 산업혁명으로 발전하고 있는 신산업에 활용될 가능성도 점차 높아지고 있다.

슈퍼커패시터는 신재생에너지 대응을 위한 차세대 이차전지로 고효율, 고용량 에너지저장장치이다.

10 전기용량과 유전체(Capacitance and dielectrics)

1) 전기용량의 정의

(1) 축전기(Capacitor)

두 도체 사이의 전기용량에 의해 전하를 축적하도록 한 장치이다. 전기용량을 정전용량(靜電容量)이라고도 부른다. 전기용량은 전하가 대전되어 있는 대전체에서 전압 당 전하량 총합의 비이다. 기호는 일반적으로 C를 사용한다. 전기용량을 뜻하는 예전 용어인 정전용량 역시 일반적으로 사용되고 전기를 다루는 일선 현장에선 영어를 음차한 커패시턴스(capacitance)도 흔히 쓰인다. 전기를 띄는 물체를 대전체(electrified body)라고 한다. 축전기(capacitor)는 즉, 전기에너지를 충전하는 에너지저장장치로 축전기에 저장된 에너지는 축전기 극판(도체) 사이의 전기장과 관계된다.

(2) 전기용량(Capacitance)

그림 1.19와 같이 두 도체 사이의 전위차(V_{ab})는 전하(Q)에 비례한다. 이 때 비례상수를 전기용량(C)이라 정의한다. 전기용량은 극판(도체)들의 모양과 크기에 의존하며 도체 사이에 있는 절연물질(유전체)에 따라 달라진다.

$$Q \backsim V_{ab}, \quad Q = CV_{ab}, \quad C = \frac{Q}{V_{ab}}$$

전기용량의 단위(unit)는 패럿(farad)으로 기호는 F로 쓴다.

1F = 1Coulomb/Volt로,

$1\mu F = 10^{-6}F$, $1pF = 10^{-12}F$이다.

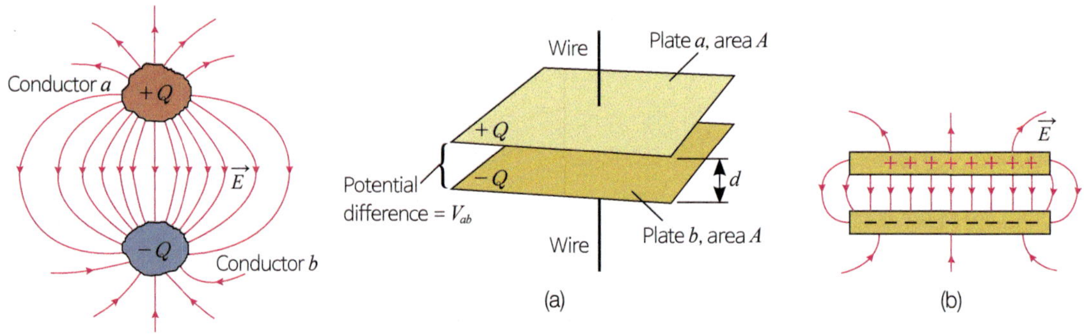

그림 1.19 평행판 축전기에서 전기용량의 정의

2) 전기용량의 계산

평행판 축전기(진공)의 전기용량의 계산은 다음과 같다.

(1) 전기장(Electric field)의 크기

전기장의 크기는 대전 도체판 사이의 전기장과 같다. 가우스(Gauss) 법칙과 전위로부터 $E = \frac{\sigma}{\varepsilon_0}$, $\sigma = \frac{Q}{A}$, 또는 $E = \frac{V_a - V_b}{d} = \frac{V_{ab}}{d}$ 로 구했으므로

$$E = \frac{\sigma}{\varepsilon_0} = \frac{Q}{\varepsilon_0 A} = \frac{V_{ab}}{d}$$

여기서, E는 전기장의 세기, σ는 면전하 밀도, 상수 ε_0는 자유공간(진공)의 유전율이고, Q는 전하, A는 도체판의 면적, V_{ab}는 전위차, d는 판 사이의 간격이다.

(2) 평행판 축전기의 전기용량 C

전기용량은 도체판의 면적 A와 자유공간(진공)의 유전율 ε_0에 비례하고, 판 사이의 간격 d에 반비례한다.

$$C = \frac{Q}{V} = \frac{\varepsilon_0 A}{d}$$

(3) 구형(구 껍질) 축전기(콘덴서, Condenser)

구 껍질을 갖는 구형 축전기의 내부 반지름이 r_a, 전하량이 $+Q$인 작은 도체와 바깥 반지름이 r_b이고, 전하량이 $-Q$인 구형 도체껍질로 구성된 구형 축전기의 전기용량 C는 다음과 같이 구한다. ε_0는 자유공간(진공)의 유전율이다(그림 1.20(a) 참조).

$$C = \frac{Q}{V} = 4\pi\varepsilon_0 \frac{r_a r_b}{r_b - r_a}$$

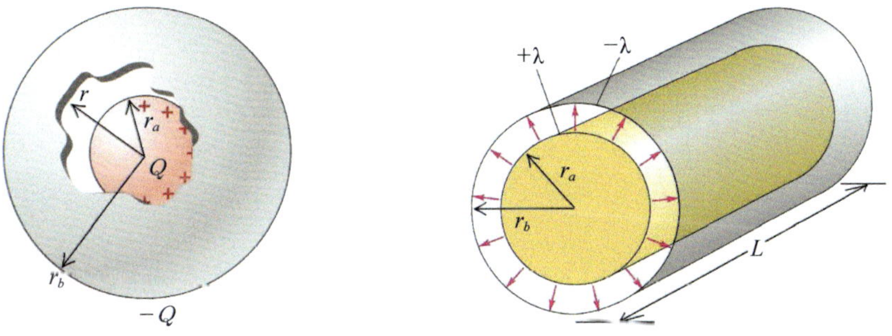

(a) 구형(구 껍질) 축전기 (b) 원통형 축전기

그림 1.20 구형 축전기와 원통형 축전기

(4) 원통형 축전기

원통의 길이가 L인 속이 비어 있는 원통형 축전기의 내부 반지름이 r_a, 전하량이 $+Q$로 대전된 작은 원통형 도체와 바깥 반지름이 r_b이고, 전하량이 $-Q$로 대전된 큰 원통형 도체로 구성된 원통형 축전기의 전기용량 C는 다음과 같이 구한다.

$$C = \frac{Q}{V} = 2\pi\varepsilon_0 \frac{L}{\ln(r_b/r_a)}$$

여기서 λ는 단위길이 당 전하량(the amount of charge per unit length)으로 +λ는 내측 작은 원통형 도체, −λ는 외측 큰 원통형 도체의 단위길이 당 전하량이고, ε_0는 자유공간(진공)의 유전율이다(그림 1.20(b) 참조).

3) 축전기의 연결

(1) 직렬연결

다음 그림 1.21은 축전기의 결합 양끝에 걸려있는 퍼텐셜(potential, 전위) 차(V_{ab})가 각 축전기에 걸려있는 퍼텐셜(전위) 차(V)의 합과 같을 때의 축전기의 연결로, 각 축전기 도체(극)판은 같은 크기의 전하를 갖는다. 전위차는 전기적 퍼텐셜 차(electric potential difference)를 뜻한다. 그리고 전위차를 전압(Voltage)이라고 한다.

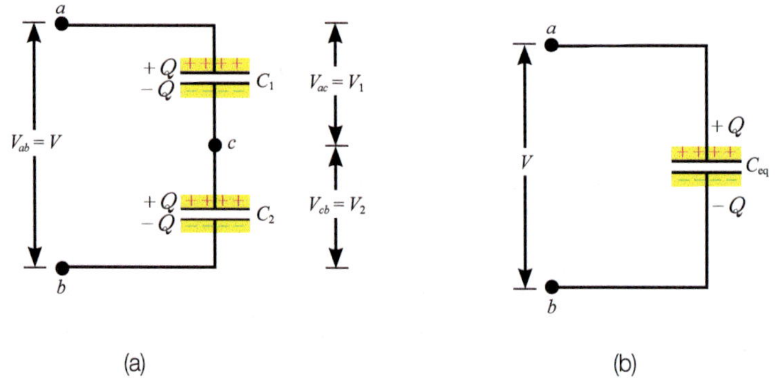

그림 1.21 축전기의 결합 양끝에 걸려있는 같은 크기의 전위차

① 각 축전기의 극판 간의 전위차

$$V_{ac} = V_1 = \frac{Q}{C_1}, \quad V_{cb} = V_2 = \frac{Q}{C_2}$$

② 직렬연결의 퍼텐셜 차

$$V_{ab} = V_1 + V_2 = Q\left(\frac{1}{C_1} + \frac{1}{C_2}\right)$$

③ 등가 전기용량(equivalent capacitance)

직렬연결에서 등가 전기용량(C_{eq})의 역수는 각 축전기 전기용량의 역수의 합과 같다.

$$C_{eq} = \frac{Q}{V_{ab}} = \frac{1}{1/C_1 + 1/C_2}$$

$$\frac{1}{C_{eq}} = \frac{1}{C_1} + \frac{1}{C_2} + \frac{1}{C_3} + \cdots$$

$$\therefore \frac{1}{C_{eq}} = \sum_{j=1}^{n} \frac{1}{C_j}$$

(2) 병렬연결

그림 1.22는 연결된 각 축전기 양끝에 걸려있는 퍼텐셜 차(V_{ab})가 같을 때의 축전기의 연결로, 연결된 모든 축전기의 전위차 $V_{ab} = V$로서 같지만, 전기용량에 따라 극판에 대전된 전하량은 다르다.

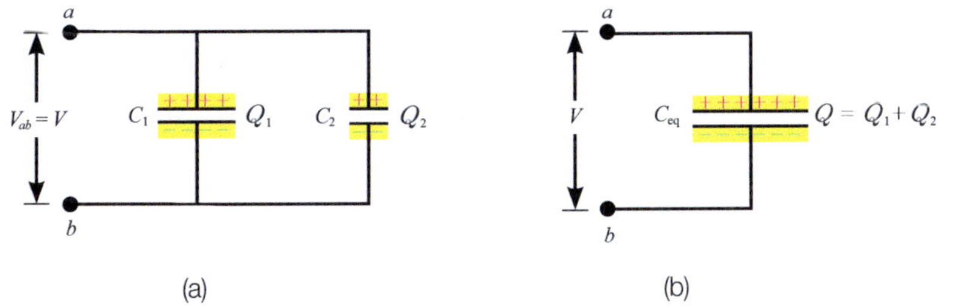

그림 1.22 연결된 각 축전기 양끝에 걸려있는 다른 크기의 전위차

① 각 극판에 대전된 전하량

$Q = CV$ 에서

$$Q_1 = C_1 V, \quad Q_2 = C_2 V$$

② 병렬연결 총 전하량

$$Q = Q_1 + Q_2 = (C_1 + C_2) V = C_{eq} V$$

③ 등가 전기용량(equivalent capacitance)

병렬연결에서 등가 전기용량은 각 축전기의 전기용량의 합과 같다.

$$C_{eq} = \frac{Q}{V} = C_1 + C_2 + C_3 + \cdots$$

$$\therefore C_{eq} = \sum_{j=1}^{n} C_j$$

4) 충전된 축전기에 저장된 에너지

(1) 축전기에 저장된 에너지

축전기에 저장된 에너지는 충전시키는데 필요한 일이 전기적 위치에너지로 저장된 것이다.

충전은 축전기의 대전되어 있는 도체(극판)에 전하를 운반하는 것(과정)으로 축전기의 전하 Q를

0에서 최종 값 Q까지 증가시키는데 필요한 일이다.

dq의 전하를 (−)극판에서 (+)극판으로 운반하는데 필요한 일은

$$dW = Vdq, \quad V = \frac{q}{C}, \quad dW = Vdq = (\frac{q}{C})dq$$

총 전하 Q를 운반하는데 행해진 일 W와 전기 퍼텐셜에너지(저장된 에너지) U는 다음과 같다.

$$W = \int dW = \int_0^Q \frac{q}{C} dq = \frac{1}{2}\frac{Q^2}{C}$$

$$\therefore U = \frac{1}{2}\frac{Q^2}{C} = \frac{1}{2}CV^2 = \frac{1}{2}QV$$

$$(\because Q = CV, \ C = \frac{Q}{V}, \ V = \frac{Q}{C})$$

여기서, V : 극판 간의 전위차, C : 전기용량(electrostatic capacity)이다.

(2) 에너지 밀도(Energy density)

축전기의 에너지는 전기장(E)에 저장되므로 에너지 밀도(u)는 전기장 크기에 대한 에너지의 비이다. 축전기 극판 사이(d), 전기장의 단위체적(V) 당 저장된 에너지를 의미한다.

① 평행판 축전기의 에너지 밀도(u)

두 극판 사이에 유전체를 넣으면 유전 분극 현상에 의하여 전기장의 세기가 감소한다. 전기장이 작아지면 극판 사이의 전위차도 작아진다($V=Ed$). 즉, 작은 전위차로 동일한 전하 Q를 저장할 수 있게 된다. 따라서 같은 전위차 대비 충전될 수 있는 전하량이 증가하는 셈이다.

$$u = \frac{U}{V} = \frac{1}{2}CV^2\frac{1}{Ad} = \frac{1}{2}\frac{\varepsilon_0 A}{d}V^2\frac{1}{Ad} = \frac{\varepsilon_0}{2}(\frac{V}{d})^2$$

$$(\because C = \varepsilon_0\frac{A}{d}, \ V = Ed, \ E = V/d)$$

$$\therefore u = \frac{1}{2}\varepsilon_0 E^2$$

여기서, 극판 사이의 거리(d), 전기장(E), 전위(V), 전기 퍼텐셜 에너지(U)는 저장된 에너지이다.

5) 유전체(Dielectrics)가 있는 축전기

(1) 유전체(dielectrics)

그림 1.23과 같이 축전기 극판 사이에 끼워 넣은 부도체(절연) 물질로 예를 들면 종이(paper), 오일(oil), 운모(mica), 세라믹(ceramic) 등이 이에 속한다.

유전체는 전하를 유도하여 축전기의 전기용량을 증가시킨다.

영국의 물리학자 마이클 패러데이(Michael Faraday)가 처음으로 실험으로 연구했다.

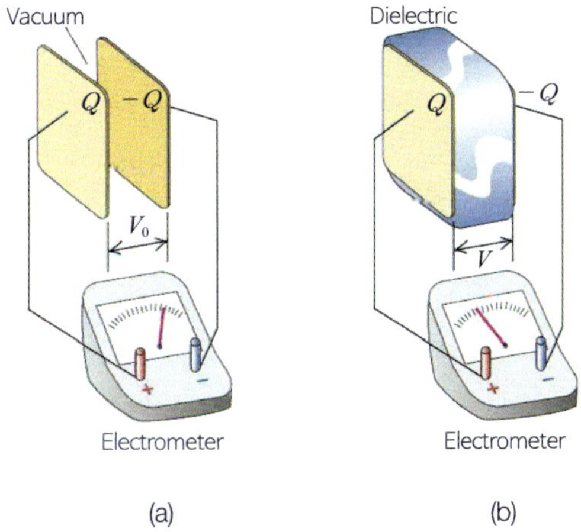

그림 1.23 유전체의 역할(기능)

(2) 유전상수(Dielectric constant)

진공축전기의 전기용량 C_0에 대한 유전체가 있을 때 전기용량 C의 비를 유전상수(K)라 한다.

$$K = \frac{C}{C_0}$$

각 재료에 있어 유전상수(K)의 값은 표 1.3과 같다.

표 1.3 유전상수 K의 값

Material	K	Material	K
Vacuum	1	Polyvinyl chloride	3.18
Air(1atm)	1.00059	Plexiglas	3.40
Air(100atm)	1.0548	Glass	5~10
Teflon	2.1	Neoprene	6.70
Polyethylene	2.25	Germanium	16
Benzene	2.28	Glycerin	42.5
Mica	3~6	Water	80.4
Mylar	3.1	Strontium titanate	310

(3) 유도전하(Induced charge)와 분극(Polarization)

그림 1.24를 참고하여 유도전하와 분극에 대한 설명을 하려고 한다.

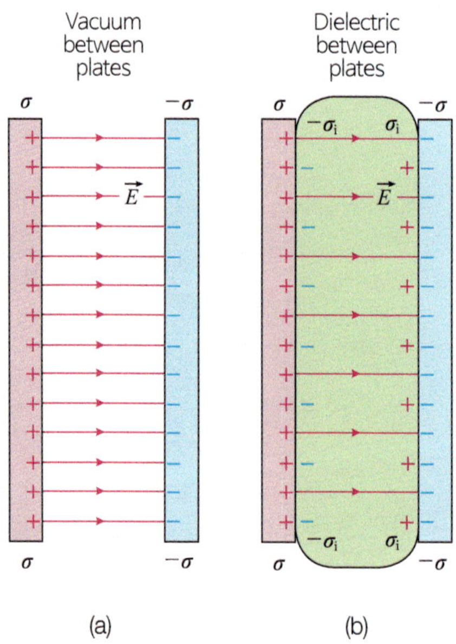

그림 1.24 판 사이의 진공과 유전체

전하가 일정할 때 $Q = C_0V_0 = CV$이므로

$$V = \frac{V_0}{K}$$

유전체가 있을 때 어떤 주어진 전하 Q에 대한 전위차는 유전상수 $1/K$배만큼 감소하므로 전기장

의 크기도 감소하며 전기장(E)을 발생시키는 표면전하밀도도 감소한다.

$$E = \frac{E_0}{K}$$

(4) 유도전하(Induced charge)

유전체가 있을 경우 유전체 표면에 도체판과 반대부호의 전하가 표면에 생긴다. 이 전하를 유도전하라 한다.

(5) 유전율(Permittivity)

유전상수(K)와 진공 중의 유전율(ε_0)의 곱으로 나타낸다.

$$\varepsilon = K\varepsilon_0$$

(6) 유전체가 있는 평행판 축전기의 전기용량

유전체가 없을 경우보다 전기용량은 K배만큼 증가한다.

$K = \frac{C}{C_0}$ 에서 $C = KC_0$, $C_0 = \frac{Q}{V} = \frac{\varepsilon_0 A}{d}$ 이므로

$$C = KC_0 = K\varepsilon_0 \frac{A}{d} = \varepsilon \frac{A}{d}$$

(7) 유전체가 있을 경우의 전기에너지 밀도

유전체가 없을 경우보다 K배만큼 증가한다.

$$u = \frac{1}{Ad}(\frac{1}{2}CV^2) = \frac{1}{Ad}\frac{1}{2}(K\varepsilon_0\frac{A}{d})V^2 = \frac{1}{2}K\varepsilon_0\frac{V^2}{d^2}$$

$$u = \frac{1}{2}K\varepsilon_0 E^2 = \frac{1}{2}\varepsilon E^2$$

(8) 유전성 파괴

유전체가 있는 축전기의 전위차를 점점 증가시키면 어느 순간 유전물질의 절연성이 파괴된다. 이를 유전성 파괴라 한다. 유전물질의 유전성 파괴를 일으키지 않고 견딜 수 있는 최대 전기장을 유

전강도(dielectric strength)라 한다.

6) 전기장 내에서의 전기 쌍극자(Electric dipole)

(1) 전기 쌍극자(Electric dipole)

크기가 같고 반대 부호를 가진 거리 d만큼 떨어져 있는 점전하 쌍을 말한다.

(2) 전기 쌍극자에 작용하는 힘과 돌림 힘(Torque)

① 전기 쌍극자가 전기장 속에서 받는 힘

그림 1.25에서 나타낸 바와 같이 쌍극자의 각 전하(q, $-q$)는 각각 $F = qE$와 $F = -qE$가 된다.

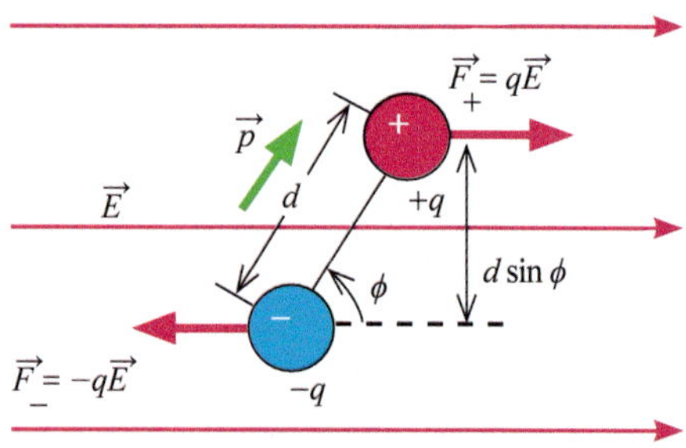

그림 1.25 전기 쌍극자가 전기장 속에서 받는 힘

② 돌림 힘(torque)

각 전하가 받는 힘은 쌍극자를 같은 방향으로 회전시키는 효과로 작용하며, 돌림 힘(torque)은 $\tau = \vec{r} \times \vec{F} = rF\sin\phi = Fr\sin\phi$ 이므로

$$\tau = (qE)\left(\frac{1}{2}d\sin\phi\right) + (qE)\left(\frac{1}{2}d\sin\phi\right)$$

$$\tau = (qE)(d\sin\phi)$$

가 된다.

③ 전기 쌍극자 모멘트

전하 q와 분리된 거리 d의 곱이므로

$$p = qd$$

이때 돌림 힘을 전기쌍극자 모멘트로 나타내면,

$$\tau = pE\sin\phi$$

벡터 곱으로 나타내면, $\vec{\tau} = \vec{p} \times \vec{E}$ 가 된다.

(3) 전기장 내에서 전기 쌍극자의 퍼텐셜 에너지

전기 쌍극자가 전기장 안에서 돌림 힘의 작용으로 방향이 변할 때 돌림 힘은 쌍극자에 일을 하게 되고 그 일은 위치에너지의 변화로 발생하는데, 이 위치에너지를 전기 쌍극자의 퍼텐셜 에너지라 한다. 돌림 힘이 작용하여 일을 하면 각 변위를 감소시키므로,

$$dW = \tau d\phi = -pE\sin\phi d\phi$$

$$W = \int_{\phi_1}^{\phi_2} (-pE\sin\phi)\, d\phi = pE\cos\phi_2 - pE\cos\phi_1 = U_1 - U_2$$

$$U(\phi) = -pE\cos\phi$$

보존력(보존 돌림 힘) 방향의 일은 위치에너지를 감소시킨다. 일은 위치에너지 변화의 음의 값과 같다. 이를 벡터로 표시하면,

$$U = -\vec{p} \cdot \vec{E}$$

가 되는 것이다.

제2장

슈퍼커패시터

SuperCapacitor

01 슈퍼커패시터의 정의

슈퍼커패시터(슈퍼콘덴서, Super Condenser)는 축전용량이 대단히 큰 커패시터로 울트라 커패시터(Ultra Capacitor) 또는 초고용량 커패시터라고 부른다. 화학반응을 이용하는 배터리와 달리 전극과 전해질 계면으로의 단순한 이온의 이동이나 표면화학반응에 의한 충전현상을 이용한다. 이에 따라 급속충전이 가능하고 높은 충·방전 효율 및 반영구적인 사이클 수명 특성으로 보조배터리나 배터리(리튬이차전지·리튬이온배터리) 대체용으로 사용되고 있다. 슈퍼커패시터는 1995년 일본, 미국 등에서 상용화가 되어 소형에서 대형의 배터리에 이르기까지 그 응용 분야가 다양하게 확대되고 있다. 최근 들어 신재생에너지의 주요 에너지저장장치로 각광받고 있으며, 전기자동차의 리튬이온 배터리(리튬이차전지)의 대체 배터리로도 관심이 증가하고 있다.

사진 2.1은 슈퍼커패시터의 여러 제품의 모습이다.

사진 2.1 슈퍼커패시터

슈퍼커패시터는 사진 2.2에서 보여주는 솔리드 스테이트 커패시터(Solid State Capacitor, 솔리드 콘덴서)보다 커패시턴스(capacitance, 전기용량·정전용량) 값이 훨씬 높지만 전압 제한이 더 낮은 고용량 커패시터이다. 이는 전해 콘덴서와 충전식 배터리(rechargeable battery) 사이의 격차를 해소한다. 일반적으로 전해 커패시터보다 단위 부피 또는 질량 당 10~100배 더 많은 에너지를 저장하고, 배터리보다 훨씬 빠르게 충전을 수용하고 전달할 수 있으며, 충전식 배터리보다 더 많은 충전 및 방전 주기를 견딜 수 있다.

일반 커패시터와 달리 슈퍼커패시터는 기존의 고체 유전체를 사용하지 않고 오히려 정전 이중층 커패시턴스(EDLC, Electric Double Layer Capacitance)와 전기화학적 의사(擬似, 유사) 커패시턴스(Electrochemical Pseudo Capacitance)를 사용한다.

슈퍼커패시터는 장기간의 콤팩트(compact, 소형으로 경제적인)한 에너지저장보다는 많은 급속충·방전 주기가 필요한 응용 분야에 사용된다. 자동차, 버스, 기차, 크레인, 엘리베이터 등에서 회생제동, 단기 에너지저장 또는 버스트(burst, 특정 기준에 따라 한 단위로서 취급되는 연속된 신호나 데이터의 모임)에 사용되고 있으며, 더 작은 장치로는 SRAM(Static Random Access Memory, 정적 랜덤 액세스 메모리)의 전원 백업(backup, 임시보관) 등으로 사용된다.

사진 2.2 솔리드 스테이트 커패시터(10V220UF SMD 알루미늄 전해 커패시터)

02 슈퍼커패시터의 역사와 개발 동향

1) 연혁

1950년대 초, 미국 제너럴 일렉트릭(General Electric)사의 기술개발자들은 연료전지 및 재충전 가능한 배터리 설계부터 커패시터 설계에 다공성 탄소 전극을 사용하여 실험을 시작했다. 활성탄은 높은 비표면적을 지닌 극도(極度)의 다공성인 "해면질" 형태의 탄소인 전기전도체이다. 1957년 베커(H. Becker)는 "다공성 탄소 전극을 갖춘 저전압 전해 커패시터"를 개발했다. 그는 에너지가 전해 콘덴서의 에칭된 포일의 기공에서처럼 탄소 기공에 전하로 저장된다고 믿었다. 당시 이중층 메커니즘을 알지 못했기 때문에 특허에 다음과 같이 썼다. "에너지저장에 사용되는 경우 부품에서 어떤 일이 일어나는지는 정확히 알 수 없지만 매우 높은 용량으로 이어집니다"라고.

제너럴 일렉트릭(General Electric)은 이 작업을 즉시 추진하지는 않았다. 1966년에 오하이오 스탠다드 오일(SOHIO, Standard Oil of Ohio)의 연구원들은 실험적인 연료전지의 개발 및 설계를 연구하면서 '전기에너지 저장장치'라는 구성요소의 또 다른 버전을 개발했다. 이 특허에는 전기화학적 에너지저장의 성격이 기술되어 있지는 않았다. 1970년에도 도널드 L. 부스(Donald L. Boos)가 특허출원한 전기화학 커패시터가 활성탄 전극을 이용한 전해 커패시터로 등록됐다.

초기 전기화학 커패시터는 전해질에 담그고 얇은 다공성 절연체로 분리된 활성탄(전극)으로 덮인 두 개의 알루미늄 호일(Al foil)을 사용했다. 이 디자인은 동일한 치수의 전해 커패시터보다 훨씬 높은 1패럿(F, Farad) 정도의 커패시턴스를 갖는 커패시터를 제공한 것이다. 이 기본 설계는 대부분의 전기화학 커패시터의 기초로 남아 있다.

오하이오 스탠다드 오일(SOHIO)은 발명품을 상용화하지 않았고 일본 NEC(일본 전기주식회사로 일명 '닛폰전기'라 한다)에 기술 라이선스를 부여 했으며 NEC는 마침내 1978년 컴퓨터 메모리에 백업(backup, 임시보관) 전력을 제공하기 위해 결과물을 '슈퍼커패시터'로 명명하여 판매했다.

1975년부터 1980년까지 브라이언 에반스 콘웨이(Brian Evans Conway)는 산화 루테늄(Ruthenium, 원소기호 Ru이며 원자번호는 44이다) 전기화학 커패시터에 대한 광범위한 기본 및 개발 작업을 수행했다. 1991년에 그는 전기화학 에너지저장 분야에서 '슈퍼커패시터'와 '배터리' 동작의 차이점을 설명했다. 1999년에 그는 전극과 이온 사이의 패러데이 전하 이동을 통한 표면 산화환원 반응에 의해 관찰된 정전용량의 증가를 참조하기 위해 '슈퍼커패시터'라는 용어를 정의했다. 그의 '슈퍼커패시터'는 부분적으로 헬름홀츠(Helmholtz) 이중층에 전하를 저장했고, 부분적으로는 전극과 전해질 사이의 전자와 양성자의 '유사 용량' 전하 이동을 통한 패러데이 반응의 결과로 전하를 저장했다. 유사 축전기의 작동 메커니즘은 산화환원반응, 삽입 및 전기흡착(표면흡착)이다. 그의 연구를 통해 콘웨이(Conway)는 전기화학 커패시터(축전기)에 대한 지식을 크게 확장했다.

슈퍼커패시터 시장은 천천히 확대됐다. 1978년 일본 파나소닉(Panasonic)이 골드캡스(Goldcaps) 브랜드를 출시하면서 상황이 바뀌었다. 그리고 이 제품은 메모리 백업 애플리케이션의 성공적인 에너지원이 되었다. 경쟁은 불과 몇 년 후에 시작되었다. 1987년 에레나(ELNA, 일본의 전해 및 전기 이중층 커패시터 제조업체)의 다이나캡(Dynacap)이 시장에 출시되었다.

1세대 EDLC(Electric Double Layer Capacitor, 전기 이중층 커패시터)는 내부 저항이 상대적으로 높아 방전 전류가 제한되었다. 이는 SRAM 칩 전원 공급이나 데이터 백업과 같은 저전류 애플리케이션에 사용된 것이다.

1980년대 말에는 개선된 전극 재료로 인해 정전용량 값이 증가했다. 동시에, 더 나은 전도성을 갖는 전해질의 개발은 등가 직렬 저항(ESR, Equivalent Series Resistance는 캐패시터나 인덕터에 존재하는 직렬 저항이다)을 낮추어 충 · 방전 전류를 증가시켰다. 내부 저항이 낮은 최초의 슈퍼커패시터는 1982년 피나클 연구소(PRI, Pinnacle Research Institute)를 통해 군사용으로 개발되었으며 'PRI 울트라커패시터(PRI Ultracapacitor)'라는 브랜드 이름으로 판매되었다. 1992년에 맥스웰 연구소(Maxwell Laboratories로 이후 Maxwell Technologies(맥스웰 테크놀로지스)가 됨)가 이 개발품을 인수했다. 맥스웰 연구소는 피나클 연구소(PRI)에서 울트라커패시터(Ultracapacitor)라는 용어를 채택하고 전력 애플리케이션에서의 사용을 강조하기 위해 '부스트 캡스(Boost Caps)'라고 불렀다.

슈퍼커패시터의 에너지 함량은 전압의 제곱에 따라 증가하므로 연구자들은 전해질의 항복전압을 높이는 방법을 찾고 있었다. 1994년에 데이비드 A. 에반스(David A. Evans)는 200V 고전압 탄탈륨 전해 커패시터의 양극을 사용하여 '전해 하이브리드 전기화학 커패시터'를 개발했다. 이 커패시터는 전해 커패시터와 전기화학 커패시터의 특성을 결합한 것이다. 이들은 전해 커패시터의 양극의 높은 유전강도와 전기화학 커패시터의 유사 용량성 금속산화물(루테늄(IV)산화물 또는 산화루테늄으로 화학식 RuO를 갖는 무기 화합물로 여기서는 RuO_4의 화학식을 가져 사산화 루테늄 또는 산화루테늄(IV)이라 한다) 음극의 높은 정전용량을 결합하여 하이브리드 전기화학 커패시터를 생성한다. 캐패터리(Capattery)로 명명된 에반스(Evans)의 커패시터는 동일한 크기의 비슷한 탄탈륨 전해 커패시터보다 약 5배 더 높은 에너지 함량을 가졌다. 높은 비용으로 인해 특정 군사 용도로만 제한되었다.

최근 연구 및 기술개발에서는 리튬이온 커패시터(Lithium Ion Capacitor, LIC 또는 LiC : 슈퍼커패시터의 일종으로 분류되는 하이브리드형 커패시터이다. 양극은 리튬이온전지에 사용되는 것과 같고 음극은 슈퍼커패시터에 사용되는 것과 같기 때문에 하이브리드라고 한다. 활성탄은 일반적으로 음극으로 사용된다. LIC의 양극은 종종 리튬이온이 사전 도핑된 탄소 재료로 구성된다. 이 사전 도핑 공정은 양극의 전위를 낮추어 다른 슈퍼커패시터에 비해 상대적으로 높은 출력 전압을 허용한다)가 포함된다. 이러한 하이브리드 커패시터는 2007년 일본 후지쯔(Fujitsu)의 FDK(Fuji Denki Kagaku, 후지전기화학)에 의해 개발되었다. 이 커패시터는 정전기 탄소 전극과 사전 도핑(doping, 의도적으로 불순물을 첨가함으로써 전기적 특성을 조절하는 것)된 리튬이온 전기화학 전극을 결합한다. 이 조합은 커패시턴스 값을 증가시킨다. 또한 사전 도핑 프로세스는 양극 전위를 낮추고 셀 출력 전압을 높여 비에너지를 더욱 증가시키는 것이다.

슈퍼커패시터는 1995년 일본, 러시아, 미국 등에서 상용화되기 시작하여 소형에서 대형에 이르기까지 그 응용분야가 다양하게 확대되고 있으며, 최근 들어 신재생에너지의 획기적 증가와 더불어 주요 에너지저장장치로 각광받고 있다. 연료전지발전, 태양광발전, 풍력발전 등의 신재생에너지 발전은 에너지원이나 부하의 변동에 민감하게 반응하므로 단독으로 사용될 경우 출력전압의 변동을 포함한 전력품질의 저하를 피할 수 없다. 하지만 슈퍼커패시터는 전력밀도(power density, 단위 W/kg)가 높고, 충・방전 속도가 빠르며, 충・방전 사이클 수명이 50만 사이클 이상으로 매우 길다는 특성을 갖고 있어, 부하응답 특성이 느린 신재생에너지 발전시스템에 슈퍼커패시터를 사용하면 발전된 전력과 부하전력 사이의 차이를 슈퍼커패시터가 흡수 또는 방출함으로써 전력품질을 확보하는데 기여할 수 있는 장점을 가진다.

2) 개발 동향

슈퍼커패시터의 가장 큰 문제점이라고 할 수 있는 에너지밀도를 높이기 위해 현재 슈퍼커패시터의 핵심소재인 전극과 전해질 등에 관련된 연구개발이 주를 이루고 있다. 주요 개발 내용은 다음과 같다.

① 높은 비표면적(specific surface area)과 충전밀도(packing density)를 갖는 전극 소재(주로 나노탄소소재)를 개발하거나

② 전기화학적 활성을 갖는 금속산화물 혹은 전도성 고분자들을 활용한 유사커패시터(pseudo-capacitor)의 개발

③ 새로운 전해질 개발을 통한 구동전압 범위 증가

④ 리튬이온 커패시터(LIC, Li-Ion Capacitor)와 같은 하이브리드 개념의 커패시터 개발 등의 연구들이 진행되어왔다.

슈퍼커패시터의 주요 핵심소재에 대한 개발 동향을 설명하면 다음과 같다.

(1) 전극 소재

슈퍼커패시터의 에너지밀도를 높이기 위해서, 같은 부피에도 많은 전하를 저장할 수 있는 소재를 적용해야 한다. 이를 '높은 비표면적과 충전밀도를 갖는다'라고 하는데, 그래핀(graphene)이나 CNT(Carbon nanotube, 탄소나노튜브)를 활용한 연구가 활발하다. 그래핀은 전기전도도가 높고, 많은 전하를 저장할 수 있는 특성이 있어 다른 탄소계 물질보다 에너지밀도를 높이기 매우 유리하다. 이러한 그래핀을 다공성 구조로 합성하여, 높은 비표면적 구조를 통해 용량을 극대화할 수 있다. 한국기초과학지원연구원에서 개발한 다공성 그래핀 필름은 높은 비축전용량(284.5F/g)을 나타냈으며, 이 값은 기존의 적층 그래핀 필름(138.9F/g)보다 두 배 이상 높은 값이다.

(2) 유사커패시터 소재

배터리와 유사한 전기화학 반응이 수반된 유사커패시터의 경우 에너지밀도 개선에 유리한 측면이 있다. 유사커패시터의 전극 소재로는 다양한 산화수를 가질 수 있는 전이금속 산화물과 전도성 고분자가 많이 사용된다.

전이금속 산화물의 경우 구리, 망간, 니켈 등의 산화물로 만들어지나, 낮은 전기전도도와 다공성 구조체 합성의 어려움을 해결하고자 하는 연구가 진행되고 있다. 다른 금속으로는 루테늄(Ru)이 활용되는데, 희귀금속으로 가격이 높기 때문에 이를 대체할 수 있는 값싸고 에너지밀도가 높은 소재에 대한 연구가 집중되고 있다.

전도성 고분자의 경우 유연한 특성으로 플렉시블 커패시터(flexible capacitor)에 응용하기 적합하다. 하지만 충·방전을 반복할수록 부반응(side reaction, 여러 가지 반응이 함께 일어날 때에 주된 반응 외의 다른 반응)에 의해 고분자 소재가 변성되고, 이로 인한 낮은 사이클 특성과 낮은 안전성 문제를 해결하기 위한 연구가 진행되고 있다.

(3) 전해질 소재

전극 소재 말고도 전해질 또한 특성 개선에 중요한 소재이다. 기본적으로 전하 저장을 위해 이온의 이동 속도는 중요한 변수로 작용한다. 온도가 낮을수록 이온전도도가 낮아져 배터리와 마찬가지로 특성이 저하된다. 따라서 높은 이온전도성을 가진 전해질 개발을 통해 작동온도 범위를 넓히는 연구가 진행된다.

기존의 전해질은 수계와 유기계로 나눌 수 있다. 수계 전해질의 경우 구동 전압이 1V대 이기 때문에 에너지밀도에서 불리하다. 유기계 전해질은 높은 전압을 구현할 수 있으나 점도가 높아 이온전도도가 낮다. 이러한 문제들을 해결하기 위해 고분자 전해질을 활용한 연구가 진행되고 있다. −50도부터 100도까지 작동할 수 있는 연구들이 보고된 사례가 있다.

(4) 하이브리드 커패시터의 개발

슈퍼커패시터의 성능을 보완하기 위해서 하이브리드 커패시터에 대한 연구도 활발하다. 그중에서도 슈퍼커패시터의 장점인 고출력, 고속 충·방전 특징과 리튬이차전지의 고용량이라는 장점을 가진 새로운 타입의 하이브리드 슈퍼커패시터 LIC(Lithium Ion Capacitor)에 대한 관심이 급격히 증가하고 있다. LIC는 EDLC의 양극과 리튬이차전지의 음극을 연결한 구조로, EDLC의 고출력 특성은 그대로 지니면서 에너지밀도는 보다 높게 나타나는 특징을 갖는다. 충·방전 과정 동안 한쪽 전극에서는 전기이중층 반응으로 인한 고출력 특성이 나타나고, 반대 전극에서는 물질의 내부로 리튬이온이 삽입 · 탈리되면서 고용량 특성을 구현한다. 출력 및 용량 측면 외에도 높은 작동 전압(3.8~2.2V), 소형 · 경량화 가능성, 급속 충 · 방전 가능, 높은 내구성 및 신뢰성, 뛰어난 고온 안정성 등의 장점을 갖추고 있기 때문에 차세대 에너지저장장치로 관심을 모으고 있다. 이 경우 배터리와 슈퍼커패시터의 장단점을 모두 보완할 수 있다. 하지만 전기화학반응의 경우 전기 이중층의 전하탈착반응보다 반응속도가 현저히 떨어져 양극의 반응속도를 맞추는 것이 가장 중요한 과제로 남아 있다. 현재는 높은 출력 특성을 가진 니오비움산화물(Nb_2O_5)을 사용하는 등 음극의 출력을 개선하는 연구와 전해질에 대한 연구가 병립해 진행되고 있다.

3) 시장 전망

슈퍼커패시터(supercapacitor)는 초고용량 커패시터 또는 울트라커패시터(ultracapacitor)로 알려져 있으며, 전기에너지를 빠르게 저장하고, 높은 전류를 순간적 또는 연속적으로 공급하는 고출력형 전기에너지 저장소자이다. 슈퍼커패시터에는 활성탄소로 이루어진 전극의 표면에 전하를 물리적으로 흡착 또는 탈착시키는 원리가 적용된다.

슈퍼커패시터는 배터리와 비교할 때, 아주 낮은 내부저항을 가지므로 높은 출력을 낼 수 있으며, 넓은 작동온도 범위에서 안정적이고, 수명은 50만 충 · 방전 사이클 이상으로 훨씬 길다. 슈퍼커패시터는 급속 충 · 방전이 필요한 전자기기나 높은 출력이 필요한 산업분야에서 배터리를 대체하거나 병용하는 에너지저장 응용분야에 적합하다.

현재 신재생에너지원이 되는 연료전지발전, 태양광발전, 풍력발전 등의 신재생에너지 발전은 에너지원이나 부하의 변동에 의해 민감하게 변동한다. 따라서 단독으로 사용될 경우, 출력전압의 변동을 포함한 전력품질의 저하를 피할 수 없다. 하지만 슈퍼커패시터는 전력밀도가 높고, 충 · 방전 사이클(cycle) 수명이 50만 사이클 이상으로 매우 길다는 특성을 가지고 있다. 따라서 부하응답 특성이 느린 신재생에너지 발전시스템에 슈퍼커패시터를 사용하면 발전된 전력과 부하 전력 사이의 차이를 슈퍼커패시터가 흡수 · 방출함으로써 더욱 에너지 효율이 높은 전력품질을 확보하는데 기여할 수 있는 장점을 가진다.

전기자동차(Electric Vehicle, EV), 하이브리드 자동차(Hybrid Electrical Vehicle, HEV), 연료전지 자동차(Fuel Cell Vehicle, FCV)와 같은 차세대 친환경 차량 개발 분야에 있어 에너지 버퍼(buffer, 한 위치에서 다른 위치로 이동할 때 임시로 저장하는 데 사용되는 에너지장치 영역)로 사용된다.

슈퍼커패시터는 일반 커패시터보다 단위 부피 또는 질량 당 10~100배 더 많은 에너지를 저장한다. 또한, 더 빠른 속도로 충전되며 무수히 반복되는 충 · 방전 사이클(cycle)에도 무리 없이 작동한다. 리튬이온과 같은 배터리 대비 크기가 작고, 충 · 방전 사이클 허용 횟수가 매우 높아 수명 또한 길어, 전기자동차의 배터리 보완품이나 대체재로 주목받고 있다.

2019년 초 테슬라가 울트라커패시터를 제작하는 미국 맥스웰 테크놀로지(Maxwell Technologies Inc.)를 인수했으며, 맥스웰 테크놀로지도 현재 국내외 자동차 제조업체들과 협업하고 있어 향후 친환경차를 위한 기술로 더욱 기대되는 상황이다.

국내에서는 비나텍㈜이 슈퍼커패시터를 생산하고 있으며 중형 슈퍼커패시터 세계 시장 1위 점유율을 차지하고 있다. 비나텍㈜의 슈퍼커패시터는 뛰어난 출력특성을 토대로 이차전지 최적의 보완재로써 새롭게 각광받고 있으며, 최근에는 신기술을 접목한 슈퍼커패시터 연구개발을 통해 그동안 진입장벽이 높았던 전기차(EV) 및 하이브리드 전기차(HEV), 에너지저장장치(ESS, Energy Storage System)를 비롯해 다양한 미래운송 관련부문으로의 적용을 활발하게 검토하고 있다. 그 외에도 국내 슈퍼커패시터 관련기업은 엘에스 머티리얼(LS material), 비츠로셀, 삼화전기, 코칩, 삼화콘덴서, 퓨리켐 등이 있으며, 관련 소재 기업으로는 한국JCC가 있다.

전세계적으로 초고용량 커패시터를 연구개발 · 기술사업화하는 기업은 약 60여 개이며, 이중 매출이 발생하고 있는 기업은 약 40여 개 정도로 볼 수 있다. 일본은 소용량(~1F) 제품을 위주로 생산하고 있으며 전세계시장의 90% 이상을 차지하고 있다. 한국과 미국은 중용량(1~800F) 및 대용량(1,000F~) 제품에서 비교 우위를 차지하고 있다. 초고용량 커패시터의 소재분야는 일본이 독점하고 있으나 활성탄, 전해액, 집전체 등은 연구개발로 국산화에 성공해 본격적으로 생산 중에 있다. 하지만, 여전히 절연지(분리막)에 대하여는 아직도 일본에 의존하고 있어, 이에 대한 연구개발이 시급한 실정이다. 맥스웰 테크놀로지는 대형 슈퍼커패시터 1위, 파나소닉은 소형 슈퍼커패시터 1위, 비나텍㈜은 중형 슈퍼커패시터 1위 점유율을 차지하고 있다.

시장조사업체인 리포트링커(ReportLinker)는 세계 슈퍼커패시터 2019년 시장 규모는 27억 달러였으나 2027년까지 165억 5천만 달러로, 예측 기간 동안 연평균 성장률 23.3%를 기록할 것으로 예상된다고 밝혔다. 성장세는 아시아 태평양 지역이 가장 많이 기여할 것으로 예상되며 북미와 유럽이 그 뒤를 잇는다.

시장조사업체인 리서치앤마켓(Researchandmarkets)사 역시 2020년부터 2025년까지 상당한 속도로 성장할 것으로 예상했다.

지역별 동향을 살펴보면 북미, 유럽을 제치고 아시아, 태평양 지역이 2019년에 최대 수익에 기여했으며, 2027년까지 다른 지역에 비해 빠른 속도로 성장할 것으로 예상된다. 자동차 산업의 증가와 중국과 인도의 전자 부문의 성장으로 인해 최근 몇 년 동안 슈퍼커패시터의 채택이 증가했기 때문이다.

전기자동차 회사의 수가 증가함에 따라 중국은 2041년까지 약 30개의 슈퍼커패시터 제조업체가 등장할 것으로 예상되며, 현재 시장 선점을 위해 발 빠른 행보를 보이고 있다.

기술분석 전문기업 아이디테크엑스 리서치(IDTechEx Research)는 "운송, 사물인터넷(IoT) 및 데이터센터 애플리케이션 목록이 계속 증가함에 따라 기술은 도약할 것"이라며, "전기자동차의 고속충전이 주요 판매 포인트가 된다면 슈퍼커패시터 기술은 성공할 것"이라고 밝혔다.

한편, 에너지밀도는 배터리가 여전히 슈퍼커패시터를 능가하는 하나의 성능지표이다. 이에 따라 커패시터-슈퍼커패시터 조합에서 배터리-슈퍼커패시터 하이브리드에 이르기까지 다양한 하이브리드 제품이 출시될 것으로 예상된다. 후자는 고속 무선충전과 같은 애플리케이션을 가능하게 한다.

세계적인 자동차 제조업체인 이탈리아 람보르기니(Lamborghini)는 2020년 한정 판매 전기자동차 시안 로드스터(Sian Raodster)를 내놓았다. 이 차에는 기존 리튬이온 배터리 대비 10배 더 많은 전력을 저장할 수 있는 혁신적인 슈퍼커패시터 기술이 세계 최초로 적용돼 화제를 모았다.

이는 동일 중량 배터리보다 3배 더 강력하고 동일 출력 배터리보다 3배 더 가벼운 제품을 적용한 것이다. 여기에 람보르기니에서 개발한 회생제동장치(regenerative braking system)와 슈퍼커패시터의 대칭적 특징이 더해 브레이크를 밟을 때마다 회생에너지를 완충하며, 이를 즉시 출력 증가에 활용할 수 있게 했다. 130km/h까지 전기모터를 활용한 가속이 가능하게 된 것이다.

아이디테크엑스(IDTechEx)는 "슈퍼커패시터가 값비싼 리튬이온 배터리의 10%를 대체했으며, 납축전지(배터리)를 빠르게 사라지게 할 것"이라며, "기술 발전 및 시장 출시는 이제 빠르게 진행되고 있다. 향후 20년 내에 성장하는 것과 사라지는 것이 생길 것"이라고 결론 내렸다.

03 슈퍼커패시터의 원리 및 구조

1) 슈퍼커패시터의 원리

우리말로 축전기(蓄電器, 전기의 도체(導體)에 많은 양의 전기를 모으는 장치)라 불리는 커패시터(capacitor)는 전기에너지를 축적할 수 있는 전기소자를 말하며, 그림 2.1에서 나타낸 바와 같이 기본적으로 두 장의 판으로 구성한 전극을 서로 마주 보는 구조로 구성하고 있다. 이 절연체는 전극판과 전극판 사이의 전기를 차단하고 전기를 담아두는 역할을 한다.

슈퍼커패시터의 원리도 일반 커패시터의 원리와 마찬가지로 동일하다. 커패시터의 충전방법은 슈퍼커패시터의 한쪽 판에는 (+)전하가, 다른 쪽 판에는 (−)전하가 대전되는데, 두 금속판 사이의 전위차가 전지의 전압과 같아질 때까지 전하가 이동하여 각 금속판에는 전하가 같은 양 모양으로 분포하게 만든다. 이 상태가 되면 전지를 떼어도 두 금속판에는 전하 사이의 전기적 인력에 의해 전하가 그대로 저장되어 충전(charge)이 된다. 슈퍼커패시터도 전극판 사이에 절연체 즉, 유전체를 넣어 제조하고 있다. 따라서 절연체(유전체)의 재질에 따라 여러 종류의 커패시터를 제작할 수 있다.

슈퍼커패시터의 원리는 활성탄(activated carbon, 활성탄소 : 흡착성이 강하고 대부분의 구성이 탄소질로 된 물질이다) 표면에 전하의 물리적 흡 · 탈착으로 에너지를 충전 · 방전하는 원리로 순간적으로 많은 에너지를 저장 후 높은 전류를 순간적 혹은 연속적으로 공급하는 고출력 동력원이다.

슈퍼커패시터는 단위 무게 당 비표면적을 증가시킨 활성탄소를 전극재료로 사용하여 비약적인 용량 증가를 가져왔다.

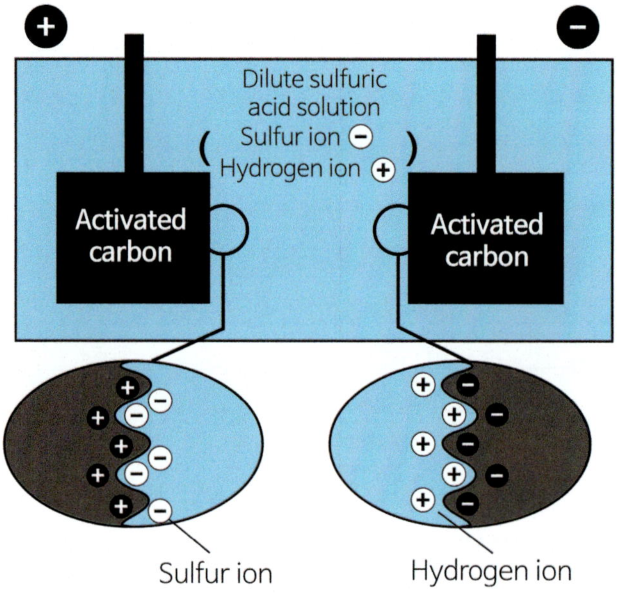

그림 2.1 슈퍼커패시터의 원리

그림 2.2에서 나타낸 바와 같이 모든 전기화학(적) 커패시터(electrochemical capacitor)에는 분리막(separator, 격리막)에 의해 기계적으로 분리된 두 개의 전극(electrode, 전자를 받거나 방출하는 금속성 매개체로 전기회로 내에서 전자가 드나들 수 있게 하는 금속성 도체(단자, terminal)가 있으며, 이 두 전극은 전해질(electrolyte, 전해질은 수용액 상태에서 이온으로 쪼개져 전류가 흐르는 물질로, 화학적으로 물 또는 극성용매 속에서 양이온과 음이온으로 전리하여, 그 용액이 전도성을 나타내는 물질을 말한다)을 통해 서로 이온적으로 연결되어 있다. 전해질은 물과 같은 용매에 용해된 양이온과 음이온의 혼합물이다. 두 개의 전극표면 각각에는 액체전해질이 전극의 전도성 금속표면

과 접촉하는 영역이 발생하며, 이 접촉 영역(interface, 인터페이스)은 불용성 고체 전극표면과 인접한 액체전해질과 같은 두 가지 서로 다른 물질 상(phase, 相) 사이의 공통 경계를 형성한다. 이 인터페이스에서는 이중층(double layer) 효과라는 매우 특별한 현상이 발생한다.

전기화학적 슈퍼커패시터에 전압을 가하면 슈퍼커패시터의 두 전극이 전기 이중층을 생성한다. 이러한 이중층은 두 개의 전하층으로 구성된다. 하나의 전자층은 전극의 표면 격자구조에 있고, 다른 전자층은 반대 극성을 가지며 전해질의 용해 및 용매화 이온에서 나온다. 두 층은 용매분자의 단층, 예를 들어 내부 헬름홀츠평면(IHP, Inner Helmholtz Plane, 가까운 거리에서 표면에 단단히 결합되어 특이 흡착된 이온 즉, 특이성 흡착 이온들이 모인 곳을 뜻한다)이라고 불리는 물분자에 의한 용매인 물의 경우 분리된다. 용매 분자는 전극표면에 물리적 흡착에 의해 부착되고 반대 극성의 이온을 서로 분리하여 분자 유전체로 이상화될 수 있다. 이 과정에서 전극과 전해질 사이에 전하 이동이 없으므로 접착을 일으키는 힘은 화학적 결합이 아니라 정전기력과 같은 물리적 힘이다. 흡착된 분자는 분극화되어 있지만 전해질과 전극 사이의 전하 이동이 부족하여 화학적 변화가 발생하지는 않는다.

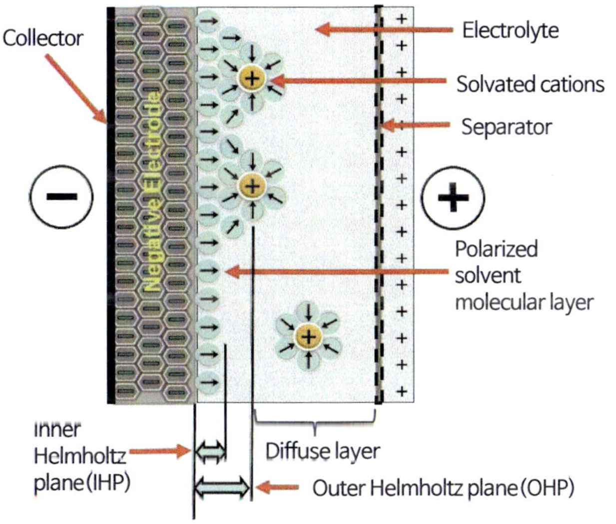

그림 2.2 전극의 음이온과 액체 전해질의 양이온의 이중층을 단순화한 보기

전극의 전하량은 외부 헬름홀츠평면(OHP, Outer Helmholtz Plane, 특이 흡착된 이온의 평면을 따라가면 완전히 반대되는 비특이 흡착된 수화된 이온이 있다. 이를 외부 헬름홀츠 평면이라 정의하며 전극에 가장 가깝게 접근되어 있는 산화 · 환원 종까지의 거리로 용액 내에 존재하는 양이온이

접근할 수 있는 최소의 거리라고 할 수 있다)의 역전하 크기와 일치한다. 이 이중층 현상은 기존 커패시터와 마찬가지로 전하를 저장하며, 이중층 전하는 인가된 전압의 강도에 해당하는 내부 헬름홀츠평면(IHP)의 용매분자의 분자층에 정전기장을 형성한다.

그림 2.2는 양극화된 용매분자층으로 분리된 전극의 음이온과 액체전해질의 양이온의 이중층(double layer)을 단순화한 보기이다.

전기화학 커패시터의 단위 전압 당 저장된 전하량은 주로 전극 크기의 함수이다. 이중층의 정전기적 에너지저장은 저장된 전하와 선형(linear, 직선처럼 똑바른 도형)이며 흡착된 이온의 농도에 해당한다. 또한, 기존 커패시터의 전하는 전자를 통해 전달되는 반면, 이중층 커패시터의 커패시턴스(capacitance, C)는 전해질 내 이온의 제한된 이동속도와 전극의 저항성 다공성 구조와 관련이 있다. 전극이나 전해질 내부에서는 화학적 변화가 일어나지 않기 때문에 원칙적으로 전기이중층(electric double layer)의 충전과 방전은 무제한이다. 실제 슈퍼커패시터 수명은 전해질 증발효과에 의해서만 제한된다.

그림 2.3은 이상적인 이중층 커패시터의 구조와 기능이다. 두 전극의 커패시터에 전압을 가하면 헬름홀츠 이중층(Helmholtz double layer)이 형성되어 전해질의 이온을 반대극성의 거울처럼 대칭적인 거울 전하분포로 분리한다.

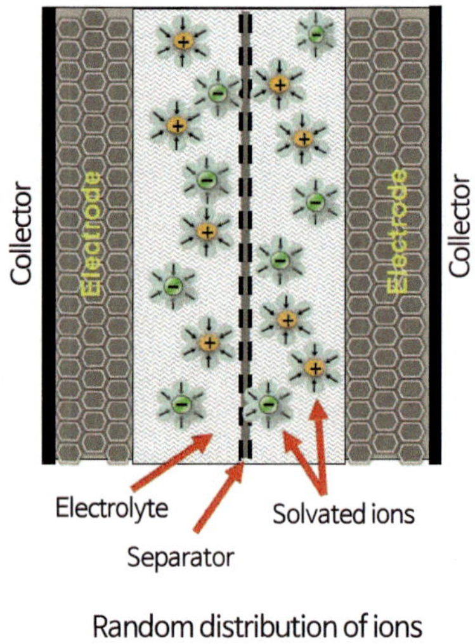

(a) 커패시터 방전

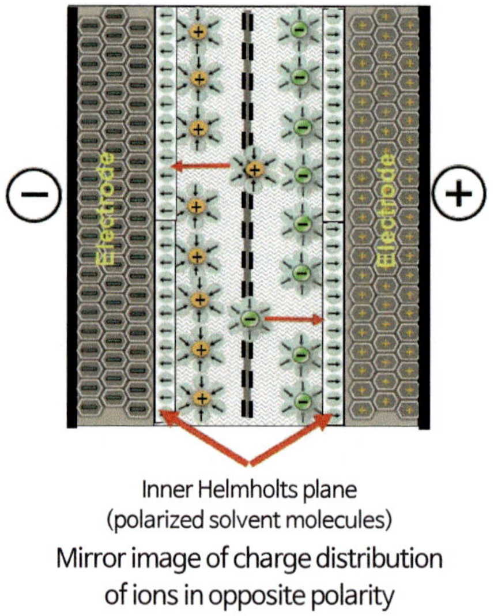

(b) 커패시터 충전

그림 2.3 이상적인 이중층 커패시터의 구조와 기능

2) 슈퍼커패시터의 기본 구조와 구성요소

슈퍼커패시터의 기본 구조는 양극과 음극으로 구성하는 다공성 탄소 전극(electrode), 전해질(electrolyte), 집전체(current collector), 분리막(separator, 격리막)으로 이루어져 있다. 단위 셀 전극의 양단에 수 볼트의 전압을 가해 전해액 내의 이온들이 전기장을 따라 이동하여 전극표면에 흡착되어 발생되는 전기화학적 메커니즘으로 작동하게 된다. 슈퍼커패시터는 이차전지에 비하여 구조는 그림 2.4에서와 같이 비교적 단순한 형태로 구성되며, 기본적인 슈퍼커패시터의 구조와 구성요

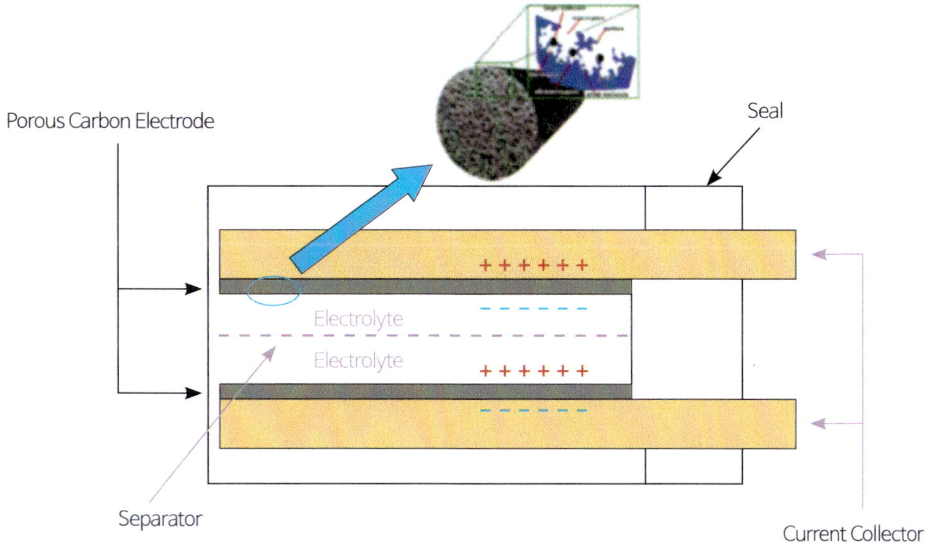

(a) 슈퍼커패시터의 기본 구조(구성도)

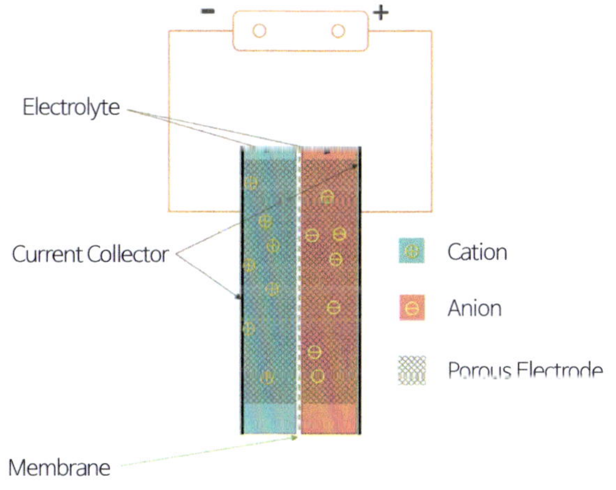

(b) 슈퍼커패시터의 개략도

소를 보여준다.

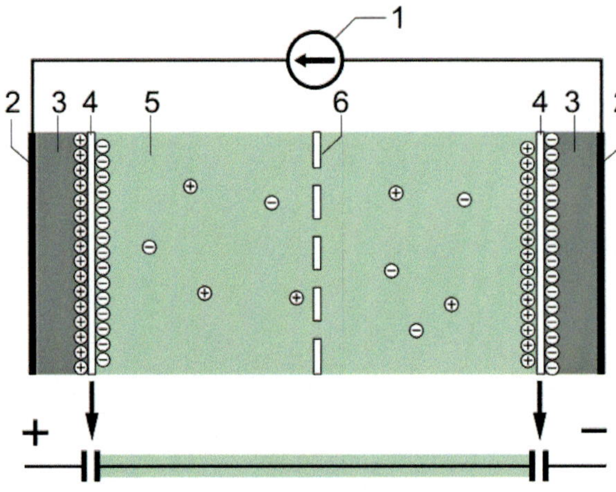

① 전원, ② 집전체, ③ 분극화된 전극, ④ 헬름홀츠 이중층
⑤ 양이온과 음이온을 갖는 전해질, ⑥ 분리막

(c) 슈퍼커패시터의 일반적인 구성요소

그림 2.4 슈퍼커패시터의 기본 구조(구성도)와 구성요소

그림 2.5는 원통형 슈퍼커패시터를 펼친 기본 구조와 전기 기호(극성 커패시터 : C1, C2)로 슈퍼커패시터의 회로를 구성한 기본 구조를 보여준다.

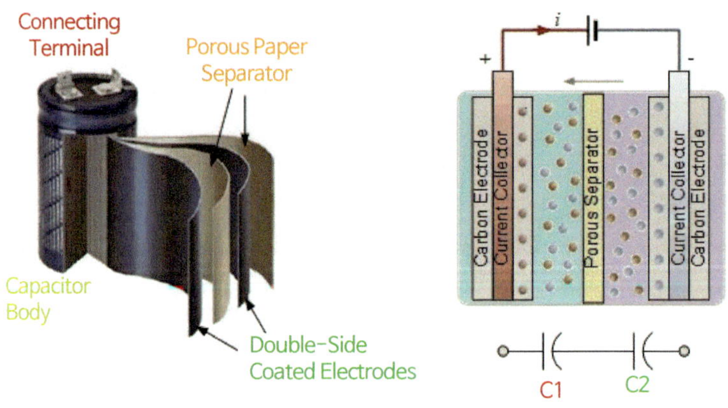

(a) 원통형 슈퍼커패시터의 구조와 회로구성(극성 커패시터 : C1, C2)

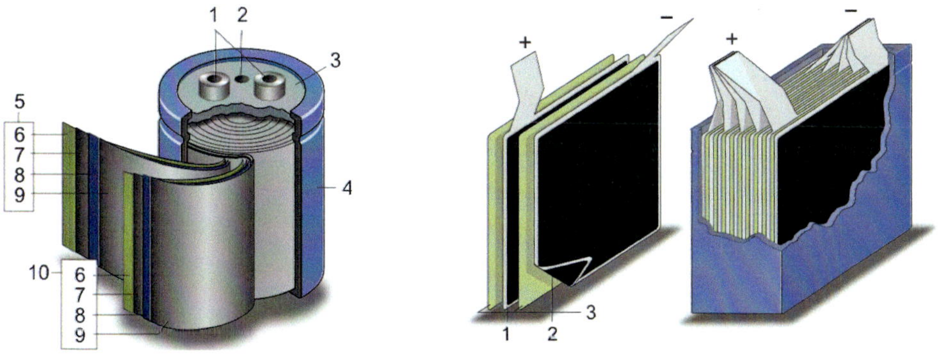

①단자, ②안전 벤트, ③밀봉 디스크, ④알루미늄 캔, ⑤양극
⑥분리기, ⑦탄소 전극, ⑧집전체, ⑨탄소 전극, ⑩음극

(b) 권선형 슈퍼커패시터의 도식적 구성

①양극, ②음극, ③분리막

(c) 전극이 적층된 슈퍼커패시터의 개략적인 구조

그림 2.5 슈퍼커패시터의 기본 구조(커패시터 몸체와 회로도)와 구성요소

3) 슈퍼커패시터와 배터리(리튬이차전지)와의 비교

슈퍼캐패시터와 배터리(리튬이차전지, 리튬이온 배터리) 모두 전기화학반응(electrochemical reaction)을 이용한 에너지저장장치이다.

하지만 에너지를 저장할 때 사용되는 전기화학적 메커니즘이 달라서 에너지, 전력밀도에 차이가 있다. 기존의 일반적인 커패시터(capacitor)는 앞의 그림 1.18에서 나타낸 바와 같이 라곤 플롯(Ragone plot)이라 부르는 그래프에서 좌측 상단에 위치해 있다. 전력밀도(power density)는 높은 반면 에너지밀도(energy density)는 상당히 낮은데, 이는 한번에 높은 전력을 출력할 수 있지만 커패시터의 특성상 충·방전 시간이 너무 빨라 실제로 저장하는 에너지는 적다는 뜻이다.

휴대폰(스마트폰)이나 태블릿 등 우리가 가장 흔하게 사용하는 배터리(battery)인 리튬이온 배터리는 리튬(Li^+)이온의 산화·환원반응(redox reaction : 산화·환원(oxidation-reduction)을 줄여서 redox(레독스)라 한다. 산화환원반응은 원자의 산화상태를 변화시키는 반응으로 환원제(reducing agent)의 원자에 있는 전자를 산화제(oxidizing agent)의 원자로 이동시키며 일어난다)을 통해서 전기가 생성되는 방식을 가지고 있다. 배터리는 전력밀도 자체는 커패시터보다 낮지만 화학적인 반응을 수반하기 때문에 천천히, 긴 시간동안 전력을 충·방전하여 저장할 수 있는 에너지가 상대적으로 많아 에너지밀도가 높다. 이는 현재까지 배터리가 에너지저장 소자장치(element device 또는 device system)로 주로 쓰이는 이유이다.

슈퍼커패시터는 기존의 커패시터와 배터리의 중간지점에 위치해 있다. 즉 평범한 커패시터에 비해 많은 양의 에너지를 저장할 수 있으면서 동시에 배터리보다 훨씬 높은 출력을 낼 수 있어 차세대 에너지저장장치의 핵심요소로 각광받고 있다. 슈퍼커패시터는 전해질의 이온이 전극 표면에 흡착(adsorption)하고 탈착(desorption)되는 과정이나 표면화학반응을 통해서 충·방전이 진행된다.

슈퍼커패시터가 에너지를 저장하는 메커니즘은 다음 표 2.1에서와 같이 전기 이중층 커패시터(EDLC, Electric Double Layer Capacitor), 유사커패시터(Pseudocapacitor)와 하이브리드 커패시터(Hybrid supercapacitor) 등 크게 3가지로 나누어 볼 수 있다. 표 2.1은 슈퍼커패시터와 관련 유형의 커패시터를 계층적으로 분류한 다이어그램(diagram, 도식도)이다.

표 2.1 슈퍼커패시터의 계층적 분류(다이어그램)

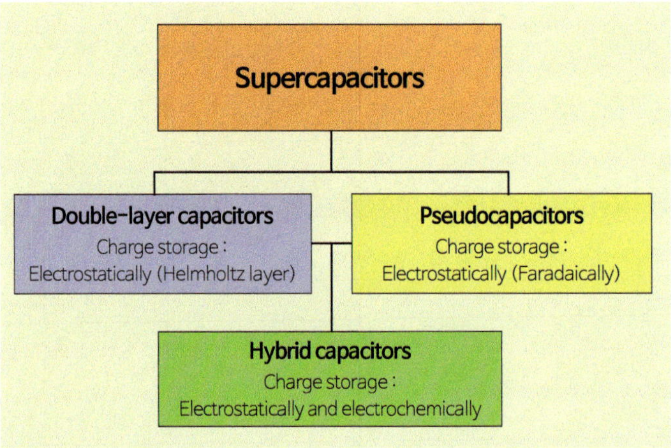

(1) 전기 이중층 커패시터(EDLC, Electric Double Layer Capacitor)

전기 이중층 커패시터(EDLC)는 활성전극에서 전해질 용액 내 이온들의 정전기력에 의해 가역적인 흡·탈착으로 에너지를 저장한다. 즉, 전하가 전기이중층의 거동을 보이며 전극 표면에 축적되어 전기에너지를 저장하는 것이다. 쉽게 말해, 전자가 한쪽의 (+)이온들이 모인 곳에 축적되었다가 떨어지는 방식으로 에너지를 공급한다. 전기 이중층 커패시터 전극에서는 산화·환원반응(redox reaction)을 통한 전하 전달이 일어나지 않고 오로지 충전(charging)만 일어난다. 전기 이중층 커패시터는 매우 큰 표면적을 가진 전극을 통한 저장 메커니즘을 가지고 있어 빠른 에너지 저장과 수송을 통한 고출력을 유도한다.

(2) 유사커패시터(Pseudocapacitor)

유사커패시터(pseudocapacitor)는 전극표면에 전기화학 활물질이 붙어있는 상태에서 전자의 이동이 나타나며 전기 이중층 커패시터(EDLC)와는 달리 산화·환원 반응을 통해 전하를 저장한다.

전기 이중층에 전하를 저장하지 않기 때문에 실질적으로 커패시터라고는 할 수 없지만, 그럼에도 불구하고 저장특성이 전기 이중층 커패시터와 유사하여 유사커패시터라고 부른다. 유사커패시터(pseudocapacitor)는 충 · 방전 사이클의 안정성은 떨어지지만 에너지밀도는 전기 이중층 커패시터(EDLC)에 비해 뛰어나다.

또한 이들의 특성을 비대칭 전극을 사용하여 적당히 혼합한 하이브리드(hybrid) 슈퍼커패시터가 있다.

(3) 하이브리드 커패시터(Hybrid Supercapacitor)

하이브리드 커패시터는 전기 이중층 커패시터와 유사커패시터의 특성을 혼합한 슈퍼커패시터이다. 하이브리드 커패시터는 양극과 음극에 서로 다른 재료를 사용한다. 즉, 한 쪽 전극에는 고용량 특성을 가지는 리튬금속산화물을 사용하고, 다른 쪽 전극에는 고출력 특성을 가지는 활성탄소(activated carbon, 또는 활성탄(活性炭)이라고 한다. 주 성분이 탄소이며 다공성이므로, 표면적이 넓어 흡착성이 강하고, 화학반응이 빨리 일어나는 물질이다. 강력한 흡수성 · 흡착성을 갖도록 제조한 탄소)를 사용한다. 하이브리드 커패시터는 환경친화적이며, 전기 이중층 커패시터보다 에너지밀도가 높고 충전과 방전이 빠른 장점을 가지고 있다.

다음 그림 2.6은 일반 커패시터, 전기화학반응(electrochemical reaction)을 이용한 슈퍼커패시터(전기화학 커패시터), 배터리(리튬이차전지, 리튬이온 배터리), 연료전지(fuel cell)의 에너지밀

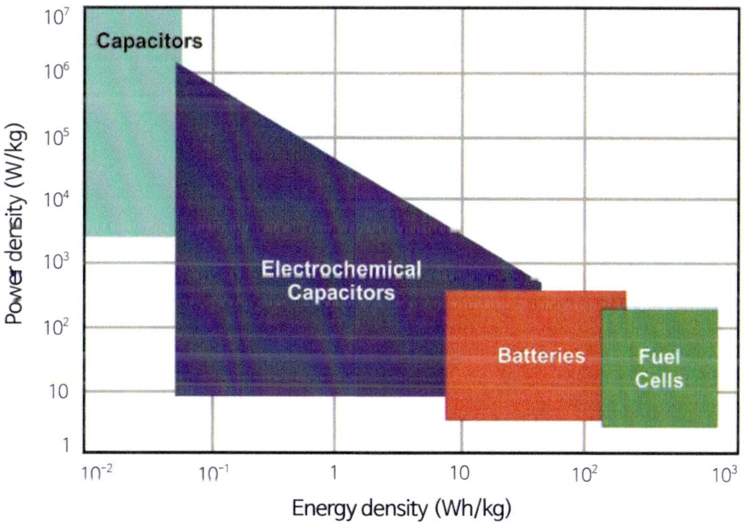

(a) x축 에너지밀도 대비 y축 전력밀도와의 비교

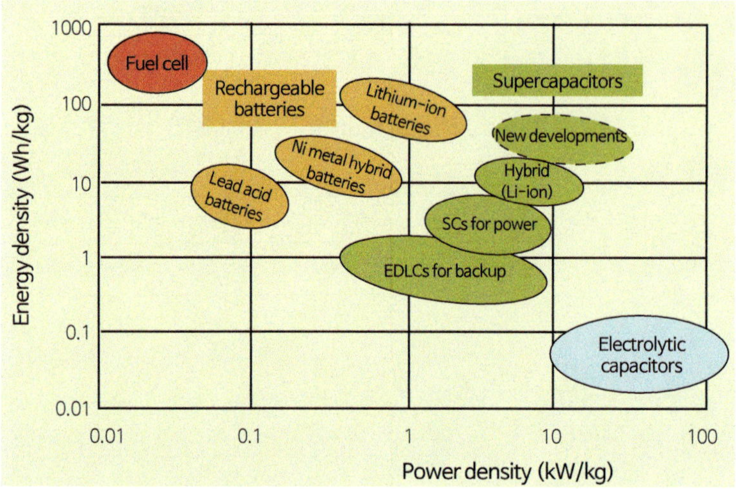

(b) 라곤 차트(x축 전력밀도 대비 y축 에너지밀도와의 비교)

그림 2.6 여러 에너지저장 소자의 에너지밀도와 전력밀도와의 비교

도(Wh/kg)와 전력밀도(W/kg)와의 비교를 나타낸 것이다. (a)는 x축 에너지밀도 대비 y축 전력밀도와의 비교이고, (b)는 다양한 커패시터와 배터리의 전력밀도와 에너지밀도를 보여주는 라곤(Ragone) 차트(플롯)로, x축 전력밀도 대비 y축 에너지밀도와의 비교이다.

참고로, 리튬이차전지 중에서 한국기업이 주로 생산하는 고가 전기자동차에 장착되는 삼원계 니켈코발트망간(NCM) 배터리의 에너지밀도는 kg당 200~350Wh(와트시) 정도이며, 중국 배터리 기업들이 세계 시장을 주도하고 있는 중 · 저가 전기자동차에 주로 쓰이는 리튬인산철(LFP) 배터리의 에너지밀도는 kg당 160~200Wh(와트시) 정도이다. 리튬인산철 배터리의 큰 단점은 삼원계 배터리에 비해서 에너지밀도가 낮다는 것이다.

에너지밀도 = 용량(mAh) × 전압(V)의 공식으로 계산된다.

4) 슈퍼커패시터의 사용수명

슈퍼커패시터는 전극(고분자전극 제외)의 화학적 변화에 의존하지 않기 때문에 수명은 주로 액체전해질의 증발속도에 따라 달라진다. 이러한 증발은 일반적으로 온도, 전류 부하, 전류 사이클 주파수 및 전압의 함수이다. 현재 부하와 사이클 주파수는 내부 열을 발생시키므로 증발 결정온도는 주변 열과 내부 열의 합이다. 이 온도는 커패시터 본체 중앙의 코어 온도로 측정할 수 있다. 중심 온도가 높을수록 증발속도가 빨라지고 수명이 짧아진다.

증발은 일반적으로 정전용량(커패시턴스, capacitance)을 감소시키고 내부 저항을 증가시킨다.

'전자기기 및 전력용 전기이중층 커패시터'에 대한 IEC/EN 62391-2 규격에 따르면 정전용량이 30% 이상 감소하거나 데이터 시트(data sheet, 데이터시트는 부품(전기 · 전자부품 등), 하부시스템(전원공급장치 등), 소프트웨어 등의 성능, 특성 등을 모아놓은 문서이다. 일반적으로 데이터시트는 제조사에서 만들게 된다) 사양의 4배를 초과하는 내부 저항은 '마모 오류'로 간주되며 이는 구성요소의 수명이 끝났음을 의미한다. 커패시터의 작동이 가능하지만 성능이 저하된다. 매개변수의 이상이 적절한 기능에 영향을 미치는지 여부는 커패시터의 적용에 따라 달라진다.

여기서 언급한 IEC/EN 규격이란 IEC(International Electrotechnical Commission, 국제전기기술위원회)에 의해 전기에 관한 규격을 국제적으로 통일 및 협조를 촉진할 목적으로 제정된 규격이다. 국제전기기술위원회(IEC, International Electrotechnical Commission)는 전기, 전자, 통신, 원자력 등의 분야에서 세계 각국의 규격 · 표준의 조정을 행하고 있다.

또한 EN 규격은 유럽통일규격이라고 하며, 유럽지역의 EU(유럽연합) 가맹국 간의 무역 원활화와 산업 수준의 통일을 추진하기 위해 제정되었다.

IEC/EN 62391-2에 명시된 전기 매개변수의 큰 변화는 일반적으로 고전류 부하 애플리케이션(application, 적용)에는 허용되지 않는다. 고전류 부하를 지원하는 구성요소는 훨씬 더 작은 제한(예를 들면, 정전용량 손실 20% 또는 내부 저항의 두 배)을 사용한다. 내부 저항이 증가함에 따라 열이 선형적으로 증가하고 최대온도를 초과해서는 안되기 때문에 이러한 응용 분야에서는 더 좁은 정의가 중요하다. 지정된 온도보다 높으면 커패시터가 파손될 수 있기 때문이다.

'기대수명' 또는 '부하수명'이라고도 불리는 슈퍼커패시터의 실제 적용수명은 실온에서 10~15년 이상에 달할 수 있다. 이러한 장기간은 제조업체에서 테스트할 수는 없다. 따라서 최대온도 및 전압 조건에서 예상되는 커패시터 수명을 지정한다. 결과는 '5,000hr/65℃'와 같이 '테스트 시간(시간)/최대온도(℃)'라는 표기를 사용하여 데이터시트에 지정한다. 이 값과 과거 데이터에서 파생된 표현을 사용하면, 더 낮은 온도조건에 대한 수명을 추정할 수 있다.

데이터시트 수명사양은 지정된 시간 동안 최대온도 및 전압을 사용하여 '내구성 테스트'라고 하는 가속 노화테스트를 사용하여 제조업체에서 테스트를 하고 있다. 무결점 제품을 위해서는, 이 테스트 중에 마모나 전체 고장이 발생하지 않아야 한다.

데이터시트의 수명사양을 사용하여 특정 설계의 예상수명을 추정할 수 있다. 이러한 추정에는 비고체전해질을 사용하는 전해커패시터에 '10도 법칙'이 사용되며 슈퍼커패시터에도 사용될 수 있다. 이 법칙은 (화학)반응속도의 온도 의존성에 대한 간단한 공식인 아레니우스 방정식(Arrhenius equation)을 사용한다. 작동온도가 10℃ 감소할 때마다 예상수명은 두 배로 늘어난다. 아레니우스 방정식은 화학반응 내에서 절대온도, 빈도인자 및 반응 내 다른 상수에 대한 속도 상수의 의존성을 나타내는 공식이다.

예상수명 계산의 예

앞에서 설명한 제조사의 데이터시트에 지정된 5,000hr/65℃의 예상수명을 다음의 공식을 사용하여 계산하면,

$$L_x = L_0 \cdot 2^{\frac{T_0 - T_x}{10}}$$

L_x = 예상 수명　　　　L_0 = 지정된 수명

T_0 = 지정된 상한 커패시터 온도　　　　T_x = 커패시터 셀의 실제 작동 온도

65℃에서 5,000시간으로 지정된 커패시터의 예상수명은 45℃에서 20,000시간으로 계산된다. 다시 말해, 추정되는 예상수명은 더 낮은 온도조건 45℃에서 사용 시는 20,000시간이다.

액체전해질의 가스 발생은 전압에 따라 달라지므로 수명은 작동전압에 따라 달라지게 된다. 전압이 낮을수록 가스 발생이 적어지고 수명이 길어진다. 전압과 수명을 연결하는 일반 공식은 없다. 그림 2.7에 표시된 전압 종속 곡선은 한 제조업체의 실험적 · 경험적 결과를 기초로 하여 나타낸 값이다.

전력 애플리케이션의 기대수명은 현재 부하나 사이클 수에 따라 제한될 수도 있다. 이 제한은 관련 제조업체에서 지정해야 하며 유형에 따라 크게 달라진다.

그림 2.7에서 보여주듯이 슈퍼커패시터의 수명(hr, hours)은 주로 커패시터 온도(℃)와 인가전압(V)에 따라 달라진다.

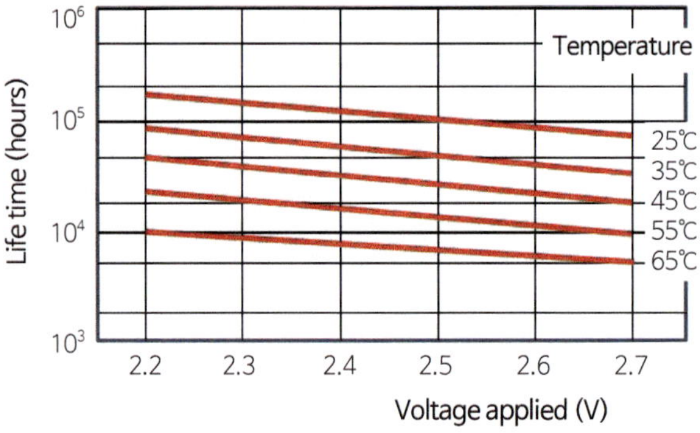

그림 2.7 슈퍼커패시터 온도와 인가전압에 따른 슈퍼커패시터의 수명 비교

04 슈퍼커패시터의 핵심 소재

1) 핵심 소재의 종류와 특징

(1) 전극(Electrode)

전극(electrode)의 소재로 탄소를 주로 사용하며, 탄소전극에서 단위 면적당 정전용량은 탄소전극의 전자밀도와 전해질 이온의 종류에 따라 다른 특성을 보인다. 탄소전극의 단위 면적당 정전용량은 탄소전극의 전자밀도에 따라 다르다. 슈퍼커패시터의 전극용 탄소 재료로는 활성탄소분말, 활성탄소섬유, 유리질 탄소, 탄소 에어로젤(aerogel(영어) 또는 에어로겔(독일어)은 고체 상태의 물질로 젤에서 액체 대신 기체로 채워져 있는 형태이다. 열, 전기, 충격 등에 강하고 방음과 단열이 뛰어난 소재로 내부가 기체이기 때문에 기존 재료보다 무게가 1/10밖에 안돼 가볍고 또한 강하다) 등이 있다.

전극의 형태는 매우 다양하며 탄소전극(carbon electrode)을 제조할 때 전극 내부저항(기기의 내부 회로가 지니고 있는 저항)을 줄이는 것이 무엇보다 중요하다. 저항이 낮은 탄소전극의 제조방법으로는 전극 물질이 입상(粒狀, 알갱이나 낟알 모양)일 경우 압력을 가하여 입자 간의 접촉을 향상시키거나 다른 형태와 병행하여 사용하며, 일반적으로 탄소전극의 형태는 다음 표 2.2와 같이 바인더 형(binder type), 매트릭스 형(matrix type), 모놀리스 형(monolith type, 돌기둥 형태), 필름 형(film type), 유리질 형(glassy, vitreous type) 등의 5가지 종류로 구분한다.

표 2.2 탄소 전극의 종류 및 특징

종류	특징
바인더 형	바인더 형은 PTFE 등의 고분자 바인더를 이용하여 입자간의 접촉 특성을 개선시킨 방법으로 전극의 가공이 쉽다는 장점을 가지고 있다.
매트릭스 형	매트릭스 형은 인산 활성탄을 폴리머 매트릭스(Polymer matrix)와 혼합 후 폴리머를 탄화시켜 전극을 제조하는데 탄화 후 폴리머는 입자를 연결시키는 동시에 전극활물질로 작용한다.
모놀리스 형	모놀리스 형은 탄소 에어로 젤, 탄소 폼 등과 같은 다공성 단일체로 연속적인 탄소골격을 가지므로 전극 물질간의 접촉을 고려하지 않아도 되는 장점이 있다.
필름 형	필름 형은 유리질 탄소와 같은 비다공성 탄소재료의 경우로 전극 내부에는 전해질이 존재하지 않고 단지 분리막이 전해질을 포함한다.
유리질	유리질 탄소는 유기 고분자로부터 만들어지는 단일체로 활성탄 전극에 비해 내부저항이 낮은 장점이 있다. 클로스 형(Cloth type)은 활성탄소섬유를 전극으로 사용하는 경우로 전극 제조방법이 쉽다는 장점은 있으나 비용이 높고, 전극의 낮은 충전 밀도가 단점이다.

비고 1. PTFE : PolyTetraFluoroEthylene(폴리테트라플루오로에틸렌)의 약자로 PTFE 또는 미국 듀폰(Dupont)의 상품명인 테프론(Teflon)으로 많이 알려져 있다. 슈퍼 엔지니어링 플라스틱(super engineering plastic)으로 내열, 내약품성이 뛰어나며 마찰계수

가 극히 낮은 플라스틱 소재로 모든 화학약품에 대해 내화학성이 있으며, 매끄러운 표면으로 유명하다. 넓은 온도범위(−270~250℃)에서 물리적 성질을 유지한다. 각종 기계장치, 반도체 장비 등의 다양한 부품 소재로 사용되고 있다.

2. 탄화(carbonization, 炭火) : 유기화합물이 열분해나 화학적 변화에 의해 탄소로 변하는 현상 또는 어떤 물질이 탄소와 결합하는 것을 뜻한다.

3. 충전밀도(packing density, 充塡密度) : 충전재(充塡材, packing media : 충전재로는 현재 자석재, 플라스틱재, 금속재와 같이 여러 재질과 형상의 성형품이 주로 사용되고 있다)의 단위 체적 당 중량으로 충전재 간의 공극도 포함한 밀도이다.
충전재의 실제 밀도를 진밀도라 하며, 다공질 물질의 경우 겉보기 밀도와 달리 같은 충전재라 해도 내용물을 채운 방식에 따라서 다른 값이 되는 경우가 있다.

(2) 전해질(Electrolyte)

전해질은 수용성 전해질(water soluble electrolyte, 물에 녹는 성질의 전해질을 말한다)과 비수용성 전해질(non-aqueous electrolyte)인 유기 전해질(organic electrolyte)로 구분할 수 있다. 수용성 전해질은 H_2SO_4, KOH, NaOH, KCl 등의 산, 염기 또는 무기염(무기산과 염기의 반응으로 생기는 물질)을 사용할 수가 있으며, 전압 범위는 전압 평형에 의존하지만 대략 1.0V 정도이다. 수용성 전해질은 용액의 이온 전도도(ionic conductivity, 물질의 이온전도 경향을 나타내는 척도이며, λ로 표시한다)가 유기 전해질의 경우보다 크므로 출력특성이 양호하며 제작이 용이하다는 장점이 있다. 반면에 유기용액(AN, EC, PC, DMC, DEC 등)과 무기염류(리튬염, 4차 암모늄, 포스포늄 염 등)를 사용하는 비수용성 전해질인 유기 전해질은 이온 전도도가 낮고 처리가 쉽지 않는 단점이 있지만, 3V 정도의 전압 범위에서 사용이 가능하므로 에너지 측면에서는 수용성 전해질보다 큰 장점을 가진다.

표 2.3은 전해질의 2종류인 수용성 전해질과 비수용성 전해질의 구분과 각 전해질의 종류를 나타낸다.

표 2.3 전해질의 종류

전해질			예 시
수용성 전해질	산 · 염기 또는 무기염	-	H_2SO_4, KOH, NaOH, KCl 등
비수용성 전해질	유기 전해질	유기용액	AN, EC, PC, DMC, EDC 등
		무기염류	리튬염, 4차 암모늄, 포스포늄 염 등

(3) 집전체(Current collector)

대부분의 에너지저장장치에는 전극활물질의 낮은 전도성으로 인해 성능을 보완하기 위한 집전체가 필요하다. 일반적으로 집전체(current collector)의 역할은 전극에서 외부 부하로 전류를 전달하는 것이다.

집전체는 전극활물질에서 반응이 일어나도록 전자를 외부에서 받아 전달하거나 전극활물질에서 전자를 받아 외부로 흘려보내는 통로이다.

슈퍼커패시터의 경우에는 집전체로 주로 알루미늄 포일(Al foil, 알루미늄의 금속박지, 금속박(箔)을 뜻한다)을 사용한다.

집전체에 사용되는 물질(소재 또는 재료)의 경우 높은 전도성(고전도성)을 가지고, 질량은 가벼우며(경량 재질), 내부식성이 있고, 박막 가공성이 좋고, 고온 안정성, 전위 안정성을 갖는 경우 집전체에 사용하기 우수한 물질이라고 할 수 있다.

원통형 슈퍼커패시터는 알루미늄(Al) 집전체의 표면에 (전극)활물질을 도포 · 형성시킨 한 쌍의 전극 사이에 분리막(격리막)을 둔 상태로 감고, 이것에 전해액을 침투시켜 제조한다.

슈퍼커패시터용 금속박(箔) 집전체의 표면개질 방법 및 이를 이용한 슈퍼커패시터를 제조하는 기술에 대해 한 예를 들면, 슈퍼커패시터(supercapacitor)용 금속 집전체의 표면을 0.1~50μm 크기의 금속산화물, 질화물, 카바이드 분말을 이용하여 용액 중 초음파 조사에 의해 표면거칠기를 증대시킴으로써, 슈퍼커패시터용 전극 제조 시의 Al 금속 집전체와 부착 전극과의 결착력 증대와 이를 이용하여 제조한 슈퍼커패시터의 내부저항을 감소시키는 슈퍼커패시터용 금속박 집전체의 제조방법이 있다.

집전체는 전극 재료와 전해질의 유형에 따라 선택해야 하며 다음과 같은 특성을 가지고 있어야 한다.

① 높은 전기 및 열전도성

② 우수한 기계적 물성(우수한 굽힘성 및 큰 압축강도)

③ 얇고 가벼운 무게(경량)의 소재

④ 전극과의 낮은 접촉 저항

⑤ 높은 화학적 및 전기화학적 안정성

⑥ 높은 내식성

⑦ 환경 친화성

⑧ 저렴한 비용

등이다.

현재 산(酸, acid) 기반 수계전해질(물을 전해질로 하는 고체상태의 이온전도성을 띠는 물질을 말한다)의 경우는 부식에 강한 Au foil(금 포일, 금으로 된 금속박지, 금속박(箔)을 뜻한다) 집전체를 사용하고 슈퍼커패시터 제조 비용을 최소화하기 위해 인듐 · 주석 산화물(ITO, Indium tin oxide)과 탄소 재료 등이 연구되고 있다.

염(鹽, salt) 기반 수계전해질의 경우에는 Ni foam('니켈 폼'은 니켈 포말(泡沫, 거품)로 발포된 금속이다)을 많이 사용하는 데 Ni foam(니켈 폼)은 일반 금속 포일(foil)보다 비표면적(어떤 물체의 단위질량 당 또는 단위부피 당 표면적을 비표면적이라 한다)이 높기 때문에 전극활물질의 전기화학적 활성이 우수하고 충·방전 시 생성되는 NiO/Ni(OH)x로 인하여 소량의 유사축전용량(pseudocapacitance)이 생기므로 총 축전용량이 증가하는 장점이 있다.

NiO는 산화니켈(Nickel oxide)이고, Ni(OH)x는 니켈수산화물(Nickel hydroxide)이다.

또한 Ni foam(니켈 폼) 외 염기반 수계전해질의 집전체로 stainless steel foam/foil(스테인리스강 폼/포일), alloy(합금), carbon fabric(탄소 직물), carbon cloth(탄소 천), graphene foam(그래핀 폼) 등이 사용되고 있다.

이와 같이 산과 염기반 수계전해질에 사용되는 집전체들은 중성 전해질에서 부식성이 없기에 사용되고 있는 것이다.

비수계전해질인 유기전해질(organic electrolyte)과 이온성 액체(ionic liquid)의 경우에는 알루미늄 포일(Al foil)이 많이 사용된다.

(4) 전극활물질(Electrode material)

전극활물질은 양극에서 전극 반응에 관여하는 물질로 소자의 종류에 따라 양극이 같을 수도, 다를 수도 있다.

슈퍼커패시터에서 주로 사용하는 전극활물질로는 탄소(carbon)기반 물질, 전도성 고분자(conducting polymer), 금속산화물(metal oxide)이 있다.

탄소기반 물질로는 활성탄소(activated carbon, AC : 활성탄소·활성탄은 숯을 가스 또는 약품으로 활성화시킨 다공성 탄소를 뜻한다), 그래핀(graphene, 탄소의 동소체 중 하나이며, 탄소 원자들이 모여 2차원 평면을 이루고 있는 구조이다. 각 탄소 원자들은 육각형의 격자를 이루며 육각형의 꼭짓점에 탄소 원자가 위치하고 있는 모양이다), 탄소나노튜브(carbon nanotube, CNT : 원기둥 모양의 나노구조를 지니는 탄소의 동소체) 등이 있다.

전극활물질의 경우 고용량, 고밀도, 고전도성을 가지고 수명이 높으면서 저항이 낮을 경우 좋은 전극활물질이라고 할 수 있다.

현재 슈퍼커패시터의 주력인 전기이중층 커패시터는 이온과 활물질의 물리적인 정전기 흡·탈착에 의해서 에너지를 저장 및 공급하는 전기화학적 배터리이다.

전기이중층 커패시터의 성능에 가장 큰 영향을 미치는 요소는 탄소전극 소재이며, 큰 비표면적과 내화학성, 낮은 열팽창률, 높은 전기전도성의 이점을 가진 활성탄(활성탄소)이 주로 사용된다.

(5) 분리막(Separator, Separation membrane)

분리막은 집전체, 바인더와 함께 슈퍼커패시터의 수동 구성요소이다.

슈퍼커패시터 전극의 성능을 향상시키기 위한 많은 연구들이 진행되고 있으나 분리막에 대한 연구는 그리 많이 진행되지 못하고 있다.

분리막은 이온의 이동은 쉽게 하도록 하는 기능과 자기방전(self-discharge) 특성이 적으며, 사용 전압 범위 내에서, 전기 · 화학적으로 안정하다. 전해질 및 전극물질과 화학적으로 반응하지 않는 PP(Polypropylene, 폴리프로필렌 : 약칭으로 PP이다. 범용 플라스틱(고분자, 폴리머)으로 반결정 열가소성 수지이다. 높은 내충격성, 강한 기계적 특성, 다양한 유기 용매 및 산 · 염기 부식에 대한 내성이 있다) 계열의 고분자 박막 또는 크라프트 지(kraft paper, 크라프트 종이 또는 크라프트 지(紙)는 크라프트 공정에서 생산된 화학 펄프로 생산된 종이 또는 판지이다. 자루(sack) 크라프트지는 높은 탄성과 높은 인열 저항을 가진 다공성 크라프트 종이로 강도와 내구성에 대한 요구가 높은 제품을 포장하기 위해 고안되었다)와 같은 전해지가 사용된다. 케이스 및 실링 문제는 사용하는 전해질의 종류에 따라 선택이 가능하며, 내부 전해액의 누액을 방지하는 것이 매우 중요하다. 특히 잘못 설계된 분리막은 추가 저항을 유발시킬 수 있어 슈퍼커패시터 성능에 부정적인 영향을 미칠 수 있고, 이는 전지를 단락시킬 수 있다. 분리막은 축전용량에는 직접적인 영향을 주지는 않지만 두 개의 전극사이에서 존재하여 전극끼리의 물리적 접촉을 방지하고 전극사이의 전자의 전달을 촉진한다.

슈퍼커패시터용 분리막은 다음과 같은 특성이 고려되어야 한다.

① 다공성 및 이온전도성(이온 전달능력)

② 전기절연성

③ 화학적 · 전기화학적 불활성

④ 우수한 기계적 강도

⑤ 전해질과의 친화성

⑥ 내열성

등이다.

분리막으로 많이 사용되는 소재로는 PP(Polypropylene, 폴리프로필렌), PVDF(Polyvinylidene Fluoride, 폴리비닐리덴 플루오라이드), PTFE(Polytetra Fluoroethylene, 폴리테트라 플루오로에틸렌), Cellulose계(셀룰로스계, 셀룰로스 질산염, 셀룰로스 아세테이트), 유리섬유, Celgard(셀가드, 셀가드는 배터리의 주요 구성요소인 분리막 용도의 코팅 및 비코팅 건조식 미세 다공성 막의 제조에 있어 미국의 전문기업이다. 셀가드의 배터리 분리막 기술은 전기구동차량, 에너지저장시스템 및 기타 응용 분야의 리튬이온 배터리 및 슈퍼커패시터의 성능에 있어 중요한 역할을 한다), Nafion(나피온), 산화 그래핀 등이 있다.

고성능 슈퍼커패시터의 개발을 위하여 앞에서 언급했듯이 분리막은 다공성 구조, 경량, 우수한 기계적 강도, 친수성(親水性, hydrophile : 친수성은 물과 친한 성질이다. 물 분자와 쉽게 결합되는 성질로 일반적으로 극성을 띤다. 그러나 극성을 띠지 않으면 소수성이라 한다), 난연성, 높은 이온전도도(전도성) 등의 특성을 가져야 한다. 특히 분리막의 이온전도성은 분리막의 기공도 및 전해질 흡수율(electrolyte uptake)에 영향을 받는다. 높은 이온전도성을 갖는 분리막은 전해질 흡수율이 크고 높은 에너지 및 출력밀도(전력밀도)를 나타낸다. 반면 분리막의 기계적 강도는 기공도에 따라 달라지며, 기공도가 최적값 이상으로 증가하면 인장강도가 감소하기 시작하기 때문에 기공도를 조절할 필요가 있다. 이외에도 분리막은 우수한 치수 안정성과 전기화학적 안정성을 가져야 한다. 또한 단락 시 장치 내부 온도가 짧은 시간에 100℃ 이상으로 도달해 장치의 파열이 일어날 수 있기 때문에 분리막은 또한 우수한 내열성을 가지고 있어야만 한다.

(6) 바인더(Binder)

바인더(binder, 접합재)는 전극의 집전체와 활물질 간의 점착을 통하여 전극의 구조를 유지하는 역할을 한다. 일반적으로 PVDF(Polyvinylidene Fluoride, 폴리비닐리덴 플루오라이드), PTFE (Polytetra Fluoroethylene, 폴리테트라 플루오로에틸렌), Nafion(나피온), Cellulose(셀룰로스), PVP (Polyvinyl pyrrolidone, 폴리비닐 피로리돈), PAA(Polyacrylic acid, 폴리아크릴릭애씨드)와 같은 유기고분자와 PPY(Polypyrrole, 폴리피롤), PANI(Polyaniline, 폴리아닐린)와 같은 전도성 고분자가 주로 바인더로 사용되어 왔다. 슈퍼커패시터의 성능은 바인더의 함량과 종류에 영향을 받는다. 바인더의 함량은 PTFE(Teflon, 테프론이라고도 한다)의 경우, 함량이 높아지면 PTFE의 소수성(疏水性, hydrophobe : 소수성은 물 분자와 쉽게 결합되지 못하는 성질을 의미한다. 일반적으로 극성을 띠지 않으면 소수성을 띤다. 또한 소수성의 물질은 다른 물질과 섞이지 못하여서 소수성 물질의 위에 표면장력 때문에 동그랗게 방울이 생긴다)으로 인해 전극에 대한 전해질 이온의 접근성이 저하되어 슈퍼커패시터 성능에 영향을 줄 수 있다. 이러한 단점을 해결하기 위해 바인더 혼합물의 최적화 비율로 전극을 제조하여 젖음성과 전해질 이온의 접근 용이성을 개선하고 있다. 또한, 바인더의 높은 함량은 낮은 전도도와 활성 표면적의 감소를 유발하므로 현재 전극재료의 전기화학적 활성화를 위하여 바인더가 없는 전극(binder-free electrode)을 개발하는 연구가 진행되고 있다.

(7) 그 외 케이스(Case) 및 전해질(Electrolyte) 등

전해질(電解質, electrolyte)은 수용액 상태에서 이온으로 쪼개져 전류가 흐르는 물질이다. 비수용계인 유기계 커패시터에서는 습기가 수명 및 용량에 큰 영향을 미치게 되므로 외부의 습기나, 증기상의 물질들이 셀 내부로 침입하는 것을 완벽하게 차단해야 하는 구조로 이루어져야 한다.

케이스(case)의 재질은 사용하는 전해질에 대하여 내약품성(chemical resistance, 화학 반응이나 용매 작용에 의한 손상을 견뎌내는 성질)을 가져야 하며, 경량재료를 사용해야 하며, 전해질은 넓은 전압 범위에서 전기 화학적으로 안정하고, 염의 용해도가 높아 축전상수가 크며, 전극과의 접촉이 좋고 전극의 기공(blowhole)에서 쉽게 전기 이중층(Electric Double Layer)을 형성할 수 있는 것이 좋다.

전기 이중층이란 일반적으로 이종의 물질이 서로 접촉하면, 계면 가까운 전하 분포가 변화하거나 계면을 통해 하전 입자의 이동차 때문에 분극(polarization, 분극이란 표면에 발생하는 유도전하로 인해 외부 전기장이 생길 때 유전체 안의 전하분포가 재배열 되는 현상으로 양전하와 음전하가 같은 위치에 있지 않는 상태이다. 전기 분극이라고도 한다)이 일어나는 데, 이것을 전기 이중층이라고 한다.

그림 2.8은 앞에서 설명한 슈퍼커패시터 내 적용되는 핵심기술(즉, 요소기술)을 분류한 것이다. 여기서 언급한 핵심기술을 핵심요소기술(CTE, Critical Technology Element)라고 한다.

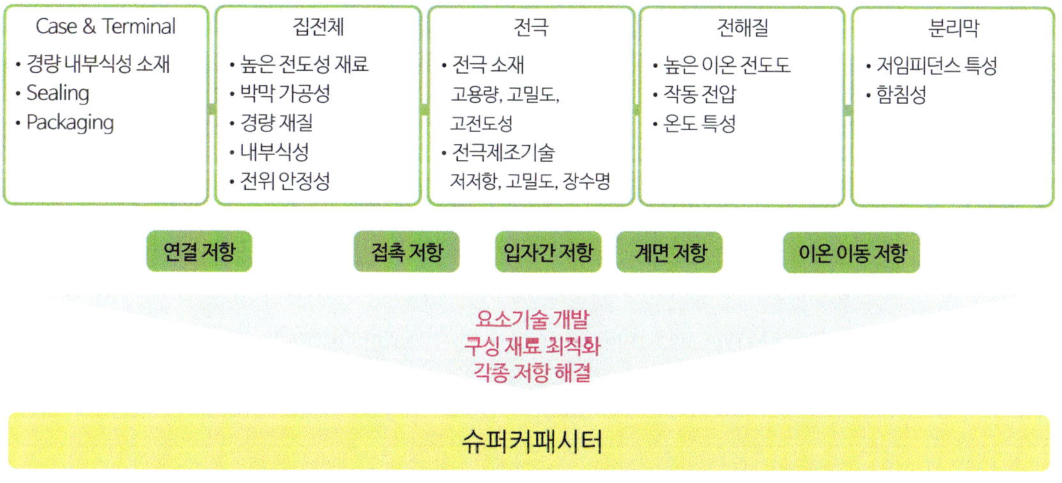

그림 2.8 슈퍼커패시터 내 적용되는 핵심기술

2) 슈퍼커패시터의 기술 구조별 종류

슈퍼커패시터는 전해질의 이온이 전극 표면에 흡착하고 탈착되는 과정이나 표면화학반응을 통해서 충·방전이 진행되며, 이온의 흡·탈착에 의한 슈퍼커패시터를 전기 이중층 커패시터(EDLC, Electric Double Layer Capacitor)이라고 하며, 표면화학반응을 수반한 슈퍼커패시터는 유사커패시터(pseudocapacitor)이라고 한다. 또한 이들의 특성을 비대칭 전극을 사용하여 적당히 혼합한 하이브리드 슈퍼커패시터(hybrid supercapacitor)가 있다.

표 2.4는 앞에서 설명한 전기 이중층 커패시터(EDLC), 유사커패시터 및 하이브리드 슈퍼커패시터 등 슈퍼커패시터의 계층적 분류를 보여주는 다이어그램(diagram)이다.

표 2.4 슈퍼커패시터의 종류(계층적 분류)

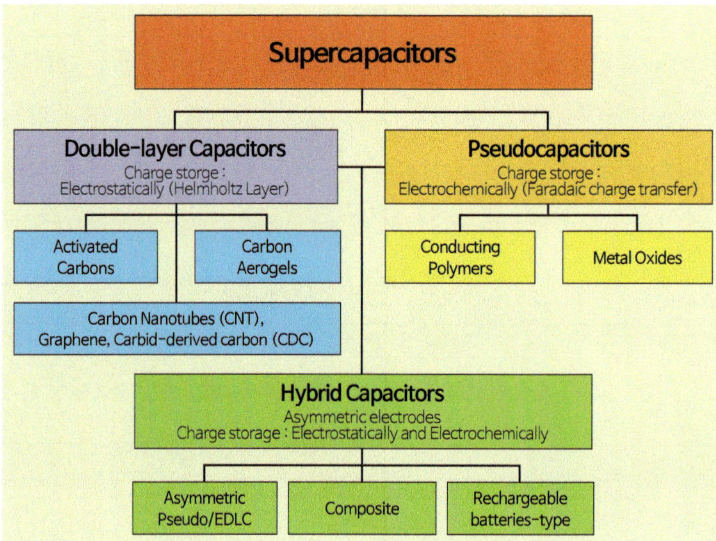

그림 2.9는 슈퍼커패시터의 3가지 종류와 각 구조의 차이점을 보여준다.

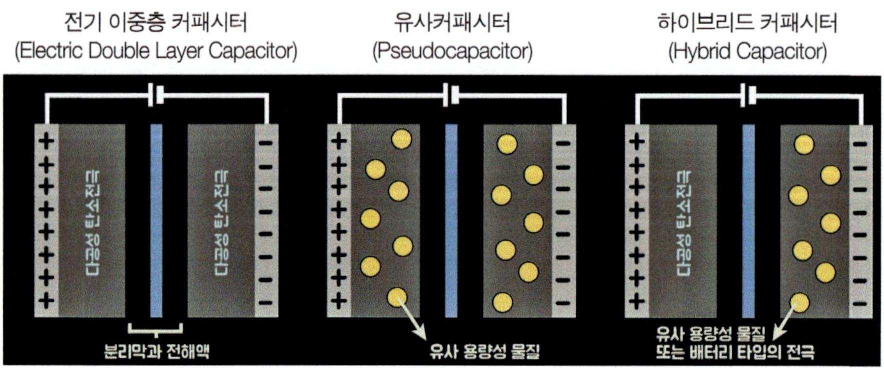

그림 2.9 슈퍼커패시터의 종류와 구조의 비교

그림 2.10은 전기 이중층 커패시터, 유사커패시터와 리튬이온 이차전지(배터리) 등의 원리와 기술, 구조적 차이점을 서로 비교한 것이다.

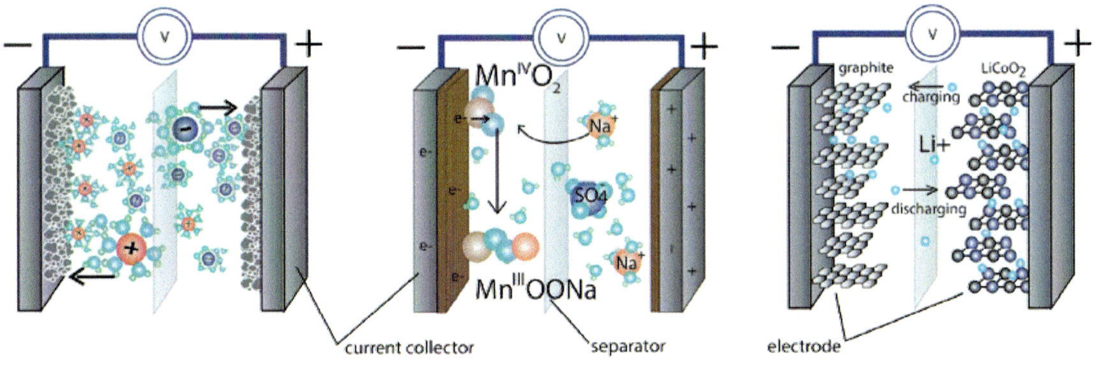

(a) 전기 이중층 커패시터 (b) 유사커패시터 (c) 리튬이온 배터리

그림 2.10 전기 이중층 커패시터, 유사커패시터, 리튬이온 배터리와의 비교

표 2.5는 슈퍼커패시터와 배터리(리튬이차전지) 특성을 비교한 차이점이다.

표 2.5 슈퍼커패시터와 배터리의 특성 비교

	Supercapacitor	Battery
Charge/discharge time	msec to sec	1 to 10hrs
Power density	High, >10,000W/kg	Low, 100~3,000W/kg
Energy density	~10Wh/kg	8~600Wh/kg
Operation voltage	0.8V~2.75V/cell	1.2V~4.2V/cell
Life time	>100k cycles	150~1,500cycles

(1) 전기 이중층 커패시터(EDLC, Electric Double Layer Capacitor)

전기 이중층 커패시터(EDLC)는 전극과 전해질의 계면에서 형성되는 전기 이중층과 관련되는 것으로 두 개의 분극성 전극으로 이루어진다. 이 방식의 충전과 방전원리는 그림 2.11과 같이 전극-용액 계면에 전하가 배열된다. 전기 이중층 커패시터는 대칭의 활성탄 전극, 분리막, 전해액으로 이루어져 있으며, 충전 시에는 전해액 내의 전해질 이온이 정전기적으로 전극 표면에 흡착하여 전극과 전해액 계면에 전하를 전기적 이중층 형태로 축적하고, 방전 때는 역으로 흡착되었던, 이온이 전해액 내로 확산되는 메커니즘을 갖는다. 따라서 전기적 화학반응이 없고 충·방전 시 흡열반응을 하지 않으므로 화학반응을 수반하는 일반적인 이차전지와는 작동원리가 다르다. 이런 이유로 전기

이중층 커패시터는 전지에 비해 5배 이상의 높은 출력과 오랜 수명을 가지며, 저온 환경에서도 높은 출력밀도의 특성을 가지는 등 추가적인 보호회로 없이도 안정성이 우수하다는 장점을 갖고 있다. 전기 이중층 커패시터는 이런 특징으로 초기에는 휴대용 통신기기 및 가정제품의 메모리 백업용으로 적용되었고, 점차로 적용범위가 확대되어 최근에는 군사용, 의료용, 신재생에너지 보조전원, 하이브리드 전기자동차(HEV, Hybrid Electric Vehicle)에 이르기까지 적용범위가 다양해지고 있다. 그러나 전기 이중층 커패시터는 전극표면에만 전하가 축적되기 때문에 이차전지보다 용량이 적고, 상대적으로 체적이 크다. 따라서 고에너지밀도가 요구되는 순수 전기자동차 등의 적용분야에서는 단독으로 사용되지 못하고, 이차전지와 병렬로 연결하여 보조 전원으로 사용되어지는 한계가 있다.

전기 이중층 커패시터는 활성전극에서 전해질 용액 내 이온들의 정전기력에 의해 가역적인 흡·탈착으로 에너지를 저장한다. 즉, 전하가 전기 이중층의 거동을 보이며 전극 표면에 축적되어 전기에너지를 저장하는 것이다. 쉽게 말해, 전자가 한쪽의 (+)이온들이 모인 곳에 축적되었다가 떨어지는 방식으로 에너지를 공급한다. 전기 이중층 커패시터(EDLC) 전극에서는 산화·환원반응(redox reaction)을 통한 전하 전달이 일어나지 않고 오로지 충전(charging)만 일어난다. 전기 이중층 커패시터는 매우 큰 표면적을 가진 전극을 통한 저장 메커니즘을 가지고 있어 빠른 에너지저장과 수송을 통한 고출력을 유도한다.

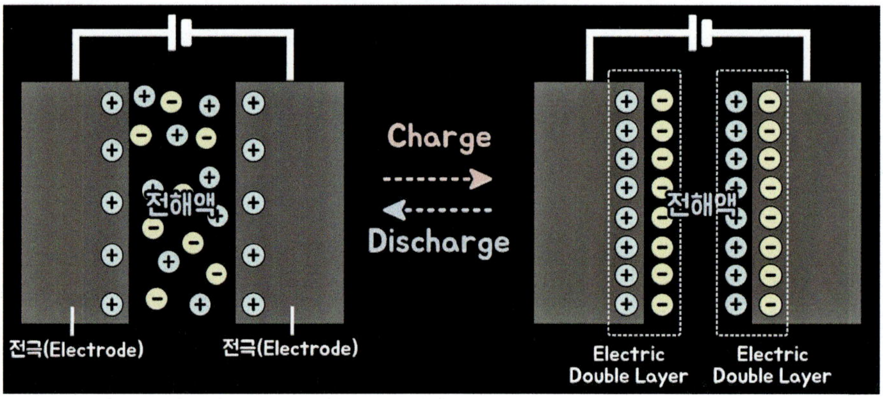

그림 2.11 전기 이중층 커패시터(EDLC)의 구조와 충·방전 메커니즘

(2) 유사커패시터(슈도커패시터, Pseudocapacitor)

유사커패시터란 슈도커패시터라고도 하며, 정전기적인 이온의 흡착(adsorption)·탈착(desorption)만을 사용하는 전기 이중층 커패시터(EDLC)와는 달리 전기화학적인 산화·환원반응을 수반

한 커패시터이다. 기존의 정전기적 대전만을 이용하여 에너지를 저장하는 커패시터와 달리 전해질 속에 들어있는 양성자(H^+)가 전극표면에서 전기화학적 반응으로 전력전하 이동을 유도하여 충·방전이 일어나 기존의 커패시터보다는 배터리와 더 유사한 에너지저장 방식이다. 충·방전 특성 자체는 커패시터와 흡사하여 커패시터의 일종으로 분류했으나, 전극에서의 전기화학적 반응을 수반하고 있다는 특징이 있다.

전극표면에 전기화학 활물질이 붙어있는 상태에서 전자의 이동이 나타나며 전기 이중층 커패시터(EDLC)와는 달리 산화·환원반응을 통해 전하를 저장한다. 전기 이중층에 전하를 저장하지 않기 때문에 실질적으로 커패시터라고는 할 수 없지만, 그럼에도 불구하고 저장특성이 전기 이중층 커패시터와 유사하여 유사커패시터라고 부른다. 유사커패시터(pseudocapacitor)는 충·방전 사이클의 안정성은 떨어지지만 에너지밀도는 전기 이중층 커패시터에 비해 뛰어나다. 또한 이들의 특성을 비대칭 전극을 사용하여 적당히 혼합한 하이브리드 슈퍼커패시터(hybrid supercapacitor)가 있다. 하이브리드 슈퍼커패시터는 전기 이중층 커패시터와 유사커패시터의 특성을 혼합한 슈퍼커패시터이다. 하이브리드 슈퍼커패시터는 양극과 음극에 서로 다른 재료를 사용한다. 즉, 한 쪽 전극에는 고용량 특성을 가지는 리튬금속산화물을 사용하고, 다른 쪽 전극에는 고출력 특성을 가지는 활성탄소를 사용한다.

하이브리드 커패시터는 환경친화적이며, 전기 이중층 커패시터보다 에너지밀도가 높고 충전과 방전이 빠른 장점을 가지고 있다.

그림 2.12는 유사커패시터의 구조를 보여준다.

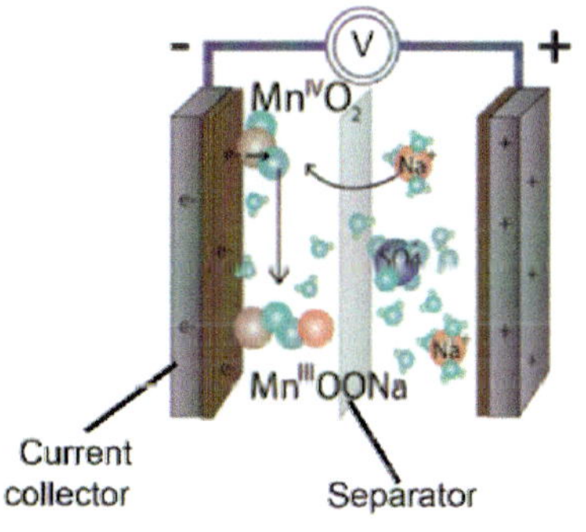

(a) 구조

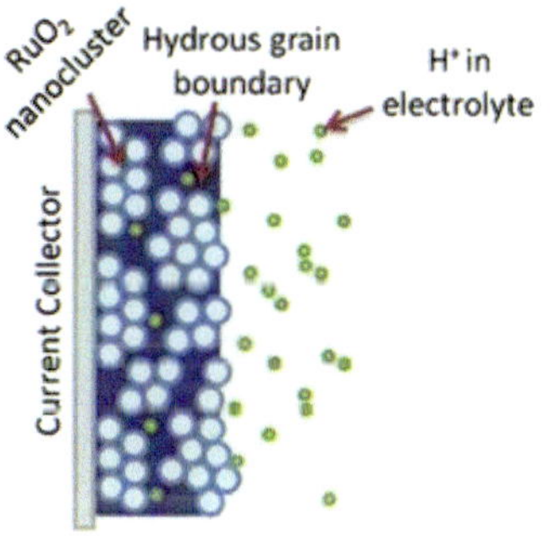

(b) 원리

그림 2.12 유사커패시터의 구조와 원리

산화전극의 한쪽 면에 음전하를 대전시키면 전해질 속의 양성자(H^+)가 전극에 흡착되어 위와 같은 산화 · 환원반응을 일으킨다. 그림 2.12에서 RuO_2(산화루테늄으로 이산화루테늄이다) 전극을 음전하로 대전시키면 전극은 양성자를 받고 환원되어 최종적으로 $Ru(OH)_2$(수산화루테늄) 상태로 존재하게 된다. 역과정으로 대전된 전압을 제거하여 방전시킬 경우 $Ru(OH)_2$ 상태에서 양성자를 전해질(electrolyte)로, 전자를 집전장치(current collector, 집전체 : 집전체는 전기저항이 낮으며, 충전과 방전 중에 활물질로 전류를 전달하거나 활물질에서 전류를 전달하도록 구성된 요소이다. 집전체는 박막 극판을 제조하는데 중요한 구성요소로, 전지 내 활물질에서 전기화학반응이 일어나도록 전자를 외부에서 전달하거나 또는 활물질에서 전자를 받아 외부로 흘려보내는 통로 역할을 한다. 배터리 핵심소재 중 하나인 동박(전지박)이 바로 집전체다)로 방출하게 된다. 이는 산화 · 환원반응을 수반하지 않고 단순 대전시키는 전기 이중층 커패시터(EDLC)보다 산화 · 환원반응을 통해 전자를 $Ru(OH)_2$ 형태로 더욱 많이 저장할 수 있으며, 이에 따른 커패시턴스(capacitance, 물체가 전하를 축적하는 능력을 나타내는 물리량으로 단위는 C로 표시하며, 전기용량 또는 정전용량이라고 한다)의 증가를 가져오게 되며, 이러한 유사커패시턴스는 같은 면적 대비 전기 이중층 커패시터보다 100배 이상 커패시턴스가 증가하게 된다.

단, 전도성 고분자를 포함한 전극(electrode)은 금속산화물에 비해 낮은 산화 · 환원 빈도, 충 · 방전 횟수의 증가에 따른 안정성 저하 등이 문제점으로 지적되고 있으나, 소자 부분에서 유연성을 가질 수 있다는 장점이 있어 유연 전자소자(flexible electronics) 분야에서 활용되고 있다. 그러나 유사커패시터 물질만으로는 실제적으로 제작한 소자의 커패시턴스를 향상시키기에는 무리가 있기에, 전기 이중층 커패시터의 전극 활물질(electrode active material)로 사용되는 탄소기반물질에 전도성 고분자나 금속산화물을 적층하거나 성장시켜 함께 사용한다.

(3) 하이브리드 슈퍼커패시터(Hybrid Supercapacitor)

하이브리드 슈퍼커패시터의 원리는 양극과 음극에 서로 다른 비대칭 전극을 사용함으로써 한쪽 극은 고용량 특성의 전극재료를 사용하고, 반대 극은 고출력 특성 전극재료를 사용하여 용량특성을 개선한 커패시터이다.

그림 2.13은 하이브리드 슈퍼커패시터의 개념을 나타냈는데, 커패시터 용량은 $1/C = (1/C_+)+(1/C_-)$로 주어지며, C_-에서 C_+로 전하되므로 전체 용량은 C_+에 의하여 결정된다.

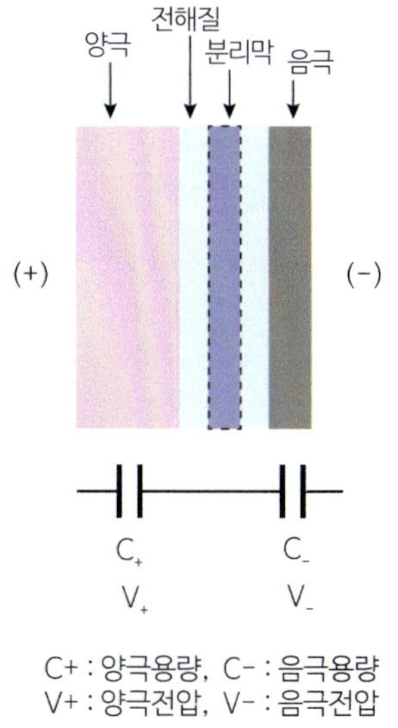

그림 2.13 하이브리드 슈퍼커패시터의 개념도

① 저전압 · 고용량 하이브리드 슈퍼커패시터

저전압 · 고용량형의 하이브리드 슈퍼커패시터에서는 양극 소재를 용량이 큰 금속산화물을 주로 사용하여 단위 중량 당 에너지밀도를 향상시킬 수 있다. 슈퍼커패시터와 이차전지의 중간적인 특성을 가지며, 작동전압은 전해질 및 전극재료의 특성에 영향을 받게 되어 수용성에서는 약 2V의 작은 전압을, 유기성에서는 약 4V의 작동전압을 가진다.

② 고전압 · 저용량 하이브리드 슈퍼커패시터

이와는 달리 고전압 · 저용량형의 하이브리드 슈퍼커패시터에서는 양극으로 유전체를 사용하여 작동전압을 결정하게 되고, 음극은 보다 큰 용량을 가지는 전극을 사용함으로써 재래식 커패시터와 슈퍼커패시터의 중간적인 특성을 나타내고 있다.

일반적으로 슈퍼커패시터의 작동전압은 전해질에 따라 결정되지만, 하이브리드 슈퍼커패시터에서는 양극의 내전압이 하이브리드 슈퍼커패시터의 작동전압이 되기 때문에 고전압화가 가능한 장점이 있다.

표 2.6은 슈퍼커패시터 종류 및 특성을 나타낸 것이다.

표 2.6 슈퍼커패시터 종류 및 특성

분류특성	전기 이중층 커패시터		유사 커패시터		하이브리드 커패시터	
전극재료	활성탄 탄소에어로겔		금속산화물	전도성 고분자	탄소재 금속산화물 전도성 고분자	
전해질	수계	비수계	수계	수계 비수계	수계	비수계
작동전압(V)	>1	>3.3	>1	>2.7	>1	>4.2
메커니즘	전기이중층		전기이중층+산화환원		전기이중층+산화환원	
비 고	양극과 음극에 동일 전극		복합재 형태로도 사용		전극 하이브리드가 일반적(탄소전극+금속산화물 전극)	

3) 슈퍼커패시터의 외형적 분류 및 용도별 분류

슈퍼커패시터는 그림 2.14에서 나타낸 바와 같이 외형적 크기에 따라 코인형, 원통형 및 각형으로 분류할 수 있으며, 코인형 전기 이중층 커패시터는 한 쌍의 시트 형상의 활성탄 전극이 격리막을 사이에 두고 배치된 형태로, 이들 전극에 전해액을 침투시킨 상태로 상하 금속케이스, 패킹에 의해 외장 봉입된다. 각각의 활성탄소 전극은 상하의 금속케이스에 도전성 접착제에 의해 접촉되어 있으며, 단 셀의 정격전압은 2.5V를 나타내나, 2가지 셀을 직렬로 접촉하는 것에 의해 5.5V의 정격전압

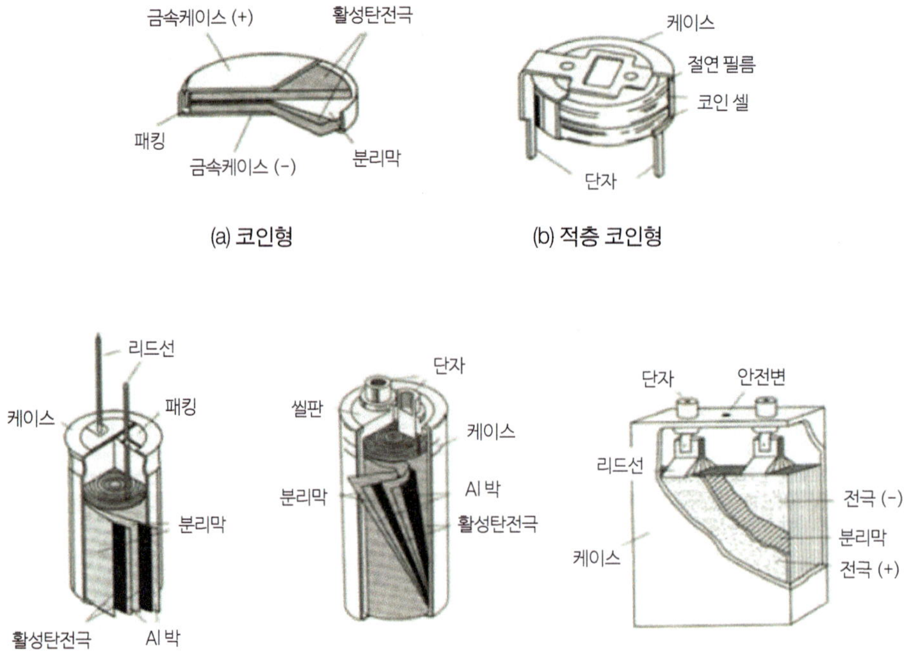

(a) 코인형 (b) 적층 코인형

(c) 원통형(중용량) (d) 원통형(대용량) (e) 대용량 각형

(f) 코인(coin)형 실물

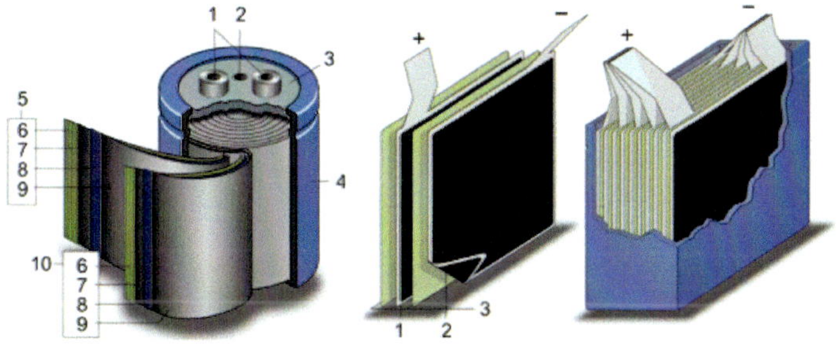

① 단자, ② 안전 벤트, ③ 밀봉 디스크, ④ 알루미늄 캔, ⑤ 양극
⑥ 분리기, ⑦ 탄소 전극, ⑧ 집전체, ⑨ 탄소 전극, ⑩ 음극

① 양극, ② 음극, ③ 분리막

(g) 전기 이중층 커패시터(EDLC)의 기본 구성

그림 2.14 슈퍼커패시터의 외형적 분류

을 나타낸다. 용량은 2F(Farad) 이하이고, 저(低)전류부하 용도에 이용되고 있다. 각형 슈퍼커패시터는 알루미늄 집전체의 표면에 활물질을 도포 · 형성시킨 한 쌍의 전극 사이에 분리막(격리막)을 두고 대향 배치된 구조로 단자 인출방식이 간단하다. 또한 전극 대향면적이 넓고 활성탄 전극 두께의 박층화가 가능하기 때문에 전극체 중의 확산 저항이 적고, 코인형에 비해 대용량, 고출력화가 용이하고, 대(大)전류 부하용도에 적용이 가능하다. 원통형 슈퍼커패시터는 알루미늄 집전체의 표면에 활물질을 도포 · 형성시킨 한 쌍의 전극 사이에 분리막을 둔 상태로 감고, 이것에 전해액을 침투시켜 알루미늄 케이스에 삽입하여 고무로 봉입한 구조를 가진다. 알루미늄 집전체에는 리드선이 연결되어 있고, 이것에 의해 외부로 단자가 인출되고, 특성과 용도는 각형과 유사하다. 그러나 대용량 원통형의 경우 수많은 인출단자들로 인해 접촉저항 증가로 인한 출력특성의 감소를 가져온다. 이를 보완하기 위해 개발된 구조가 업캡(up-cap, 둥근 모자) 구조로 양 · 음극 전극 자체를 상하 알루미늄 케이스에 용접으로 부착시킨 구조를 가진다. 업캡은 1,000F를 넘는 초(超)대용량 슈퍼커패시터에 적합하고, 단자 인출방식의 개량에 의해 초저(超低)저항을 실현한다.

표 2.7은 슈퍼커패시터의 용도별 분류를 나타낸 것이다.

표 2.7 슈퍼커패시터의 용도별 분류

용 도	소형(1F 이하)	중형(1~100F)	대형(100F~)
메모리 백업	전자기기 클록/메모리	산업용 기기 메모리	-
전원전력 백업	-	상시기동 대기 전자기기 (가전기기, 통신기기)	UPS, 수변전설비
태양광 발전시스템	솔라워치	자발광식 도로 등	주택태양광 발전시스템 전력저장
모터, 액추에이터	HDD 암 구동 어뮤즈먼트 기기	-	전기자동차, 전동차량 철도 포인트 절제
이차전지 수명향상	PDA, 셀룰러 단말	PDA, 셀룰러 단말	차세대 저공해 자동차 (HEV, PEV, FCEV)
전압변동 흡수	PDA, 셀룰러 단말	PDA, 셀룰러 단말, 각종 자동차 전장품	차세대 저공해 자동차 (HEV, PEV, FCEV)

05 슈퍼커패시터의 특징, 주요 변수(에너지밀도와 전력밀도)

슈퍼커패시터(Supercapacitor) 또는 울트라커패시터(Ultracapacitor)는 현재 이차전지에 있어 한국이 주도하고 있는 삼원계 NCM(니켈 · 코발트 · 망간), NCA(니켈 · 코발트 · 알루미늄) 리튬이온 배터리와 중국이 주도하는 리튬인산철(LFP) 배터리와 같이 차세대 배터리로 그리고 에너지저장장치로써 그 수요와 발전 가능성이 아주 크다.

1) 특징

슈퍼커패시터 특징을 간결 · 명료하게 말하자면 슈퍼커패시터는 전력밀도(power density, 출력밀도)가 높고 에너지밀도(energy density)가 낮은 특성을 갖는 기존의 전통적 · 재래식 커패시터(콘덴서, condenser, 축전기)와 에너지밀도가 높고 출력이 낮은 이차전지(삼원계 리튬이온, 리튬인산철 배터리)의 단점을 보완하기 위해 고출력과 적절한 에너지밀도를 갖는 배터리 즉, 에너지저장장치이다.

삼원계 NCM 리튬이온 배터리, 리튬인산철(LFP) 배터리는 물론 슈퍼커패시터를 포함하는 모든 이차전지(배터리)의 성능을 결정하는 주요 변수 2가지는 에너지밀도와 출력밀도이다. 그밖에 수명

등도 있지만 배터리와 에너지저장장치에 있어서 에너지밀도와 출력밀도가 중요하기에 에너지밀도 대비 출력밀도(그래프 등으로 서로의 성능을 비교하는 라곤 플롯(Ragone plot, 고에너지 · 고출력 밀도를 비교하는 데 사용되는 차트) 등이 있다)로 이차전지의 성능을 비교한다.

2) 에너지밀도(Energy density)

(1) 개요

배터리의 성능이 좋다는 것은 에너지밀도가 높다는 것을 뜻한다.

일반적으로 밀도(密度, density, 기호 ρ)란 단위 부피 당 질량을 나타내는 값으로 물질마다 고유한 값을 가진다. 단위는 $kg/m^3(kg/cm^3)$, kg/L(g/mL), g/cm^3 등으로 나타내며, 공식은 다음과 같다.

$$\rho = \frac{m}{V}$$

여기서, ρ는 밀도, m은 질량, V는 부피다.

같은 부피일 때(즉 부피가 일정할 때), 물체의 밀도가 커지면 질량은 커진다. 한 물체의 평균 밀도는 그 전체 질량을 그 전체 부피로 나눈 것과 같다.

마찬가지로 에너지밀도(energy density)도 단위 부피(체적, 용량(容量, 용량은 한 용기에 담긴 양을 부피로 나타낸 것으로, 단위는 m^3, 리터(L, liter) 등이 있다) 당 또는 단위 무게 당 가지고 있는 에너지의 양을 뜻한다.

에너지밀도는 전지(배터리)나 연료의 효율을 나타내는 지표이다. 단위는 와트시/킬로그램(Wh/kg) 또는 와트시/리터(Wh/L)로 나타낸다.

셀(배터리)의 에너지밀도를 측정하는(표시해 나타내는) 방법은 일반적으로 크게 2가지로 나뉜다.

① 중량 에너지밀도(Gravimetric energy density)

중량 에너지밀도는 중량(무게)에 대한 배터리의 용량(capacity)을 Wh/kg 단위로 정의한다. 배터리 무게에 비해 얼마나 많은 에너지를 배터리가 포함하고 있는지를, 즉 단위 중량 당 에너지를 얼마나 저장할 수 있는지로 측정한다.

전기에너지를 일컫는 전력량을 중량(정확히는 질량 m(mass)이다. 질량은 물리학에서 물질이 가지고 있는 고유한 양을 일컫는 말이다. 질량의 SI(국제단위계, International Unit System) 단위는 킬로그램(kg)이다. 반면 질량이 있는 물체가 받는 중력의 크기를 무게(중량, W=mg)라 한다. 무게는 질량에 중력이 작용함으로써 발생하는 힘이므로, 중력의 변화에 따라 변화한다)으로 나눈 값으로,

Wh/kg(와트시/킬로그램) 단위로 나타낸다.

② 체적 에너지밀도(Volumetric energy density)

단위 체적(부피)에 저장된 에너지이다.

체적 에너지밀도(부피 에너지밀도)는 체적(부피)에 대한 배터리의 용량(capacity)을 부피 단위 리터(liter)를 사용하여 Wh/L로 정의한다.

배터리 체적에 비해 얼마나 많은 에너지를 배터리가 포함하고 있는지를, 즉 단위 체적 당 에너지를 얼마나 저장할 수 있는지로 측정한다.

전기에너지를 일컫는 전력량을 부피(체적, volume, 부피는 공간에서 한 물체가 차지하는 양으로 3차원 공간의 용적이다. SI 단위는 세제곱미터(m^3)이다)로 나눈 값으로, Wh/L(와트시/리터) 단위로 나타낸다.

1리터(L, liter)는 1,000세제곱센티미터(cm^3)를 가리키는 값이다.

따라서 $1L = 1{,}000cm^3 = 0.001m^3$ 와 같은 부피이다.

그리고 1L는 1,000cc와도 동일한 부피이다.

전기에너지 Wh = I(전류) × V(전압) × T(시간)의 식으로 나타낸다. 전기에너지의 단위는 와트시(Wh, Whr)이다.

전기에너지를 일컫는 전력량(電力量, electrical energy)은 일정한 시간 동안에 사용한 전력의 양을 말한다. 단위는 Wh(와트시, W · hour)를 사용한다. 와트시(Wh)는 1시간 동안 생산 또는 소비되는 전력량이다. 단위는 주로 시간에 대한 전력 사용량을 나타내는 Wh(와트시)를 쓰고 전력량이 많을 때는 Wh의 1,000배인 kWh를 사용한다.

앞에서 언급하는 W는 전력이고, 단위는 와트(watt, W)이다.

전력을 구하는 공식은 P = IV로, 전력(W) = 전류(A) × 전압(V)인 것이다.

전력(電力, electric power)은 일반적으로 전기에너지가 일을 할 수 있는 능력으로, 쉽게 말한다면 전력(W)은 단위 시간 동안의 전기에너지를 나타내는 말로서 1초(sec) 동안에 1J(줄, 줄의 법칙(Joule's law)에 따라 저항 R(Ω)의 전선에 전류 I(A)를 시간 t(sec, 초)동안 흘릴 때 공급되는 전기에너지를 의미)의 일을 할 때를 1W의 전력이라 한다.

여기서 I는 전류로 단위는 A(암페어, Ampere), V는 전압으로 단위는 볼트 V(volt)이다.

I(전류) × T(시간)는 전지의 용량(여기서의 용량은 저장매체(전지)에 축적할 수 있는 양으로, 전지가 가질 수 있는 전기량이다. capacity로 표시한다)을 나타낸다. 따라서 에너지밀도는 정확하게는 단위 질량 당 에너지밀도이므로 단위는 Wh/kg 또는 단위 부피 당 에너지밀도이므로 Wh/L 또는

Wh/m^3으로 표시한다.

에너지밀도

배터리 에너지밀도는 특정 단위(질량 또는 부피)에 담을 수 있는 에너지의 비율이다. 배터리의 에너지밀도는 일반적으로 두 가지 방식으로 표현된다.
배터리의 중량 에너지밀도는 배터리 무게에 비해 얼마나 많은 에너지를 배터리가 포함하고 있는지를 측정하는 것으로, 일반적으로 와트시/킬로그램(Wh/kg)으로 표현된다.
배터리의 체적 에너지밀도는 배터리 체적(부피)에 비해 얼마나 많은 에너지를 배터리가 포함하고 있는지를 측정하는 것으로, 일반적으로 와트시/리터(Wh/L)로 표현된다.
에너지밀도는 단위 중량 당 혹은 체적 당 에너지를 얼마나 저장할 수 있는냐로 측정한다. 즉, 에너지밀도가 높다면 같은 에너지를 가지고 있다 하더라도 부피가 작거나 무게를 적게 만들 수 있다.

에너지밀도는 전기자동차(전기차)의 주행거리를 좌우하는 요소다. 에너지밀도가 높을수록 1회 충전으로 주행할 수 있는 거리도 길어져 에너지밀도를 높이는 기술이 배터리 업계의 화두가 되고 있다. 세계적 시장조사업체 블룸버그NEF에 따르면 2020년에 전기자동차 배터리 에너지밀도는 kg 당 300와트시(Wh/kg) 이상을 기록했으며 이는 지난 2010년 100Wh/kg과 비교해 3배 이상 늘어난 것이다.

그림 2.15에서 나타낸 바와 같이 차량 동력원 중에서 동일한 부피일 경우 에너지밀도를 살펴보

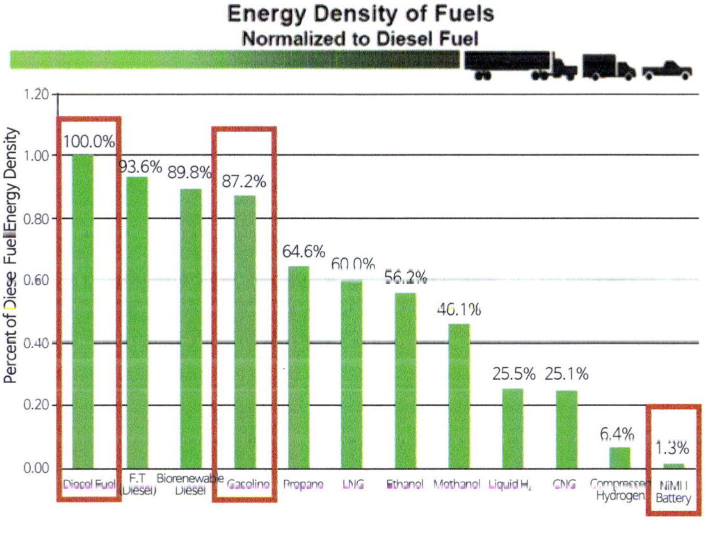

그림 2.15 차량 동력원의 동일 부피 대비 에너지밀도 비교 〈출처 : 미국에너지부〉

면 가장 높은 에너지밀도를 보이는 것은 디젤(경유, 100%), 네 번째에 휘발유(가솔린, 87.2%), 여섯 번째에 LPG(60%) 그리고 한참 뒤의 12번째에 Ni-MH 배터리(1.3%)가 있다. 리튬이온 배터리를 적용하면 조금 좋아지기는 한다. 배터리의 이 같은 단점을 극복하기 위해 고체연료전지를 적용하여 2025년에 리터당 700Wh를 목표로 하는 연구가 진행 중이고, 리튬공기전지는 2030년에 리터당 1,000Wh를 목표로 연구가 진행 중이지만 리터 당 1,000Wh를 적용하더라도 여전히 내연기관 연료인 디젤, 가솔린이 압도적인 에너지밀도를 보여준다(약 16배). 이처럼 내연기관 연료의 에너지밀도를 이차전지(배터리)가 아직까지 현재의 기술로는 따라갈 수는 없다. 이렇듯, 배터리의 에너지밀도가 낮다보니 전기자동차는 배터리의 크기가 클 수밖에 없다. 그나마 HEV(Hybrid Electric Vehicle, 하이브리드), PHEV(Plug-in Hybrid Electric Vehicle, 플러그인하이브리드) 자동차의 배터리는 순수 전기자동차(BEV, Battery Electric Vehicle, 배터리식 전기자동차)보다 작다.

배터리의 전력 용량을 알기 전에 에너지밀도를 이해하는 것이 매우 중요하다. 에너지밀도가 높은 배터리는 다른 배터리보다 더 오래 작동한다.

리튬이온 배터리와 같은 배터리의 기술개발은 이제 에너지밀도를 높이는 방향으로 움직이고 있다. 에너지밀도를 높이면 배터리의 전압 용량과 방전율을 크게 높일 수 있기 때문이다.

그러나 에너지밀도를 개선하기 위한 몇 가지 요구 사항과 목표가 있다. 이것들은 무엇인지 다음에서 자세히 살펴보자.

사람들은 종종 에너지밀도를 전력밀도라는 용어와 혼동한다. 그러나 엄연히 다르다. 전력밀도는 배터리의 에너지효율을 측정한 것이고 에너지밀도는 무게에 따라 측정된 에너지이다.

에너지가 한 셀(cell)에서 다른 셀로 얼마나 빨리 전달되는지 측정하기 위해 전력밀도라는 용어를 사용할 수 있다. 반면에 에너지밀도는 배터리가 무게에 따라 포함하는 에너지의 양에 해당한다.

또한 리튬이온 배터리의 에너지밀도를 측정하는 방법은 간단하며 킬로그램당 와트시 또는 단순히 Wh/kg으로 기호화하며, 또한 시간 당 소비되는 에너지의 양을 와트(W)로 나타내는 전기에너지의 단위이다.

리튬이온 배터리의 에너지밀도는 얼마가 되는지를 살펴보도록 하자.

배터리에 포함된 에너지의 양은 모든 배터리의 매우 중요한 특성으로 작동 시간을 측정하는 데 필요하다. 리튬이온 배터리의 경우 에너지밀도 범위는 50~260Wh/kg으로 다른 배터리밀도 범위 사이에 있다.

리튬이온 배터리 에너지밀도를 계산하는 방법

일반적으로 배터리의 에너지밀도를 결정하는 두 가지 방법이 있다. 하나는 중량 에너지 측정이고 다른 하나는 체적 에너지 측정이다. 이 두 측정값은 모두 Wh/kg의 표준 단위로 측정되므로 전력(와트) 및 사용시간(hour)의 소비량과 같다.

리튬이온 배터리의 에너지밀도를 계산하기 위해 다음과 같이 간단한 계산 공식이 사용된다.

- 특정 에너지 또는 에너지밀도(Wh/kg) = 공칭 배터리전압(V) × 정격 배터리용량(Ah)/배터리 무게(kg)

이 측정값에서 공칭 전압, 배터리 용량 및 셀 무게 값을 알면 리튬이온 배터리의 에너지밀도를 쉽게 계산할 수 있다.

또한 다음은 리튬이온 배터리의 에너지밀도를 계산하기 위한 두 가지 다른 공식이다.

- 에너지밀도(Wh/L) = 배터리 용량 × 방전 플랫폼 전압/부피
- 배터리 무게 에너지밀도(Wh/kg) = 배터리 용량 × 방전 플랫폼 전압/무게

앞에서 첫 번째는 Wh/L을 표준 계산 단위로 사용하고 두 번째는 Wh/kg을 표준 단위로 사용한다. 두 공식 모두 리튬이온 배터리의 에너지 양을 계산하는 데 중요하다.

다른 방식으로 리튬이온 배터리의 에너지밀도를 계산하는 경우 다양한 기간에 대해 다음 공식을 사용할 수 있다. 예를 들자면, 집에 전력을 공급하는 데 얼마나 많은 배터리가 필요한지를 계산하는 것이다.

- 일일 소비 전력
  일일 전력 소비 = 정격 전력 × 시간
  예를 들면, 2,000와트 × 3시간 = 6,000와트 · 시간(6kWh)

- 월간 소비 전력의 경우
  월간 전력 소비 = 정격 전력 × 시간
  예를 들면, 2,000와트 × 3시간 × 30일 = 180,000와트시(180kWh)

또한 에너지밀도를 줄(J, joule, 에너지 또는 일의 국제단위) 단위로 계산하려면 (60와트) × (120초) = 7,200줄(J)과 같이 와트에 초를 곱할 수 있다.

그러면 전력밀도 대 에너지밀도의 차이점은 무엇인지를 알아보도록 하자.

앞에서 언급했듯이 전력밀도와 에너지밀도는 완전히 다른 용어이며 다른 배터리 셀에서 고유한 용도를 갖고 있다. 전력밀도는 단순히 배터리가 셀의 에너지 또는 효율성을 얼마나 빨리 전달할 수 있는지를 나타낸다.

반면에 에너지밀도는 배터리의 무게에 대한 응답으로 배터리가 보유하는 에너지의 양을 측정한 것이다. 다음은 둘 사이의 몇 가지 주요 차이점이다.

① 전력밀도는 배터리 사용시간을 계산하는 데 있어서는 중요한 지표가 아니다. 반면에 에너지밀도는 배터리가 얼마나 오래 지속될 수 있는지를 측정하는 중요한 지표이다.

② 배터리의 성능, 무게, 크기, 치수 등을 측정하기 위해서는 전력밀도 외에 에너지밀도를 널리 적용하고 있다.

③ 배터리의 수명은 전력밀도가 아닌 에너지밀도로 완전히 측정된다.

에너지밀도가 가장 높은 배터리는 무엇인지 에너지밀도의 비교를 통해 확인해 보도록 하자.

셀(배터리)의 에너지밀도를 결정할 때는 모든 셀의 밀도 범위가 서로 다르기 때문에 매우 주의해야 한다. 따라서 어떤 셀이 가장 높은 에너지밀도를 갖는지를 확인하는 가장 좋은 방법은 내부 화학적 원리를 살펴보는 것이다.

그림 2.16에서와 같이 다양한 종류의 배터리를 x축에는 무게에 따른 중량 에너지밀도(Wh/kg)를,

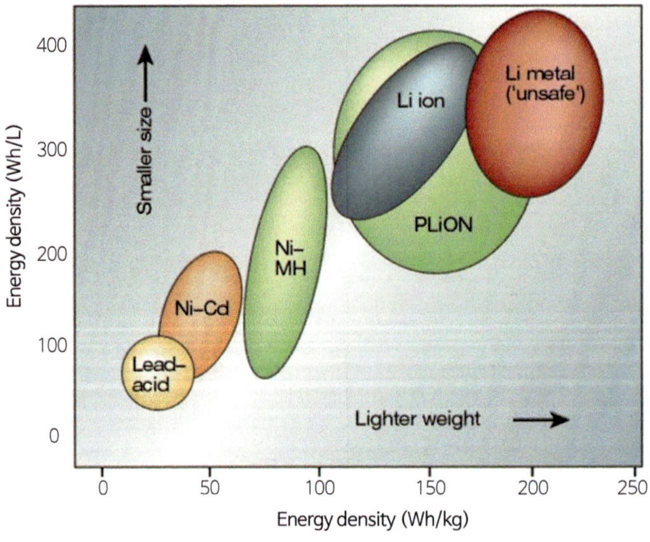

그림 2.16 중량 에너지밀도(Wh/kg)와 체적 에너지밀도(Wh/L)에 의한 배터리의 에너지밀도의 비교

y축에는 부피 사이즈(size, 크기)에 따른 체적 에너지밀도(Wh/L)로 구분해 서로 비교하여 나타냈다.

리튬이온 배터리의 에너지밀도에 대해 알아봤다. 그러나 이것이 배터리의 최대 에너지 양은 아니다.

위의 그림 2.16에서 살펴보면 다음과 같이 배터리들은 각 사용 용도에 맞는 특성으로 서로 다른 에너지 범위를 보여주고 있다.

① 납축전지의 에너지밀도는 30~50Wh/kg이다.

② 니켈-카드뮴 배터리의 에너지밀도는 45~80Wh/kg이다.

③ 니켈수소전지는 60~120Wh/kg 범위의 에너지밀도를 가지고 있다.

④ 리튬이온 배터리의 에너지밀도는 50~260Wh/kg이다.

표 2.8은 다양한 배터리 유형에 있어 서로 다른 중량 에너지밀도(Wh/kg)와 체적 에너지밀도(Wh/L) 차이를 보여준다.

표 2.8 배터리 유형에 있어 서로 다른 에너지밀도 차이

배터리 타입	Wh당 비용 $	Wh/kg	Wh/리터
납산	$0.17	41	100
알칼리성 장수	$0.19	110	320
탄소-아연	$0.31	36	92
NiMH	$0.99	95	300
니카드	$1.50	39	140
리튬 이온	$0.47	128	230

여기에서 리튬이온 배터리는 최대 에너지밀도를 가지므로 시중에 나와 있는 어떤 배터리보다 많은 에너지를 보유하고 있음을 분명히 알 수 있다.

리튬이온 배터리는 배터리 성능을 높이기 위해 도움이 되는 작은 셀 그룹으로 구성되어 있고, 서로 다른 전해질을 가지고 있다.

일부 배터리는 흑연을 음극으로 사용하고 다른 일부는 알루미늄을 사용하므로 다른 에너지밀도를 포함한다.

다양한 유형의 리튬이온 배터리에 대해서 에너지밀도를 살펴보자.

① 리튬 티타네이트 산화물(LTO, Lithium Titanate Oxide) 배터리

리튬 티타네이트 산화물 배터리는 $Li_4Ti_5O_{12}$의 화학식을 갖고 있으며, 배터리 업계에서는 LTO라

고 부른다.

리튬 티타네이트(LTO)는 배터리의 음극 재료이다. 일반적으로 부르는 리튬티탄산 배터리는 리튬이온 배터리의 일종으로, 높은 안전성과 오랜 수명을 가지고 있어서 전기자동차나 에너지저장시스템 등에 널리 사용되고 있다.

산업용 타이탄으로 널리 사용되는 리튬이온 배터리 중 하나인 리튬 티타네이트(LTO) 배터리는 구성이 가장 오래되었지만 에너지밀도는 50~80Wh/kg 정도이다.

LTO 배터리 유형의 리튬전지에서 리튬 티타네이트는 탄소 대신 양극으로 사용되어 전지에서 전자가 빠르게 들어오고 나갈 수 있도록 한다. 에너지밀도는 다른 리튬이온전지에 비해 상대적으로 낮지만 의료기기 및 차량에 사용된다.

② 리튬 코발트 산화물(LCO, Lithium Cobalt Oxide) 배터리

리튬 코발트 배터리($LiCoO_2$)는 리튬 코발트 산화물을 양극재로 하는 리튬이온 배터리의 일종이다. 일반적으로 LCO 배터리라고도 부른다.

리튬 티타네이트 배터리와 달리 리튬 코발트 산화물 배터리는 에너지밀도가 더 높기 때문에 휴대폰, 노트북 및 기타 전기자동차의 기초를 형성하며, 운반하는 에너지의 양은 150~200Wh/kg 정도이다.

이러한 유형의 리튬 배터리는 에너지가 높기 때문에 다른 배터리 셀보다 비싸고 유지 관리가 많이 필요하다. 또한 LCO 배터리는 매우 조밀하고 휘발성이 있는 물질인 전형적인 양극으로 산화코발트를 사용하기에, 따라서 이러한 배터리는 과열 위험이 더 높고 더 높은 온도 범위에 민감하다.

③ 리튬 · 니켈 · 망간 · 코발트 산화물(NMC) 배터리

약자는 Li-NMC 혹은 LNMC(Lithium Nickel Manganese Cobalt Oxide, 산화 코발트 · 망간 · 니켈 · 리튬) 혹은 리튬의 L을 생략하고 NMC라고 부른다. 에너지 용량과 출력면에서 우수한 특징을 보이고 있어 현재 가장 활발하게 사용되고 있는 삼원계 양극 활물질 중 하나이다.

LCO 배터리와 마찬가지로 NMC 배터리는 코발트를 음극으로 사용한다. 코발트 외에도 배터리 셀의 안정성을 높이는 데 도움이 되는 니켈과 망간도 포함되어 있다. 이를 통해 NMC 배터리의 배터리 에너지밀도는 150~220Wh/kg 정도이다.

NMC 배터리 유형은 전기자동차에 널리 사용되지만 의료기기 및 전기자전거의 주요 배터리이기도 하다. 높은 배터리 에너지밀도와 제조 능력으로 인해 시장에서 가장 안정적이고 인기 있는 리튬이온 배터리가 되었다.

LCO 배터리와 달리 니켈 · 망간 · 코발트 배터리는 고온에 민감하지 않기에, 따라서 고온 및 고압 범위도 쉽게 처리할 수 있다.

④ 리튬인산철(LFP, $LiFePO_4$) 배터리

리튬인산철 배터리(Lithium Iron Phosphate Battery)는 리튬인산철을 사용하는 리튬이온 배터리의 일종이다. 일반적으로 LFP 배터리라고 부른다.

업계에서 가장 안전하며 안정적인 배터리 중 하나는 리튬인산철(LFP) 배터리로, 90~160Wh/kg의 에너지밀도를 가진다. 이 배터리는 코발트 배터리보다 에너지밀도는 낮지만 안전성이 높고 가격이 저렴해 또 다른 경쟁력을 갖고 있다.

또한 LFP 배터리의 흑연 전극과 양극의 금속 지지체는 저렴하고 무독성이다. 장점은 $LiFePo_4$가 천연 유기광물이므로 납 축전지에 비해 신뢰성이 높다는 것이다.

다음 표 2.9는 앞에서 설명한 내용을 정리한 것이다. 리튬이온을 사용하고 있는 리튬이온 배터리(전지)에 있어 서로 다른 배터리 에너지 유형 간의 에너지밀도의 차이와 비교를 보여준다.

표 2.9 리튬이온 배터리 유형 간 에너지밀도와 특징 비교

리튬 이온 배터리 유형	에너지 밀도(Wh/kg)	장 점	단 점
리튬 티타네이트(LTO)	50~80	긴 수명, 안정적	낮은 에너지밀도, 더 비쌈
리튬 코발트 산화물(LCO)	150~200	높은 에너지밀도	휘발성 및 고가
리튬 니켈 망간 코발트 산화물(NMC)	150~220	높은 에너지밀도	LCO보다 안전하지만 여전히 상대적으로 불안정하고 비쌈
리튬 인산철(LFP)	90~160	중간 높은 에너지밀도	안정적이고 오래 지속되며 더 높은 에너지밀도

(2) 배터리의 에너지밀도를 높이는 방법

배터리의 에너지밀도를 높이는 방법은 무엇인가를 살펴보도록 하자.

배터리 셀의 구조는 필요할 때 배터리의 제조 능력을 쉽게 향상시킬 수 있도록 설계되어졌다. 따라서 리튬이온 배터리의 에너지밀도를 높이려면 다음 두 가지 요소에 중점을 두어야 한다.

① 배터리 크기 늘리기

배터리의 크기나 치수를 늘리면 배터리 성능을 쉽게 향상시킬 수 있다. 원래 배터리 크기를 변경하여 에너지밀도를 더 큰 규모로 쉽게 개선할 수 있는 것이다. 그러나 크기를 늘리게 되면 당연히 부피도 커질 뿐 아니라 그 만큼 무게가 더 나가기 때문에 용도와 가격에 따라 배터리 크기 늘리기는

신중을 기할 필요가 있다.

② 배터리의 화학성분의 변경(수정 및 조절)

배터리의 구성 성분도 매우 중요하다. 전해질 조성을 변경하면 배터리 용량도 향상될 수 있다. 배터리의 양극 및 음극을 활성화하는 더욱 강한 재료로 수정하여 이를 수행할 수 있기에, 이 분야에 있어 양극재, 음극재를 비롯한 활성화물질에 대한 연구개발이 매우 치열하게 진행 중이다.

(3) 전력밀도와 에너지밀도의 차이점과 에너지밀도의 계산

전력밀도는 배터리의 에너지 효율성을 측정한 것이고 에너지밀도는 무게 또는 부피(체적)에 따라 측정된 에너지이다. 따라서 둘 다 다른 용어이며 배터리의 전력 용량과 수명을 결정하는 데 중요한 역할을 한다.

에너지가 한 셀에서 다른 셀로 얼마나 빨리 전달되는지 측정하기 위해 전력밀도라는 용어를 사용할 수 있다. 반면에 에너지밀도는 배터리가 무게 또는 부피에 따라 포함하는 에너지의 양에 해당한다.

내연기관의 가솔린과 전기차의 리튬이온 배터리와의 에너지밀도 차이를 살펴보면 가솔린은 다른 배터리보다 100배 더 높은 에너지밀도를 가지고 있다. 리튬이온 배터리의 에너지밀도는 약 0.3 MJ/L(0.3메가줄/리터로 환산하면 83.3Wh/L이다), 가솔린의 에너지밀도는 13kWh/kg이다.

단위변환을 해보면 4℃ 기준으로 물 1리터는 1,000cc와 같고, 1,000mL와도 같은 것을 알 수 있다. 그러므로 1L = 1kg으로 환산된다.

물로 기준했을 때 물 1L는 1kg이다. 하지만 L(리터, Liter)는 부피를 나타내고 kg은 중량을 나타내기 때문에 물질 및 재료마다 그 값은 다르다.

가솔린이 환경오염의 주요인으로 친환경적이지는 않지만 에너지밀도가 높은 경제성으로 인해 자동차 및 차량에 널리 사용되는 이유이다.

리튬이온 배터리는 납산 배터리보다 에너지밀도가 더 높다.

납산 배터리는 에너지밀도 측면에서 인기 있는 이차전지 중 널리 사용되지만 앞의 그림 2.16에서 보는 바와 같이 낮은 수준에 머물고 있다. 에너지밀도 범위가 30~50Wh/kg인 납산 배터리는 리튬이온 배터리의 에너지밀도 범위 50~260Wh/kg보다 뒤쳐진다.

또한 리튬이온 배터리는 에너지 범위가 다른 더 작은 셀 유형으로 구성되어져 열적으로 더 안정적이다. 높은 에너지밀도로 인해 여러 종류의 배터리 유형이 사용되고 있다. 전원 백업, UPS (Uninterruptible Power Supply, 무정전 전원장치), 전자제품을 비롯한 또한 전기자동차 부문 및 자동차 전장품으로 널리 사용되고 있다.

리튬이온 배터리의 에너지밀도와 측정 방법을 명확하게 이해했으므로, 전기차의 최종 구매 전 반드시 전해액 조성과 배터리 무게를 확인해야 한다. 향후 기술개발이 더욱 진행되어져 배터리 용량과 전반적인 성능을 획기적으로 높일 수 있을 것이다.

표 2.10은 전지의 종류에 따른 에너지밀도와 작동 성능을 나타낸 것이다.

표 2.10 전지의 종류에 따른 에너지밀도와 작동 성능

전지의 종류	에너지 밀도		작동 전압 (V)	작동 온도 (℃)
	Wh/L	Wh/kg		
망간	100~190	45~85	1.5	–10~45
알카라인	200~350	10~120	1.5	–10~45
은-산소	400~440	85~95	1.5	–10~45
수은	535~610	105~120	1.35	–10~45
아연	800~1,100	240~340	1.4	–10~45
이산화망간-리튬	350~700	180~250	3.0	–45~85
불화탄소-리튬	350~700	180~250	3.0	–45~85

표 2.10을 살펴보면 전지(배터리)는 다양한 종류만큼 다양한 성능을 지니고 있음을 알 수 있다.

전지의 성능을 구분하는데 있어 가장 큰 차이점은 에너지밀도와 작동 전압 그리고 작동 온도이다. 전지를 구성하는 성분에 따라 전지의 출력을 결정하는 작동 전압이 달라지며, 작동 가능 온도 또한 달라진다.

에너지밀도의 경우도 구성요소에 따라 다양한 값을 가지며, 한정된 부피 혹은 무게 대비 전기화학적 성능을 보여주고 있다.

에너지밀도는 무게 대비 혹은 부피 대비 성능에 따라 Wh/kg과 Wh/L로 표현하며 다음과 같은 공식을 따라 계산이 된다.

- Wh/kg의 경우

  전압(V) × 전류(A) × 시간(h)/무게(kg) = 에너지밀도(Wh/kg)로 계산한다.

- Wh/L의 경우

  전압(V) × 전류(A) × 시간(h)/부피(L) = 에너지밀도(Wh/L)로 계산한다.

여기서, W는 전압과 전류의 곱으로 계산된다.

(4) 배터리별 에너지밀도 비교

① 리튬이차전지

리튬이차전지는 높은 에너지밀도와 출력밀도 특성으로 인해 휴대용 전자기기에 널리 사용되어 왔으며, 최근에는 하이브리드 및 전기자동차에도 적용되고 있다. 리튬이차전지는 리튬이온을 가역적으로 저장할 수 있는 양극과 음극 재료를 사용하며, 사이에 리튬이온만을 전도시키는 전해액과 양극과 음극의 직접 접촉으로 인한 전기적 단락을 막는 분리막으로 구성되어 있다. 양극 소재 $LiCoO_2$(리튬 · 코발트 산화물(Lithium cobalt oxide)은 리튬이온 배터리의 양극 부분에 자주 쓰이는 리튬 화합물로 $LiCoO_2$의 화학식을 가지고 있다)와 음극 소재 카본은 리튬이온을 가역적으로 저장할 수 있으며, 전해액을 통해 리튬이온이 이동함과 동시에 외부 회로를 통해 전자가 이동하게 되어 이 에너지를 이용하게 된다.

리튬이차전지의 에너지밀도는 기본적으로는 양극과 음극 소재가 가역적으로 저장할 수 있는 리튬이온의 양에 의해 결정되며, 따라서 보다 많은 리튬이온을 가역적으로 저장할 수 있는 소재 연구가 활발히 수행되고 있다.

1991년 리튬이차전지가 최초 상용화될 당시에는 $LiCoO_2$ 양극이 주로 사용되었으나 최근 전기자동차용으로는 고용량의 $Li(NixCoyMnz)O_2$(NCM 삼원계의 화학식으로 리튬 · 니켈 · 코발트 · 망간 산화물)계가 주로 사용되고 있으며, Ni 함량을 높이는 연구가 활발히 진행 중이다. 또한 음극소재로는 고용량의 실리콘 혹은 리튬메탈이 검토되고 있다. 그러나 리튬이차전지는 이론적 에너지밀도 한계에 거의 근접하고 있으며, 보다 높은 에너지밀도를 갖는 차세대전지의 개발 필요성이 더욱 증가하고 있다.

그림 2.17은 리튬이온 배터리(리튬이온 이차전지)와 차세대 전고체 배터리와의 에너지밀도 비교를 나타낸 것이다.

비교 대상인 리튬이온 배터리 NCM811은 리튬이온 배터리의 양극재 활물질로 니켈(Ni), 코발트(Co), 망간(Mn)을 8 : 1 : 1 비율로 사용한다는 뜻이다.

NCM 제품명 뒤에 붙는 세 자리 숫자는 니켈 · 코발트 · 망간의 함유 비율을 뜻한다. 니켈(Ni) 함량에 따라 NCM622, NCM811 등으로 부른다.

니켈 비율이 60% 이상으로 구현된 양극재를 하이니켈(high nickel)이라 일컫는데, NCM811 리튬이온 배터리는 니켈 80%, 코발트 10%, 망간 10%의 비율로 구성된 하이니켈의 대표적인 이차전지이다.

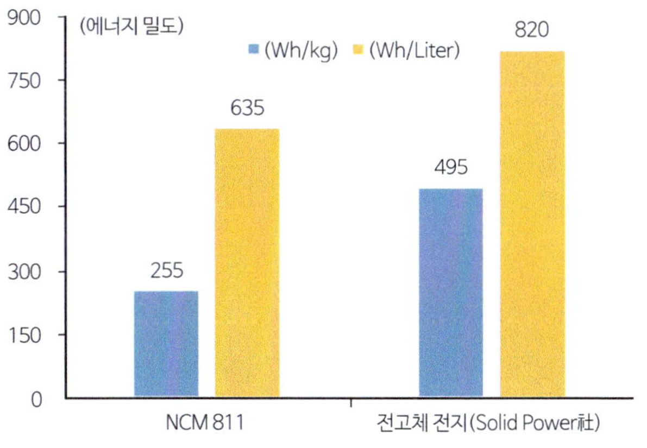

그림 2.17 리튬이온 배터리와 전고체 배터리의 에너지밀도 비교

〈출처 : 솔리드 파워, Solid Power〉

NCM과 NCA는 고가인 LCO(리튬 · 코발트(산화물) 배터리, Lithium Cobalt Oxide battery, 화학식은 $LiCoO_2$이다)의 코발트(Co) 성분 일부를 니켈(Ni), 망간(Mn) 및 알루미늄(Al)으로 대체한 삼원합금(삼원계) 물질이다.

최초의 NCM은 니켈, 코발트, 망간의 비중(비율)이 1 : 1 : 1이었으나, 에너지밀도를 높이기 위해 니켈 함유량을 극대화하고 값비싼 코발트는 줄여 원료 가격 변동에 따른 충격을 최소화하는 방향으로 개선이 되고 있다.

에너지밀도를 높이기 위해서는 양극 활물질의 용량이 중요한데, 이 용량을 늘리는 역할을 바로 니켈(Ni)이 담당하고 있다.

니켈이 양극 활물질의 핵심 소재인 이유는 배터리 셀(cell)의 에너지밀도를 좌우하기 때문이다. 그래서 니켈은 양극재에서 없어서는 안되는 소재이다.

NCM 및 NCA 양극재에서는 니켈(Ni) 함량이 높아지면 가용 용량이 증가한다.

배터리 성능과 특성을 결정짓는 양극 활물질은 리튬과 금속 성분의 조합으로 이루어져 있다. 주로 사용되는 금속 성분은 에너지밀도를 결정하는 니켈(Ni), 안정성을 높이는 코발트(Co)와 망간(Mn), 출력을 향상하는 알루미늄(Al)으로, 어느 원소를 어떤 비율로 조합하느냐에 따라서 양극재의 용량, 에너지밀도, 안정성, 수명, 가격경쟁력이 달라진다. 전기차로 쉽게 설명하자면, 용량은 주행거리, 에너지밀도는 전기차의 출력, 안정성은 배터리의 화재 등 사고를 제어하는 능력, 수명은 배터리 사용 기간에 영향을 미친다.

한편으로, 흑연으로 구성된 음극은 양극으로부터 리튬이온을 받아 저장했다가 다시 방출하는 과정에서 전류를 흐르게 하는 역할을 한다. 이는 배터리 수명과 연관성이 있다.

㉮ 리튬이온 배터리(Lithium-ion battery, Li-ion battery)

리튬이온 배터리의 기술 혁신을 통해 달성 가능한 에너지밀도는 현재 무게 기준 250Wh/kg, 부피 기준 700Wh/L에서 최대 350Wh/kg, 800Wh/L까지도 가능할 수 있을 것으로 예상되며, 1회 충전 시 주행 거리는 500km 내외로 예상된다. 중국의 배터리 업체 파라시스(Farasis)는 2020년 3월 에너지밀도가 현행 배터리보다 25% 높은 330Wh/kg짜리 배터리를 개발했다고 밝히기도 했다. 그러나 리튬이온 배터리의 에너지밀도는 충전 상한전압의 상승, 최적화 등을 통해 기술이 진보하였으나, 작동 원리 및 이에 기반한 전극 소재의 혁신 없이는 리튬이온 배터리의 에너지밀도는 태생적 한계를 넘어설 수 없다. 리튬이온 배터리의 이론적으로 가능한 최대 에너지밀도를 넘어 보다 근원적인 혁신은 포스트(post) 리튬이온 배터리의 개발을 통해서 가능하리라 전망되고 있다.

참고로 400Wh/L이 넘어가면 반드시 KC 인증(전기용품 안전인증)을 받아야 된다.

㉯ 리튬공기전지(Lithium-air batteries, LABs)

이름 그대로 공기 중 산소를 양극 소재로 활용하여 충·방전 작동을 하는 배터리로 내연기관에 준하는 높은 이론 에너지밀도를 갖고 있으며 이는 리튬이온 배터리의 10배에 해당된다. 음극으로 리튬메탈을 사용하는 시스템으로 공기 중의 산소를 사용하기에 셀의 에너지밀도를 극대화할 수 있을 것으로 기대되고 있다. 그러나, 충·방전 중의 비가역적인 중간상(中間相, middle phase)의 생성으로 인하여 가역성이 낮아 재충전하여 사용할 경우 용량이 급격히 줄어드는 단점이 있다. 또한 산소 공급시스템 등을 고려하면, 셀 레벨이 아닌 팩 단위에서는 에너지밀도 향상 폭이 그리 크지 않을 수 있다는 우려도 있다.

미국 IBM에서는 배터리500 프로젝트를 수행하여 한번 충전에 주행거리 500마일(mile, 1마일은 약 1.61km로, 500마일은 약 805km이다)의 전기차를 상용화하기 위하여 리튬공기전지에 대한 연구를 활발히 수행하고 있다. 또한 일본의 산업기술종합연구소에서는 고체전해질을 도입하여 리튬공기전지의 내구성을 향상시켰으며, 셀 디자인 및 콘셉트(concept, 개념)을 구현하는 연구를 수행하고 있다.

㉰ 리튬황 배터리(Lithium-sulfur battery)

리튬황 배터리는 양극으로 황, 음극으로 리튬메탈을 사용하는 배터리 시스템으로, 리튬을 많이 저장할 수 있는 황의 사용으로 인하여 종래 리튬이차전지의 양극재료 대비 10배 가량 높은 1,862mAh/g(1,862Ah/kg)의 높은 용량 구현이 기대된다. 다만, 황의 낮은 전자전도도로 인하여 도전재인 카본의 함량이 높아야 하기에 실제 셀의 에너지밀도는 기대만큼 높이기는 어려우며, 충·방전 중간 생성물이 용해되며 용량이 감소되는 현상으로 인하여 충·방전 수명이 열세인 단점이 있다.

㉣ 전고체 배터리(All solid-state battery)

전고체 배터리는 전지 양극과 음극 사이에 있는 전해질을 기존 액체에서 고체로 대체한 차세대 배터리이다. 말 그대로 전해액과 분리막이 고체 전해질로 대체되는 형태로, 모든(全) 소재가 고체인 것이다. 전고체 배터리는 기존의 리튬이온 배터리에 비해 에너지밀도가 높다. 폭발이나 화재의 위험성이 사라지기 때문에 안전성과 관련된 부품들을 줄이고 그 자리에 배터리의 용량을 늘릴 수 있는 활물질을 채웠기 때문이다.

전고체 배터리로 전기차 배터리 모듈, 팩 등의 시스템을 구성할 경우, 부품 수의 감소로 부피 당 에너지밀도를 높일 수 있어서 용량을 높여야 하는 전기차용 배터리로 안성맞춤이다.

㉤ 수소연료전지(Hydrogen fuel cell)

토요타(Toyota)가 2014년 수소연료전지차 1세대 미라이(Mirai)에 사용된 수소연료전지의 기준 에너지밀도는 1,330Wh/kg이다. 이는 배터리 대비 수소연료전지가 같은 무게 당 약 4~5배 이상의 더 많은 에너지를 낼 수 있다는 것을 의미한다. 바꾸어 말하면 같은 에너지를 내기 위해서 배터리가 수소연료전지보다 5배 이상 무거워져야 가능하다라는 것을 말한다. 수소차의 경우, 연료전지스택(stack, 다수의 연료전지 셀이 직렬로 연결되어 층을 이룬 것을 스택이라 한다)은 그대로 두고 수소연료를 충전해 보관하는 고압수소탱크만 더 달면 되는 구조이기 때문이다.

② 체적 당 에너지밀도(Wh/L) 계산의 예

㉮ 각형 타입

그림 2.18과 같은 각형 타입의 배터리를 참고하여 체적 당 에너지밀도(Wh/L)를 계산해본다.

• 체적 에너지밀도 공식 : Wh/L = 전압(V) × 전류(A) × 시간(H)/L

여기서, 전력 W = 전압(V) × 전류(A), H = hour(시)로 기준 1시간이므로, 즉 1W = 1V ×

1A이다.

와트시(Wh)는 1시간 동안 생산 또는 소비된 전력의 양(quantity)을 의미한다. 1W의 일률로 1시간 동안 일했다면 1Wh라고 하는 것이다.

따라서 1Wh = 1V × 1A × 1hour이다.

- Wh = 전압(V) × 전류(A) × 1시간 = 전압(V) × 전류(A)
- 체적 : 두께(T) × 폭(W) × 높이(H) × 0.000001mm^3

참고 1L = 1,000mL이고, 1mL는 1cc이다. 그리고 cc는 cubic centimeter의 줄임말로 cubic은 3승이라는 말이다.

따라서 1L = 1,000mL = 1,000cc = 1,000cm^3 = $10^6 mm^3$이다.

예 FT604256P Li-Polymer 3.7V 1.5A

· 체적 에너지밀도 공식 : Wh/L = 5.55/0.014 = 396Wh/L

· Wh = 3.7(V) × 1.5(A) = 5.55Wh

· 체적 : 6.0(T) × 42(W) × 56 × 0.000001 = 0.014mm^3

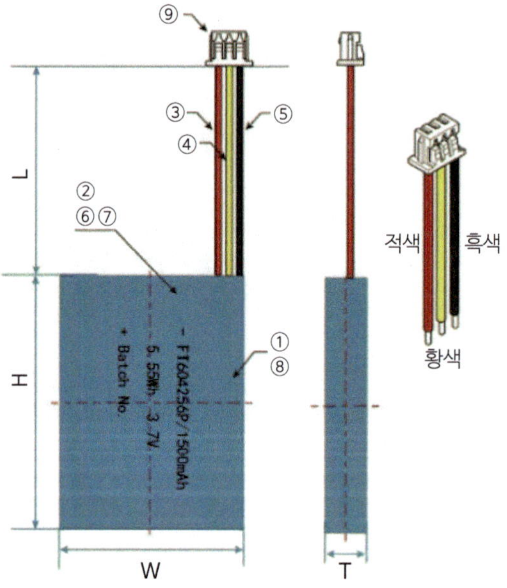

그림 2.18 각형 타입 배터리

㉯ 원통형 타입

- 체적 에너지밀도 공식 : Wh/L

  Wh = 전압(V) × 전류(A) × 시간(H : 1시간)

- 체적 : 반지름 × 반지름 × 3.14 × 높이(H) × 0.000001mm^3

예 18650 3.7V 2.8A

· Wh/L = 6.66/0.01653 = 403Wh/L

· Wh = 3.7(V) × 1.8(A) = 6.66Wh

· 체적 : 9.3 × 9.3 × 3.14 × 65.2 × 0.000001 = 0.0177mm^3

참고 원기둥(원통)의 체적 계산 : 원기둥의 체적(부피) = 밑면의 넓이 × 높이

따라서 V = 반지름(r) × 반지름(r) × 파이(π) × 높이(h)

이는 그림 2.19에서 도시한 원통형 배터리의 최대(max.) 크기로 계산한 값이다.

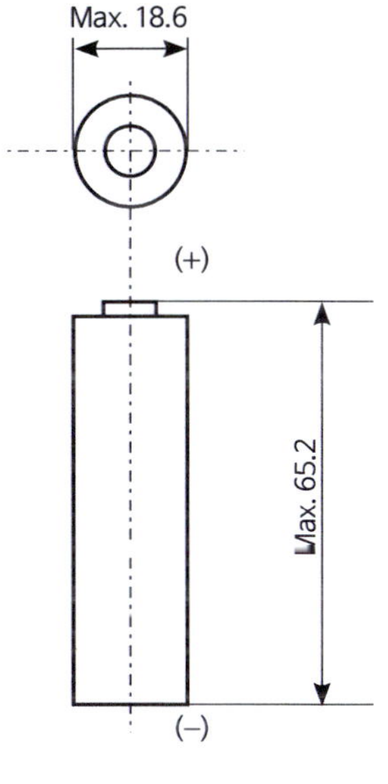

그림 2.19 원통형 타입 배터리의 모양과 규격 치수

㉰ 에너지밀도의 계산 예

일반적으로 전지특성을 평가할 때 비교하는 항목으로 에너지밀도 및 수명 등이 있다. 에너

지밀도는 단위 중량 당 혹은 체적 당 에너지를 얼마나 저장할 수 있느냐로 측정한다. 먼저 에너지는 다음과 같이 표시된다.

Wh(와트시) = V(전압) × I(전류) × T(시간)

앞에서 설명했듯이 용량 = I(전류) × T(시간)이므로, 위의 식은

Wh(와트시) = Ah(용량) × V(전압)

이 된다. 따라서, 중량 당 에너지밀도는 전지 중량으로, 체적 당 에너지밀도는 전지 체적으로 나누면 된다. 사례로 SPB403360이라는 전지가 있으며 용량은 600mAh, 중량은 13.2g, 평균방전전압은 3.7V가 된다고 하면 에너지밀도를 구하면 다음과 같다.

- 중량 당 에너지밀도

  우선 단위를 표준단위로 환산하면, 600mAh = 0.600Ah, 중량 13.2g = 0.0132kg이다.
  Ah × V(평균방전전압) : 0.600Ah × 3.7V = 2.22W
  전력량(Wh) = 2.22 × 1시간 = 2.22Wh
  따라서,
  에너지밀도(ED, Energy Density) = 2.22Wh/0.0132kg = 168.2Wh/kg

- 체적 당 에너지밀도

  우선 단위를 표준단위로 환산하면, 600mAh = 0.600Ah이다.
  따라서, Ah × V(평균방전전압) : 0.600Ah × 3.7V = 2.22W
  전지 체적은 4 × 33 × 60mm = 7,920mm^3
  1mm^3 = 10^{-6}L이므로 7,920mm^3 = 0.007920L가 된다.
  따라서,
  에너지밀도(ED, Energy Density) = 2.22Wh/0.007920L = 280.3Wh/L

(3) 슈퍼커패시터의 에너지밀도

슈퍼커패시터는 에너지 저장 메커니즘 및 구조에 따라 대칭 구조의 전기이중층 커패시터(EDLC : Electric Double Layer Capacitor), 유사커패시터(Pseudo Capacitor)와 비대칭 구조의 리튬이온 커패시터(LIC : Lithium Ion Capacitor) 및 하이브리드(Hybrid Capacitor) 등으로 불리우며, 다양한 형태

의 제품들이 최근 개발되어지고 있다.

표 2.11은 전기이중층 커패시터와 슈퍼커패시터 및 리튬이온 배터리(리튬이온 이차전지)에 대해서 출력특성(출력밀도)과 에너지밀도의 관계를 비교한 것이다. 전기이중층 커패시터는 에너지밀도는 가장 작지만 높은 출력밀도를 얻을 수 있는 이차전지이다.

표 2.11 슈퍼커패시터와 리튬이온 배터리의 출력특성과 에너지밀도 비교

구 분	Electrolyte Capacitor	Super Capacitor	Battery
충전 방식	Physical	Physical	Chemical
충전 원리	Charge Separation	Charge Separation Charge Adsorption /Desorption	Intercalation /Deintercalation
출력 특성(W/kg)	<10,000	10,000	50~200
에너지 밀도(Wh/kg)	<0.1	1~10	20~100
충방전 효율	~1.0	~1.0	0.7~0.85
사이클 수명	Infinite	>500,000	500~2,000
방전 곡선	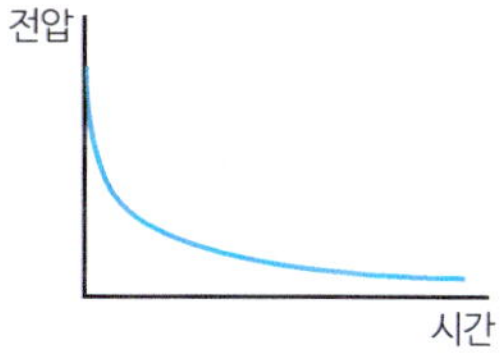	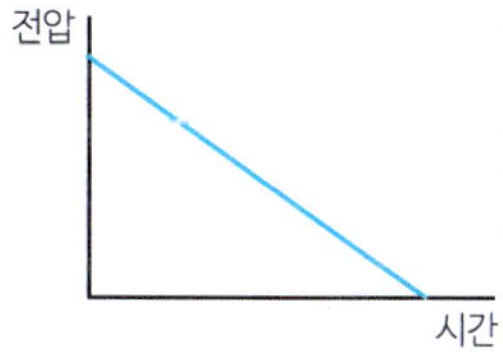	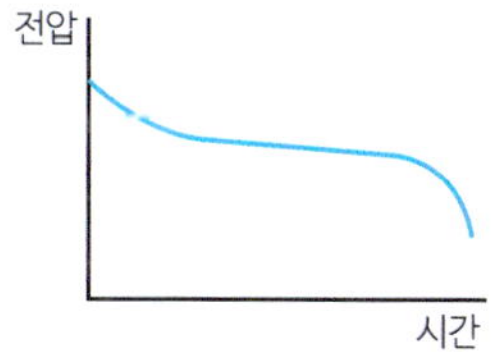

(2) 전력밀도(Power density)

전력밀도(power density)는 지정된 공간에서 처리할 수 있는 전력을 측정한 것으로, 부피 단위에 따라 처리되는 전력량을 입방미터 당 와트(W/m^3) 또는 입방인치 당 와트(W/in^3) 단위로 수량화한 것이다.

예를 들자면, 구동모터(motor, 전동기)에 있어서 전력밀도(또는 부피 전력밀도 또는 부피 특정전력)는 (모터의) 단위 부피당 생성되는 전력의 양(에너지 전달의 시간 비율)이다. 모터가 더욱 강력하고 크기가 작을수록 전력밀도는 높다. 부피 전력밀도는 공간이 제한된 경우 중요한 고려 사항이다. 모터 설계의 목적은 최대한 높은 전력출력을 위한 공간을 최소화하는 것이다.

높은 전력밀도는 애플리케이션과 최종 장치의 소형화를 가능하게 하고 이동식 또는 착용식 응용분야에 있어 매우 중요한 역할을 하는 것이다(예 : 초소형 펌프 및 의료용 이식장치 등).

슈퍼커패시터(울트라커패시터, ultracapacitor)는 낮은 에너지밀도를 갖는 반면에 높은 전력밀도(빠른 에너지 방전속도)가 특징이다. 즉, 전력밀도(순간출력, max current)가 크다.

리튬이온 배터리의 전력밀도는 0.5~1.5W/kg 정도지만, 슈퍼커패시터는 1~10kW/kg 정도다.

슈퍼커패시터의 에너지밀도는 전통적인 배터리에 비해 10% 수준인 반면 전력 밀도는 10~100배 수준으로서 충·방전 시간이 아주 짧고 수명이 거의 반영구적이다.

슈퍼커패시터의 특징은 다음과 같다.

① 전력밀도가 크다.

② 충·방전 횟수가 많아 수명이 길다. 슈퍼캐퍼시터는 5만~10만회 정도가 가능해서 10년 이상의 수명을 나타낸다.

③ 고속충전이 가능하며, 심지어는 초 단위 완충도 가능하다.

④ 또한 고속방전도 가능하다. 내부저항이 0.23mΩ이다.

⑤ 저온에서도 성능저하가 매우 낮다. 어는 점(빙점)이 −49℃이다.

⑥ 단점으로는 에너지밀도가 떨어진다.

⑦ 그리고 가격이 에너지량에 비교해서 수십 배 비싸다.

슈퍼커패시터는 이차전지와 달리, 충전이 빠르고 순간적으로 필요한 전기를 빠르게 뽑아낼 수 있는 전원장치다. 전극 표면에 전기에너지를 저장했다가 꺼내 쓰는 방식이기 때문이다.

게다가 수명도 반영구적으로 길고 가볍다. 아주 작게도 만들 수 있어 사물인터넷(IoT, Internet of Things : 각종 사물에 센서와 통신 기능을 내장하여 인터넷에 연결하는 기술로 이루어진 디바이스의 공통 네트워크)이나 웨어러블 디바이스(wearable device, wearable computer라고도 하며 옷이나 시계, 안경, 액세서리처럼 자유롭게 몸에 착용하고 다닐 수 있는 디바이스를 말한다) 전원으로 주목받고 있다. 하지만 물질 속에 전기를 저장하는 리튬이온전지 같은 이차전지보다는 단위 질량당 에너지 저장용량이 떨어지는 한계가 있다.

슈퍼커패시터(Supercapacitor)는 빠른 충전속도와 반영구적인 수명은 물론 화재 및 폭발 가능성이 전혀 없는 최고로 안전성을 갖는 장점으로 고출력이 필요한 응용분야, 산업분야 및 실생활분야에 사용하거나 이차전지와 하이브리드화하여 고성능 배터리, 고성능 에너지저장장치로 사용되고 있고 한편으론 크게 주목을 받고 있다.

따라서 현재 한국이 주도하고 있는 삼원계 NCM, NCA 리튬이온배터리와 중국이 주도하는 리튬인산철(LFP) 배터리에 비해 에너지밀도는 떨어지지만 전력밀도가 크며, 안전성은 최고이고, 충전속도도 빠를 뿐 아니라 수명 사이클도 아주 좋기에 산업 및 실생활 여러 분야에서 사용이 급속히 확장되고 있다.

슈퍼커패시터의 용도는 태양광, 풍력, 반도체, 디스플레이, UPS(무정전 전원장치), 순간 정전보상장치, 연료전지보조, ESS(에너지저장시스템), 펄스 파워(pulse power), 하이브리드 자동차, 주파

수 조정기, AMR(Autonomous Mobile Robots, 자율이동로봇), 운송, 회생제동, 에너지 하베스팅(에너지 수확), 전압안정기, 해양발전 등을 비롯해 소비재로써 전동공구, 비상발전 등에 있어서 이차전지로서 주(main) 배터리 또는 하이브리드 배터리, 보조 배터리로의 그 수요는 엄청나다. 현재는 전기자동차에 하이브리드 배터리용 보조 배터리로 사용하고 있지만, 주 배터리로 사용하기 위해 에너지밀도를 높이고자 하는 연구개발이 전세계적으로 활발히 진행되고 있는 중이다.

06 슈퍼커패시터 기술개발 이슈

1) 기술개발 전략

중소기업벤처부와 중소기업기술정보진흥원에서 발간한 중소기업 전략기술로드맵(roadmap) 2021-2023 이차전지 보고서에서는 초고용량 슈퍼커패시터는 일본이 최고기술국으로 평가되었으며, 우리나라는 최고기술국 대비 79.9%의 기술수준을 보유하고 있으며, 최고기술국과의 기술격차는 1.9년으로 분석하고 있다. 중소기업의 기술경쟁력은 최고기술국 대비 74.6%, 기술격차는 2.6년으로 평가하고 있으며, 기술격차의 순서는 미국(95.4%), 중국(88.8%), EU(81.3%), 한국의 순으로 평가하고 있다. 또한, 슈퍼커패시터용 전극재인 활성탄은 일본기업인 쿠라레이케미칼(Kuraray Chemical), 오사카가스화학(Osaka Gas Chemical)이 주요 시장을 장악하고 있으며, 일본의 수출 규제로 인하여 소재부품의 국산화 문제가 대두되고 있고, 현재 슈퍼커패시터의 구성요소 중 전해액을 제외한 대부분이 수입에 의존하고 있어 국산화 기술이 요구되고 있다.

표 2.12는 국내 주요 탄소 소재 규모를 나타낸 자료이다.

표 2.12 국내 주요 탄소 소재 규모(단위 : 억 원)

구 분	수입 의존도	2008년	2015년	2025년(E)	연평균성장률(%)
탄소섬유	100%	756	2,572	14,797	19.10
카본블랙	12%	7,743	9,960	14,271	3.70
인조흑연	100%	5,250	10,454	27,961	10.30
활성탄	82%	779	1,352	2,973	8.20
다이아몬드	86%	24	39	75	6.80

〈출처 : 한국에너지기술연구원〉

2) 슈퍼커패시터 해외 기술개발 동향

슈퍼커패시터 산업은 일본을 선두로 기술개발이 이루어져 있으며 미국, 일본을 주축으로 여러 국가가 기업, 대학 및 연구소를 중심으로 슈퍼커패시터에 대한 개발을 진행 중이고, 탄소 소재에만 국한되지 않고 리튬 등을 이용해 하이브리드 커패시터를 개발하고 있다. 각 국가별로 살펴보면 일본이 1999~2006년에는 연평균 230건의 특허출원 활동을 진행하며 전체 초고용량 슈퍼커패시터 특허출원을 주도하였으나, 2007년 이후 특허출원이 점차 감소하여 저조한 특허출원 현황을 나타내고 있다. 반면, 미국은 2006년 이후 활발한 특허출원 활동을 통해 적극적으로 슈퍼커패시터 시장에 진입하고 있는 것으로 보인다.

그림 2.20은 슈퍼커패시터 기술개발을 주도하고 있는 주요 국가별 특허출원 추이 현황이다.

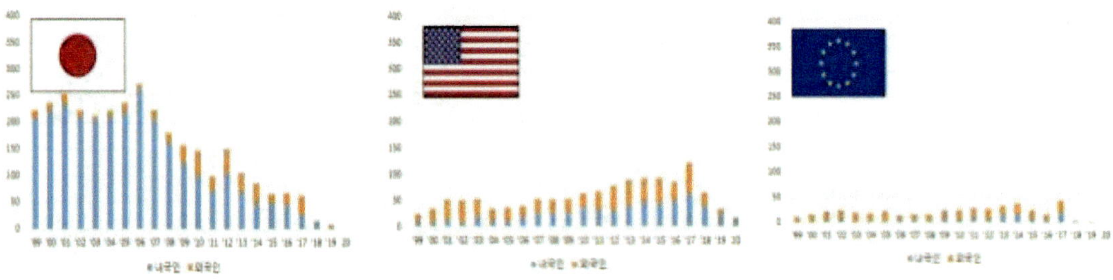

그림 2.20 주요 국가별 특허출원 추이 현황

표 2.13은 주요 해외 국가의 슈퍼커패시터 개발동향을 나타낸다.

표 2.13 주요 해외 국가의 슈퍼커패시터 개발동향

구분	내 용
미국	- 전기선 내부에 배터리 없이 전기를 전송하는 기능뿐만 아니라 전류 저장이 가능한 기술 개발 - 전기차 및 휴대용 전자제품의 배터리 및 충전 향상을 위한 슈퍼커패시터 배터리 개발 - 고전력 밀도를 달성하기 위한 새로운 아키텍처 및 확산경로, 전도성 개발 - 반도체 소자 자체로 배터리 기능을 가지고 있는 슈퍼커패시터 개발 - 유연하게 움직일 수 있는 플렉시블 슈퍼커패시터 배터리 개발 - 전기자동차용 슈퍼커패시터 배터리 개발 - 무정전 전원 공급용으로 자동으로 배터리 전환하여 공급 가능한 기술 개발 - 유연성 슈퍼커패시터를 제작할 수 있는 그래핀 기반 나노잉크 개발
일본	- 나노폴라스 금속산화물 하이브리드전극을 이용한 고성능 전기화학 커패시터 개발 - 대용량 하이브리드 슈퍼커패시터 개발 - 리튬이온전지와 슈퍼커패시터를 결합한 새로운 구조의 어드밴스트 하이브리드 슈퍼커패시터 개발 - 에너지 밀도를 향상시키기 위한 카본나노튜브를 이용한 그래픽 적층 개발 - 전기자동차의 효율을 증대시키기 위한 전기자동차용 프리우스 하이브리드 슈퍼커패시터 개발

구분	내용
중국	- 슈퍼커패시터로 운용 가능한 트램 개발 - 슈퍼커패시터에 적용하는 초박 CoP, 그래핀 나노시트 개발 - 인쇄 가능한 마이크로 슈퍼커패시터 개발 - 마이크로 타입 슈퍼커패시터용 탄소 포 레이저 유도 그래핀 개발 - 마이크로 슈퍼커패시터 전기화학 성능 향상 기술 개발 - 플렉시블 전자용 마이크로 슈퍼커패시터 구동 직접시스템 개발
싱가포르	- 제품 일부가 손상되어도 자가회복 형태를 유지하는 슈퍼커패시터 개발

〈출처 : ETRI, 국가나노기술정책센터(NNPC)〉

3) 슈퍼커패시터 국내 기술 발전 동향

정부의 한국형 뉴딜 정책 발표, 미국 바이든 대통령의 그린 뉴딜 공약 발표 등으로 친환경 에너지에 대한 관심이 커지고 있는 가운데, 친환경 에너지 산업의 핵심부품인 슈퍼커패시터의 특허출원도 점차 증가하고 있다. 2020년 특허청 전기통신기술심사국에서 조사한 슈퍼커패시터 관련 특허출원은 2013년 이전에는 연평균 80건 이하에 불과했으나, 2014년을 기점으로 급격히 증가하여 최근 5년간(2014~2018년) 연평균 122건의 특허출원이 이뤄지고 있다고 밝혔다. 최근 10년간 세부기술별 특허출원동향을 살펴보면 전극 관련 기술(548건, 56%), 모듈 및 케이스와 관련된 기술(229건, 23%), 전해물질과 관련된 기술(116건, 12%)순으로 조사됐다.

표 2.14는 2009년부터 2018년까지 10년 간 연도별 슈퍼커패시터에 관련된 세부기술별 국내 특허출원 동향을 나타낸다.

표 2.14 연도별 슈퍼커패시터 국내 특허출원 동향(2009~2018년)

출원 연도	2009년	2010년	2011년	2012년	2013년	2014년	2015년	2016년	2017년	2018년	합계
계	46	57	102	91	82	106	130	121	125	125	985
전극 관련	25	28	55	48	42	62	73	70	75	70	548
모듈 및 케이스	10	15	27	20	19	22	35	29	27	25	229
전해 물질	6	6	8	11	10	11	14	14	13	23	116
기타	5	8	12	12	11	11	8	8	10	7	92

〈출처 : 특허청 전기통신기술심사국(2020년 11월)〉

그림 2.21은 2009년부터 2018년까지 10년 간 출원연도별 슈퍼커패시터에 관련된 국내 특허출원 수를 비교한 내용을 나타낸다.

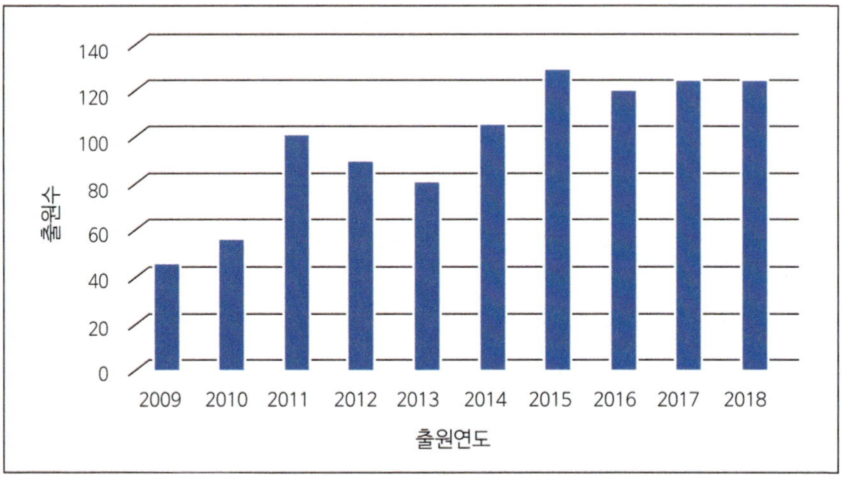

그림 2.21 연도별 슈퍼커패시터 국내 특허출원 동향

슈퍼커패시터의 가장 큰 문제점이라고 할 수 있는 에너지밀도를 높이기 위해 현재 커패시터의 핵심소재인 전극과 전해질에 관련된 연구가 주를 이루고 있으며, 높은 비표면적과 충전밀도를 갖는 전극소재(주로 나노탄소소재)를 개발하거나, 전기화학적 활성을 갖는 금속산화물 혹은 전도성 고분자들을 활용한 유사커패시터의 개발, 새로운 전해질 개발을 통한 구동전압 범위 증가, 리튬이온커패시터(LIC)와 같은 하이브리드 개념의 커패시터 개발 등의 연구들이 진행되고 있다. 그리고 최근 NTIS(National Science & Technology Information Service, 국가과학기술지식정보서비스) 검색결과에 따르면, 슈퍼커패시터와 관련된 최근 3년 내 기술개발 구성은 다음 그림 2.22와 같다.

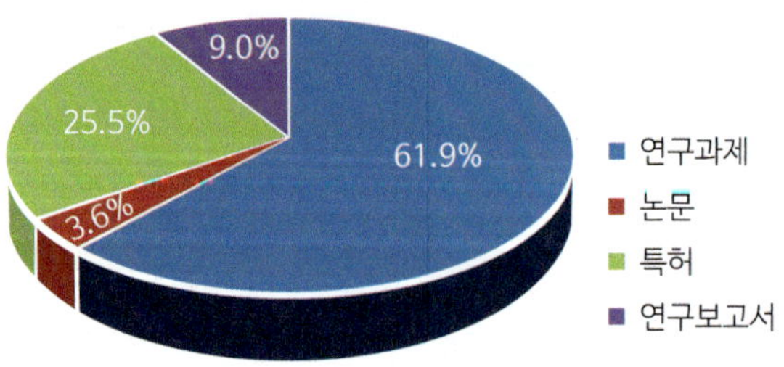

그림 2.22 최근 슈퍼커패시터 기술개발 구성 그래프(2018년~현재)

〈출처 : NTIS〉

표 2.15는 위의 그림 2.22에서 나타낸 항목에 있어 최근 국내 슈퍼커패시터 개발의 상세 내용과 동향을 보여준다.

표 2.15 최근 국내 슈퍼커패시터 개발 내용 및 동향

구분	내 용
연구과제	- 활성탄 자립화와 이를 이용한 슈퍼커패시터 성능 고도화 기술 개발 - 스마트미터용 16D×25L 슈퍼커패시터 개발 - 그래핀계 및 리튬 전이 금속 산화물 복합유전전극 기반 IoT기기용 배터리 커패시터 개발 - 키네틱발전소자 일체형 고효율저장 마이크로프린터블 슈퍼커패시터 개발 - 직접인쇄 가능한 고에너지, 고출력 슈퍼커패시터 개발 - 초고속 충전이 가능한 슈퍼커패시터용 고성능 활성탄 개발 - 슈퍼커패시터용 다공성 탄소전극소재 기술 개발
논문	- ZIF-8 기반의 다공성 탄소 나노입자의 슈퍼커패시터 고분자 전해질 나노필러로의 적용 - 촉매산화반응을 이용한 Micro-Flower $NiCoMnO_2$ 고차구조체 제조 및 슈퍼커패시터 전극 응용 - 에너지 하베스터를 이용한 섬유 형태의 슈퍼커패시터 충전 특성
특허	- 아민으로 표면 처리된 구겨진 산화그래핀 분말을 이용한 슈퍼커패시터 전극 및 이의 제조방법 - 무기 나노입자 함유 다공성 탄소체 전극 및 이를 포함하는 슈퍼커패시터 및 이의 제조방법 - 중공 구형 불화칼륨니켈코발트 페로브스카이트의 제조 및 이의 슈퍼커패시터와 촉매로의 응용
연구보고서	- 금속산화물 3차원 다공성 나노구조체의 슈퍼커패시터 응용 및 정전요소 분리 연구 - 고다공성 2차원 나노전극을 이용한 고에너지밀도 슈퍼커패시터의 개발 - 슈퍼커패시터를 이용한 휴대용 비상 전원 공급 장치 개발 - 국내 미활용 목질계 바이오매스 기반 슈퍼커패시터용 활성탄 개발 - 레독스 물질로 코팅된 고체 전극과 활성 레독스 전해질을 이용한 하이브리드형 에너지 저장 디바이스에 대한 연구

〈출처 : NTIS〉

4) 슈퍼커패시터의 산업 필요성 및 응용분야 확대

슈퍼커패시터는 타 산업과의 연계를 통해 신에너지저장장치로 기대가 되고 있다. 특히 신재생에너지는 시간대별로 생산할 수 있는 전력량이 일정치 않기 때문에 그리드(전력망, grid : 에너지산업에서 그리드는 전기가 발전원에서 소비자에게 전달되는 상호 연결된 전력망을 의미한다. 스마트 그리드는 일반적 전력망에 ICT 기술을 접목시키는 경우이다)의 전력품질 저하를 가져올 수 있어 이에 적합한 부하평순화 장치로 슈퍼커패시터가 부각되고 있고, 가전기기, 수송, 산업용 에너지 분야 외 향후 신산업 분야 시장의 확대로 슈퍼커패시터는 무궁무진한 활용도를 보유하고 있어 기대가 된다.

또한 친환경 자동차는 수요가 점차 증가하는 추세이며 특히 슈퍼커패시터의 경우 중대형 차량인 버스, 전철 및 건설차량 시장이 형성되어 있으며, 시장 성장에 힘입어 수요가 증가하고 있으나, 국내 중대형 제조업체는 주요 수요국가인 중국의 보호무역 정책과 경쟁과다로 가격하락에 대한 압박

등의 한계에 처해있는 상황에서 최근 들어 신재생에너지의 획기적 증가와 더불어 주요 에너지저장장치로 각광받고 있다. 연료전지발전, 태양광발전, 풍력발전 등의 신재생에너지 발전은 에너지원이나 부하의 변동에 민감하게 반응하므로 단독으로 사용될 경우 출력전압의 변동을 포함한 전력품질의 저하를 피할 수 없는 상황이다. 이에 슈퍼커패시터는 전력밀도가 높고, 충 · 방전 속도가 빠르며, 충 · 방전 사이클 수명이 매우 길다는 특성을 갖고 있어 부하응답 특성이 느린 신재생에너지 발전시스템에 슈퍼커패시터를 사용하면 발전된 전력과 부하전력 사이의 차이를 슈퍼커패시터가 흡수 또는 방출함으로써 전력품질을 확보하는데 기여할 것으로 예상된다.

그림 2.23은 신재생에너지원에 있어 전력품질의 확보 방안에 대한 모식도이다.

모식도(模式圖)란 사물의 구조 · 체계 · 진행 · 조직 등을 도식적(圖式的)으로 정리 · 배열한 그림으로 영어로는 다이어그램(diagram) 또는 레이아웃(layout)이라고 나타낸다.

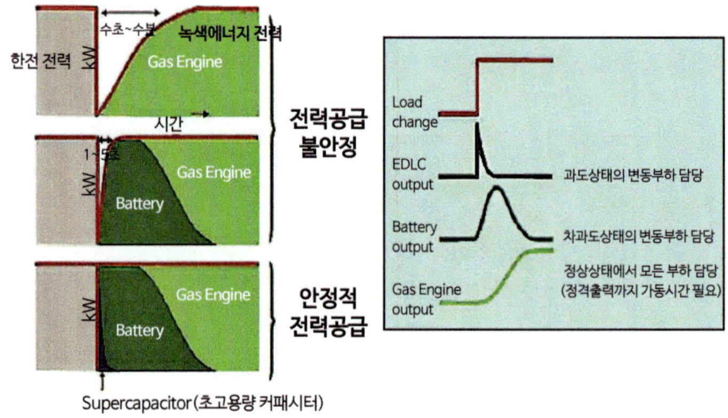

그림 2.23 신재생에너지원의 전력품질 확보 모식도

〈출처 : 중소벤처기업부, 중소기업기술정보진흥원〉

그리고 풍력터빈, UPS(Uninterruptible Power Supply, 무정전 전원장치), 자동차 등 고출력 애플리케이션의 수요가 확대됨에 따라 슈퍼커패시터의 성장이 예상되며, 현재 대부분 슈퍼커패시터 소재는 해외 의존도가 높기 때문에 산업 발전의 저해요인으로 작용하므로 핵심 소재의 국산화가 구축될 경우 전 산업 분야에서 추가적인 부가가치 창출의 가능성을 보이고 있다.

표 2.16은 슈퍼커패시터를 공급망 관점에서 본 산업 기술범위와 세부기술 내역을 나타낸다.

표 2.16 슈퍼커패시터의 공급망 관점 산업 기술범위

전략제품	제품분류 관점		세부기술
슈퍼 커패시터	소형	배터리 대체	스마트미터, GSM/GPRS 트랜스미터, SSD, USB로 움직이는 오디오 시스템, 메모리 백업, M2M 무선통신 응용 기술
		커패시터 대체	모바일폰 카메라 플래시 용량 증대, 모바일폰 시계 백업 기술
	중대형	배터리 대체	트럭의 배터리 팩 대체, 비상시 자동차문 개폐, 에너지 하베스팅 완충, 풍력 터빈 작동 기술
		배터리 보호 및 강화	배터리 연장을 위한 파워 제공 및 신속한 충·방전을 위한 마찰보호, 풍력 터빈, 태양광, 기타에너지 하베스팅 완충 기술

〈출처 : 중소벤처기업부〉

5) 다양한 분야로 수요가 확대되고 있는 슈퍼커패시터

(1) 초기 슈퍼커패시터

초기의 커패시터는 주로 작은 정전용량과 한정된 분야에 사용되어 소규모의 제한된 크기로 생산되었으며, 주된 사용 분야는 시계, 완구, 메모리 백업 및 PC 메인보드 등에 사용되었다. 이후 고출력을 필요로 하는 기기의 등장으로 슈퍼커패시터의 사용처가 확장되면서 에너지 분야, 수송 분야, 소비가전 분야에 걸쳐 활용성이 급속히 확대되고 있다.

① 에너지 분야

친환경 에너지원을 이용하여 에너지 효율을 최적화하고자 하는 차세대 전력망인 스마트 그리드 시스템(smart grid system) 및 신재생 에너지의 확대에 따른 균일한 전력 제공의 필요성이 증대되고 있고, 이를 위해 거대 규모의 에너지 저장원이 필요한 상태로 기존의 이차전지가 가지고 있는 특성으로는 이 분야의 역할을 수행하기에는 가격 및 용량 면에서 한계를 지니고 있다. 이를 대체하는 슈퍼커패시터는 빠른 응답시간, 고에너지효율, 높은 출력밀도와 오랜 수명의 특징을 가져 신재생 에너지 발전 및 스마트 그리드 분야에 가장 적합한 저장장치로 기대되고 있다. 신재생 에너지는 시간대별로 생산할 수 있는 전력량이 일정치 않기 때문에 그리드의 전력 품질저하를 가져올 수 있으므로 부하평준화 장치가 필요한데, 부하평준화 장치로 슈퍼커패시터가 적합하며, 고품질 전력저장장치 외에 회생제동, 가속용 전원 적용 등의 에너지 효율향상과 풍력발전기의 블레이드 피치 컨트롤(blade pitch control, 블레이드 피치는 블레이드의 각도를 나타내고, 회전속도와 발전량을 조절하는 데 사용한다. 특히 블레이드의 피치(pitch) 각도란 블레이드가 장착된 중심선을 기준으로 돌아가는 각도를 가리킨다) 등과 관련된 신규 시장에서의 성장이 기대되고 있다.

그림 2.24는 슈퍼커패시터가 에너지 분야에서 사용되는 사례를 보여준다.

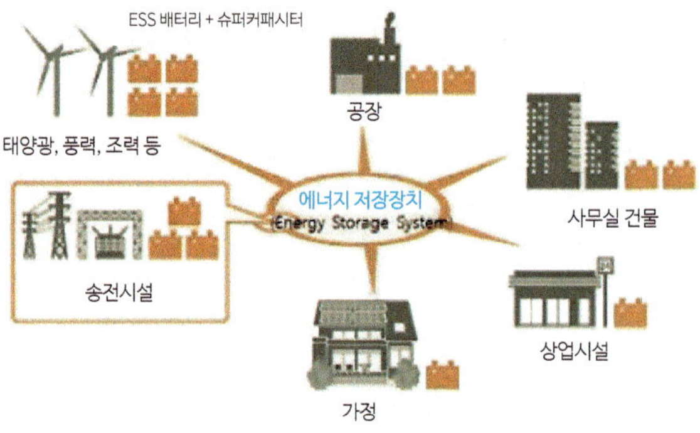

그림 2.24 에너지 분야에서의 슈퍼커패시터 사용 예

② 수송 분야

수송 분야에서 슈퍼커패시터의 응용은 소형자동차에서부터 트럭, 버스와 같은 중형 수송 분야 응용에 이르기까지 다양하게 제안되고 있으며, 낮은 에너지가 필요한 곳부터 엔진시동과 같이 고출력이 필요한 부문까지 다양하고, 기존의 내연기관 또는 연료전지 등과의 하이브리드 시스템 구성에 대한 개발도 이루어지고 있다. 슈퍼커패시터는 단독으로 또는 앞서 설명한 리튬이온 커패시터(LIC)와 같은 하이브리드 커패시터를 사용할 수 있다. 현재 생산되는 전기자동차에 적용되고 있으며, 차량의 출력 및 동력계통의 효율 향상이 가능하고 전지의 수명을 연장할 수 있고, 특히 전기자동차 및 하이브리드 자동차에서 슈퍼커패시터는 감속과 제동 시 에너지의 회수, 전지에서 감당하는 피크 수요의 분산, 연료전지와 같은 전기발전기의 비용 절감 등 많은 기능을 수행하면서 유용하게 적용되고 있다.

사진 2.3은 슈퍼커패시터가 수송 분야에서 사용되는 사례를 보여준다.

사진 2.3 에너지 분야에서의 슈퍼커패시터 사용 예

③ 가전기기 분야

슈퍼커패시터는 전력품질 향상이 탁월하기 때문에 TV나 복사기 등의 디바이스 보조전원으로 적용되고 있으며, 스마트폰을 중심으로 빠르게 시장이 성장함에 따라, 스마트폰용의 초소형 칩 타입 제품이 개발되어 시장에서 활발히 수요가 증가되고 있다. 이와 연계하여 배터리와 관련된 부분으로 소형화 및 고효율 에너지저장장치를 선호하고 있으며, 적용된 칩 타입은 기존 코인 타입에 비해 더욱 얇아지고 생산방식 또한 간소화되어 휴대전화 등의 소형가전 메모리 백업용 전원으로서 입지를 점진적으로 확보해나가고 있다. 특히 4차 산업혁명과 IoT 전자기기의 발전으로 더욱더 다양한 전자회로와 전원 공급 제품들이 우리의 삶에 다양하게 적용되고 있으며, 기기 내부에 장착된 슈퍼커패시터는 외부의 충격 등 사용 환경에 따라 디바이스의 전원이 불안정할 수 있는 상황이 또한 발생할 때, 메모리 백업을 위한 비상 전원으로서 작동할 수 있는 장점을 보유하고 있다.

사진 2.4는 슈퍼커패시터가 가전제품 분야에서 사용되는 사례를 보여준다.

사진 2.4 가전제품 분야에서의 슈퍼커패시터 사용 예

④ 그 외 산업 분야

슈퍼커패시터가 에너지저장장치로서 완전히 자리 잡기 위해서는 그 무엇보다 성능 개선과 활용처 확대가 우선시되는 부분으로 기업들의 아이디어와 시도를 통해 이뤄지며, 전원을 필요로 하는 기술에 대한 폭넓은 관심과 창의적인 아이디어를 통해 새로운 가치를 창출하고 시장을 확대할 수 있도록 에너지저장장치 기술에 대한 접근성과 더불어 좀 더 고도화된 저장장치로의 세부기술이 더해지면 적용되는 시장이 더욱 커지고 관심도 더 높아질 것이다. 산업 내 적용될 수 있는 장점으로는 이차전지와 동등한 수준의 에너지밀도, 고효율 충전과 대용량 방전, 하이브리드 버스(24~100V), 전력저장전압(550V 정도)와 같은 고효율, 고전압화 기술 등이 있으며, 한편으론 완전충전(만충전)

후 사용 중에 있어 방전속도를 이차전지에 비견되도록 늘리는 기술이 더해지면 신재생에너지의 보급으로 인해 ESS의 중요성은 물론 전기자동차로의 수요도 점차 커질 것이며, 주파수 변동 폭을 보완하는 역할은 출력특성이 좋은 슈퍼커패시터가 배터리(리튬이차전지)보다 적합한 기능을 가지고 있어 다양한 산업 분야에 적용할 것으로 기대된다.

사진 2.5는 슈퍼커패시터가 기타 산업 분야에서 사용되는 사례를 보여준다.

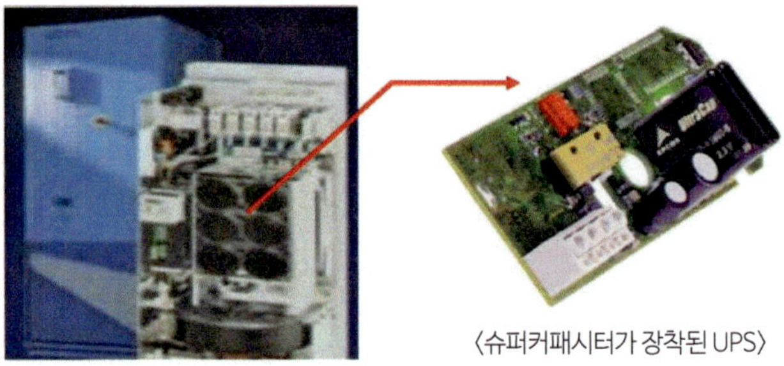

〈슈퍼커패시터가 장착된 UPS〉

사진 2.5 기타 산업 분야에서의 슈퍼커패시터 사용 예

6) 세계 슈퍼커패시터 시장동향

슈퍼커패시터는 스마트미터(smart meter, 실시간으로 소비자에게 제공하는 지능형 전력계량 시스템이다. 스마트미터는 전기에너지 소비, 전압 수준, 전류 및 역률과 같은 정보를 기록하는 전자장치를 갖춘 첨단 전기계량기이다), 자동차에서부터 중장비, 물류자동화, 통신장비, 신재생에너지 등 다양한 분야로 적용이 확대되고 있는 추세이며, 세계적으로 녹색성장이 큰 이슈가 되고 있어 전기자동차 및 연료전지차 등 친환경 자동차들이 크게 주목받고 있다. 향후 친환경 자동차의 수요가 증

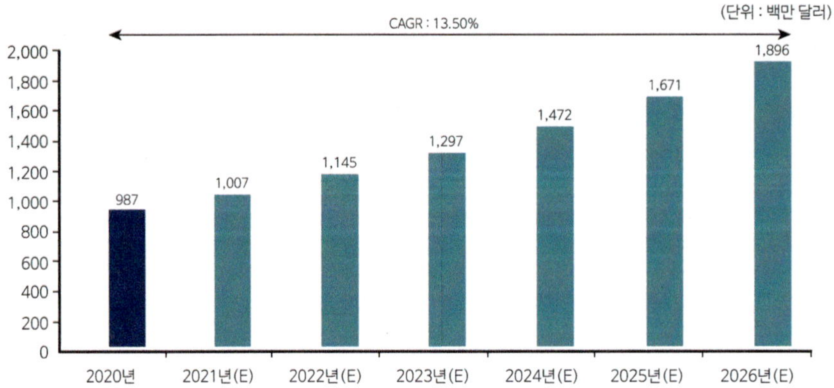

그림 2.25 세계 슈퍼커패시터 시장규모〈출처 : Mordor Intelligence(2020년)〉

가할수록 계속적인 슈퍼커패시터의 수요도 기하급수적으로 늘어날 것으로 예상되고 있다. 풍력, 태양광 등 에너지변환 및 발생에 의하여 에너지를 저장할 수 있는 효율적인 장치가 요구되고 있고, 그린에너지의 일환으로 신재생에너지를 정책적으로 적극 육성하고 있기 때문에 이러한 에너지를 저장할 수 있는 저장장치의 시장도 계속적으로 성장할 전망이다.

그림 2.25는 세계 슈퍼커패시터 시장규모의 실적과 예상치이다.

모르도르 인텔리전스(Mordor Intelligence)가 제시한(그림 2.25) 분석에 따르면, 세계 슈퍼커패시터 시장은 2020년 887백만 달러를 기록하였으며, 시장, 업황 등을 고려할 때 연평균 13.5% 성장하여 2026년 1,896백만 달러의 시장을 형성할 것으로 전망하고 있다.

(1) 국내 슈퍼커패시터 시장동향

슈퍼커패시터의 산업분야는 가전기기, 수송, 산업용 에너지 분야에서 크게 시장을 형성하고 있으며, SNS리서치(2017년)에 따르면, 국내의 슈퍼커패시터 시장은 2018년 10,676억 원을 기록했고, 연평균 13.7%씩 성장하여 2024년에 2조 3,071억 원에 달할 것으로 전망하고 있다. 슈퍼커패시터 시장은 가전기기 분야와 수송 분야가 주도하고 있고, 공장의 로봇이나 도로일체형 태양광 모듈, 태양광 교통표지판, 건물비상구, 포크리프트(forklift, 지게차), 크레인, 골프장 카트 등에 일부 사용되고 있으며, 향후 스마트미터 분야에 있어 슈퍼커패시터 시장이 크게 성장할 전망이며, 신재생에너지는 시간대별로 생산할 수 있는 전력량이 일정치 않기 때문에 그리드의 전력품질 저하를 가져올 수 있으므로 부하평준화 장치가 필요한데, 이에 슈퍼커패시터가 적합한 장치로 대두되면서 시장이 크게 확대될 것으로 예상된다.

그림 2.26은 국내 슈퍼커패시터 시장규모의 실적과 예상치이다.

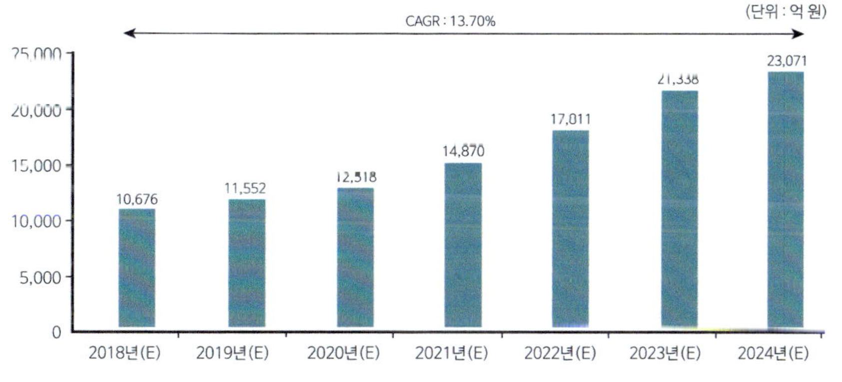

그림 2.26 국내 슈퍼커패시터 시장규모

〈출처 : SNE리서치(2017년)의 울트라커패시터 최신기술 및 시장전망〉

(2) 신재생에너지 및 시대 변화에 따른 산업동향

세계적으로 소형 슈퍼커패시터는 90% 이상 한국이 점유하고 있지만, 기술력이 다소 부족한 중, 대형 슈퍼커패시터는 일부 국내 생산과 수입으로 대체하고 있으며, 최근 슈퍼커패시터 수요가 증가함에 따라 수입과 수출이 동시에 증가하는 추세다. 슈퍼커패시터의 제조기술은 확보하고 있기 때문에 세계 시장에서 경쟁력을 갖추기 위해서는 전극 소재 등의 핵심원천 기술의 개발이 시급하여 활성탄의 국산화가 더욱 필요하며, 소재 원가절감을 통해 슈퍼커패시터도 경쟁력을 가질 수 있을 것이라 판단된다.

(3) 에너지효율 향상에 대한 국가적 관심 증가

신재생에너지의 출현과 시대 변화에 따라 정부는 온실가스 감축, 국제 에너지자원 가격 변화, 신재생에너지 공급 불균형, 전력의 안정적 공급 등 문제 해결 방안으로 대규모 전력생산과 관련한 발전소에서 전력피크 관리 및 정전사고 방지를 위한 장비로 활용되거나 송배전망 내 수급변동을 조절하는 에너지저장시스템을 핵심기술로 다루고 있으며, 전력공급 향상을 위해 에너지저장시스템의 변화 및 성장이 확대될 것으로 예상된다.

풍력, 태양광 등 출력 변동이 심한 애플리케이션의 전원출력을 고품질로 전환하고, 전력망 안정성 및 신뢰성, 공급 안정화를 위하여 전기적 입·출력 속도가 빠르고 오랜 수명 특성을 가지는 슈퍼커패시터의 적용이 확대될 것으로 기대된다.

(4) 세계적인 IT 기업의 포진으로 수요 풍족

현재까지 주력으로 사용되고 있는 메모리 백업(backup) 분야는 휴대용 전자기기에 필수적으로 탑재되고 있으며, 국내에서는 삼성전자, SK텔레콤 등 세계 굴지의 IT 기업들이 수요를 창출하고 있기 때문에 사업화에 따른 국내 매출이 용이할 것으로 전망되며, 초소형 가전기기의 전력공급 및 IoT(Internet of Things, 각종 사물에 센서와 통신 기능을 내장하여 인터넷에 연결하는 기술이다. 즉, 무선통신을 통해 각종 사물을 연결하는 디바이스의 공통 네트워크를 의미한다) 기반 소형 가전기기의 전력공급 부품으로 슈퍼커패시터가 적용되면서 다양한 형태의 사용처가 발굴될 것으로 전망된다.

(5) 녹색성장 등 환경요인으로 인한 친환경 자동차 수요 증가

세계적으로 녹색성장이 큰 이슈가 되고 있으며, 전기자동차 및 연료전기차 등 친환경 자동차들이 크게 주목받고 있다. 최근 하이브리드 자동차인 일본 토요타(Toyota)의 하이브리드 전기자동차 프리우스(Prius) 모델은 니켈 · 수소전지의 보조전원으로 브레이크 에너지 회생시스템에 슈퍼커패시터가 탑재 · 적용되었다. 그 외 연료전지 시스템과 하이브리드가 되어 슈퍼커패시터가 탑재되었고, 신기후체제 출범에 대한 에너지 산업의 패러다임 전환이 요구되는 상황에서 다양한 전력기반 운송수단이 활성화될 수 있도록 제도를 개선하고 창출을 지원하고 있어 활용 범위가 확대될 것이다.

사진 2.6은 슈퍼커패시터 적용 자동차의 예를 보여준다.

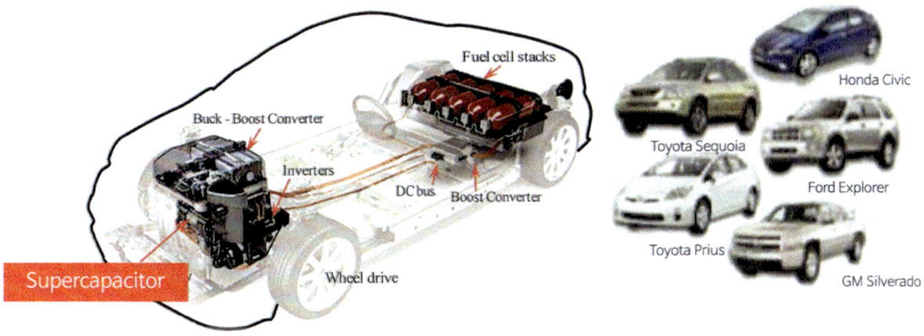

사진 2.6 슈퍼커패시터 적용 자동차

〈출처 : 중소벤처기업부 외, 중소기업 전략기술로드맵 2019-2021 이차전지 보고서〉

(6) 한국판 그린 뉴딜 추진으로 인한 수혜 기대

생활 인프라, 에너지의 녹색전환과 녹색산업을 위한 혁신적 추진으로 탄소중립사회를 지향하기 위하여, 정부는 2030 온실가스 감축 목표, 재생에너지 3020 이행계획 등을 차질 없이 이행하고 탄소중립을 목표로 과감한 녹색전환을 추진하여 미래 사회를 향한 패러다임 전환을 적극적으로 준비하고 있으며, 인프라, 에너지, 녹색산업 분야별로 세부과제를 부여하고 이를 위한 정책을 수립하였다. 슈퍼커패시터는 그린 뉴딜(Green New Deal, '그린'과 '뉴딜'의 합성어로 기후변화에 대응하는 동시에 고용도 촉진하는 정책을 뜻한다. 즉, 저탄소 · 친환경 · 자원절약 등을 뜻하는 '녹색' 성장전략과 일치한다)의 에너지저장 분야에 속해 있는데, 에너지 분야는 저탄소, 분산형 에너지 확산에 대한 정책으로 에너지관리 효율화와 지능형 스마트 그리드 구축을 위한 아파트 500만호에 AMI (Advanced Metering Infrastructure, AMI는 양방향 통신망을 이용하여 전력사용량, 시간대별 요금 정보를 실시간으로 소비자에게 제공하는 지능형 전력계량 시스템이다)의 보급, 친환경 분산에너지 시스템(분산에너지 시스템은 전력 수요지 인근에 설치해 송전선로 건설을 최소화하는 40MW 이하의 발전설비 또는 500MW 이하의 집단에너지, 구역전기, 자가용도의 발전설비 등을 뜻한다. 전력 수요지와 가까운 곳에서 에너지를 생산하고 저장하기 때문에 잉여전력 해소와 전력계통 안정화에 도움이 된다)의 구축, 전선 · 통신선 공동지중화를 추진하고 있으며, 신재생에너지 확산기반 구축 및 공정한 전환 지원을 위한 신재생 확산기반(대규모 해상풍력 단지, 주민참여형 태양광 등) 구축 지원 및 석탄발전 등 위기지역 대상 신재생 업종전환 지원을 추진하고 있다. 또한, 전기차, 수소차 등 그린 모빌리티 보급 및 확대하는 방향으로 전기자동차 113만 대, 수소자동차 20만 대 등 보급의 추진을 진행하고, 이를 통해 지속 가능한 신재생에너지를 사회 전반으로 확산하여 탄소의존 경제에서 저탄소 경제로의 변화를 추구하고 있다.

그림 2.27은 한국판 그린 뉴딜 정책의 주요 내용을 요약한 것이다.

첫째는 도시 · 공간 · 생활 인프라를 녹색 전환화 하는 것으로, 녹색 성장전략과 일맥상통(一脈相通)한다.

둘째는 저탄소 · 분산형 에너지로의 확산이다.

셋째는 녹색산업 혁신 생태계의 구축이다.

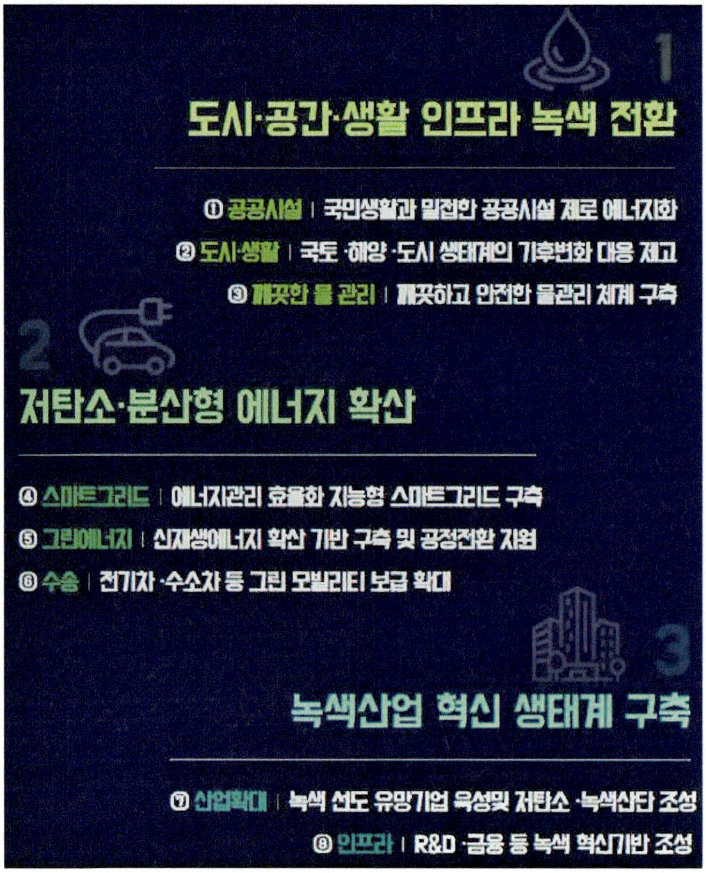

그림 2.27 한국판 그린 뉴딜 정책의 주요 내용

〈출처 : 환경부〉

7) 다양한 신재생에너지원을 조합하는 형태로 발전 중

해외에서는 다양한 신재생에너지를 융합한 독립형 전원공급에 대한 실증이 선진국 및 개도국(개발도상국)에서 추진하고 있으며, 또한 세계 주요국들도 이차전지 활성화를 위한 정책을 시행함에 따라, 다양한 슈퍼커패시터를 적용하는 형태로 발전 중에 있다.

(1) 슈퍼커패시터 산업 글로벌 기업 동향

'중소기업 전략기술로드맵 2019−2021 이차전지 보고서'에 따르면 세계 주요국들의 이차전지 활성화를 위한 정책을 시행함에 따라, 다양한 슈퍼커패시터를 적용하는 형태로 발전 중에 있으며, 주요 기업으로는 일본 토킨(Tokin), 일본 혼다 자동차(Honda motor), 미국 맥스웰 테크놀로지(Maxwell technologies), 미국 인매치(Inmatch), 마쓰시타(Matsushita) 등이 있다.

표 2.17은 슈퍼커패시터를 제조하는 해외 주요 업체의 현황을 나타낸다.

표 2.17 해외 주요 슈퍼커패시터 제조업체의 현황

업체명	사업화 현황	
TOKIN (일본)	• 초기 및 장기의 사용에 있어서 낮은 ESR을 실현하는 박형의 전기 이중층 콘덴서 개발 • 20Wh/kg 급 제품을 양산하기 시작	
HONDA MOTOR (일본)	• 디젤엔진 하이브리드 차, 연료전지 하이브리드 전기차용 제품을 발표 • 비수계 전해액을 사용하며, 저항의 상승이 적고 또한 장기간 방치 후에도 에너지 잔존율이 높은 전기 이중층 커패시터 개발	
MAXWELL TECHNOLOGIES (미국)	• 맥스웰의 슈퍼커패시터를 탑재한 전기자동차가 100만 대에 달하였으며, 3F~3400F에 이르는 폭넓은 라인업을 보유 • 최근 자동차업체인 테슬라에 인수되면서 전기자동차의 응용이 확대될 것으로 예상	
INMATCH (미국)	• 전기자동차의 승압용 사용하는 슈퍼커패시터를 제조 판매 • 차세대 제품은 스마트 그리드용 최대 전력 버퍼, 국방, 전기자동차에서의 전력 관리에 적용하는 제품을 개발 중	
MATSUSHITA (일본)	• UP-Cap 시리즈를 개발하였으며, 전극의 고밀도화와 낮은 저항을 목표로 대출력 EDLC 시리즈 개발 • UPA 시리즈는 2000F급의 대용량에서 전류를 장시간 공급할 수 있어 태양전지와 풍력발전의 전력조정용으로 적용	

(2) 슈퍼커패시터 산업 국내 기업 동향

국내 슈퍼커패시터 산업은 신기후체제 대응 방안으로 산업통상자원부에서 2030 이차전지 산업 발전 전략을 통해 본격적으로 추진하고 있으며, 에너지신산업 종합대책을 시작으로 과감한 유인(동인)책과 규제완화 등 에너지신산업 육성 정책과 정책행보를 지속적으로 추진하고 있다. 또한, 에너지효율 향상에 대한 국가적 관심 증가로 정부는 에너지저장시스템을 핵심으로 다루고 있으며, 국제적인 저탄소 배출정책과 스마트 그리드의 본격적인 도입 및 운영을 통해 산업의 다각화를 추구하고 있다. 슈퍼커패시터 산업에 관하여 주요 업체로는 LS엠트론, 비나텍, 삼화콘덴서, 코칩 등이 있다.

표 2.18은 슈퍼커패시터를 제조하는 국내 주요 업체의 현황을 나타낸다.

표 2.18 국내 주요 슈퍼커패시터 제조업체의 현황

업체명	사업화 현황	
LS엠트론	• 주로 대용량 제품에 초점을 두어 풍력발전, UPS, 하이브리드 자동차 및 버스에 적용되는 슈퍼커패시터를 개발중 • 중국에서 실용화 진행 중인 하이브리드 버스를 겨냥한 제품 납품실적 존재	
비나텍	• 칩 타입 슈퍼커패시터는 기존 코인 타입보다 더 슬림해지고 생산방식도 간소화되어 휴대폰 등 소형제품 메모리백업용 전원으로 사용 • 현재 소형 분야의 세계 1위 업체로 스마트폰 등에 사용되는 소형 뿐만 아니라, 중, 대형 슈퍼커패시터까지 영역을 넓이고 있음.	
삼화콘덴서	• 기존 슈퍼커패시터의 높은 출력밀도와 리튬이온전지의 높은 에너지밀도를 가지는 자체 하이브리드 커패시터 개발 • 500F 용량의 슈퍼커패시터를 개발하고 세라믹을 이용한 7000F 용량의 슈퍼커패시터 개발	
코칩	• 소형 셀을 중심으로 제품을 생산하고 수용계, 비수용계인 유기계 전해액 모두를 사용 • 핸드폰용 초소형제품부터 풍력용 중형 제품까지 폭넓은 제품군을 구성하고 있음.	

(3) 슈퍼커패시터 산업 국내 기업의 현황

① 비나텍

비나텍은 1999년 전자부품 종합유통전문회사로 설립되어, 2003년부터 슈퍼커패시터 연구를 시

작하며 성장해 온 에너지 소재 · 부품 전문기업으로, 슈퍼커패시터 사업 및 수소연료전지 부품 사업을 영위하고 있다.

슈퍼커패시터와 수소연료전지의 에너지효율을 높이기 위한 다양한 연구를 진행 중이다. 비표면적이 높은 나노탄소소재를 이용하여 고효율 · 고용량 슈퍼커패시터를 개발하였고, 탄소나노섬유에 대한 원천기술을 바탕으로 수소연료전지의 지지체에 관한 연구를 진행하여 수소연료전지의 효율성 및 내구성을 높여 경쟁력을 확보하고 있다. 2020년에 분리판 제조사인 에이스크리에이션을 인수하여 수소연료전지 사업을 확장하고 있다. 또한, 2024년까지 860억 원을 투자하여 전라북도 완주 테크노밸리 제2 일반산업단지에 수소연료전지 부품 생산 공장을 추가 건립할 예정이다. 현재 수소연료전지 시장이 확대됨에 따라 관련 제품을 생산하는 동사의 매출에도 영향을 미칠 것으로 기대된다.

② 삼화콘덴서

삼화콘덴서는 1997년에 설립된 기업으로, 종합 커패시터 메이커(maker, 제조)업체로 삼화전기가 생산 중인 전해커패시터를 제외한 모든 종류의 커패시터를 생산하고 있고, 전자업계의 고기능화 · 초소형화로 인한 관련 부품 수요의 확대와 자동차 관련 운전자 편의성 향상을 위한 전자 자동화가 빠르게 진행되고 있어 전력용 및 그 외 커패시터의 지속적인 성장이 예상된다. 그리고 삼화콘덴서는 휨 크랙 특성이 우수한 적층세라믹 커패시터 양산성능평가, 전기자동차용 630V급 커패시터 어레이모듈 개발, 고용량 커패시터 소재 및 부품개발, 그래핀계 및 리튬전이 금속산화물 복합유연전극 기반 58Wh/L급 IoT기기용 배터리 커패시터 개발 등 지속적인 연구개발 활동을 진행하고 있다. 또한 국내외 슈퍼커패시터와 관련된 소재 및 장치, 시스템 등에 대한 지속적인 특허출원 활동을 진행하고 있고, 제품에 대한 국내 및 해외 안전규격 인증을 통해 제품에 대한 신뢰성을 높이며 슈퍼커패시터 사업을 확장하고 있다.

제3장

슈퍼커패시터 개발 및 활용

-사례연구-

01 슈퍼커패시터(SuperCapacitor)

커패시터(capacitor)는 축전기 또는 콘덴서(condenser)라고 한다. 콘덴서 또는 축전기란 전기 회로에서 전기 용량을 전기적 포텐셜에너지(potential energy, 전기 포텐셜(전위) 에너지는 전기력이 작용하는 공간 안에서 어떤 전하를 띤 물체가 가지는 에너지로, 즉, 전기적 위치에너지는 전하 사이에서 발생하는 정전기력이 변화해 발생하는 위치에너지이다)로 저장하는 장치이다.

두 개의 단자가 있는 수동소자로 축전기 내부는 두 도체판이 떨어져 있는 구조로 되어 있고, 사이에는 보통 절연체가 들어간다.

배터리가 전기를 가지고 화학적 반응을 일으켜 이온의 화학적 에너지를 저장하는 장치라면, 슈퍼커패시터는 전기를 끌어와 그대로 저장하는 개념에 가깝다.

슈퍼커패시터(SuperCapacitor)는 기존의 커패시터와 리튬이온 이차배터리의 중간지점에 위치해 있다. 즉, 평범한 커패시터에 비해 많은 양의 에너지를 저장할 수 있기에 '슈퍼커패시터'라고 하는 것이다. 또한 이차전지와 같이 전기를 저장하기에 '슈퍼커패시터 배터리'라고도 부른다.

슈퍼커패시터는 미세전류까지 급충전 · 급방전하는 고효율 디바이스(device)로서 축전용량이 대단히 큰 커패시터로 화학반응을 이용하는 배터리와 달리 전극과 전해질 계면으로의 단순한 이온 이동이나 표면화학반응에 의한 충전현상을 이용한다.

급속 충 · 방전이 가능하고 높은 충 · 방전 효율 및 반영구적인 사이클 수명 특성으로 보조배터리나 배터리 대체용으로 주로 사용된다. 부하응답 특성이 느린 신재생에너지발전시스템에 슈퍼커패시터를 사용하면 발전된 전력과 부하전력 사이의 차이를 흡수 또는 방출함으로써 전력품질을 확보하는데 크게 기여한다.

1) 리튬이온(Li-ion) 배터리와 슈퍼커패시터(SuperCapacitor)

(1) Li-ion 배터리와 슈퍼커패시터의 장단점 비교

① 높은 충전용량(에너지량) → 긴 주행거리 : 배터리 우세

② 높은 에너지밀도 → 경량 · 소형 : 배터리 우세

③ 높은 출력 → 짧은 충전시간 : 슈퍼커패시터 우세

④ 내구성 → 오랜 수명 : 슈퍼커패시터 우세

(2) 리튬이온 배터리

① 리튬이온 배터리 장점

에너지밀도가 높기 때문에 작은 저장소에 비교적 많은 양의 에너지를 저장할 수 있다.

② 리튬이온 배터리 단점

- 무거운 무게, 제한된 수명, 느린 충전 및 상대적으로 느린 에너지 방출과 같은 많은 단점이 있다.
- 독성 금속 및 기타 유해 물질이 배터리 생산에 사용된다.
- 좁은 온도 범위에서만 효과적으로 냉각하거나 가열해야 하므로 효율이 떨어진다.

(3) 슈퍼커패시터의 특장점

① 슈퍼커패시터 장점

- 훨씬 가볍고 수명이 비교할 수 없을 정도로 길며, 위험 물질이 필요하지 않으며 거의 즉시 에너지를 충전 및 방전(방출)한다.
- 내부 저항이 거의 없기 때문에 기능을 위해 에너지를 소비하지 않고, 효율성은 97~98% 정도이다.
- 섭씨 −40~+65도의 전체 범위에서 큰 편차 없이 작동한다.

② 슈퍼커패시터 단점

리튬이온 배터리보다 훨씬 적은 에너지를 저장한다.

③ 슈퍼커패시터 특징

㉮ 안정적 출력

슈퍼커패시터는 에너지의 종지전압까지 정상적인 출력을 낼 수 있다.

㉯ 급속 충전

슈퍼커패시터는 현재 충전기보다 충전속도가 최소 3배 이상 단축된다.

㉰ 제품의 경량화

슈퍼커패시터는 기존 제품(리튬이온전지) 부피의 1/3배에 불과하다.

㉱ 사용 안정성

리튬이온전지(LIB)의 폭발이나, 리튬인산철($LiFePo_4$) 배터리의 충전 불량 등의 문제를 해결한다.

㉮ 길어진 제품수명

슈퍼커패시터는 기존 배터리보다 10배 이상의 충·방전 회수와 3배 이상의 수명을 보장한다.

(4) 슈퍼커패시터의 사용 예

다음과 같은 용도에 슈퍼커패시터가 사용되고 있다.

① 전기차량용 전용 충전기

다음 사진 3.1은 전기차량용 전용 충전기의 실물과 사용 스펙(spec., 정격)을 보여준다.

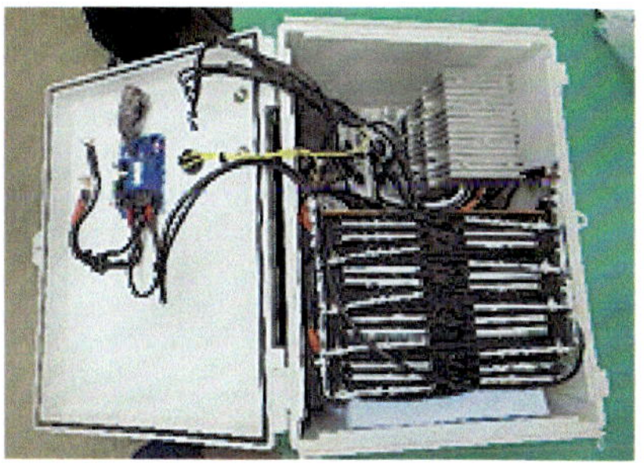

- 출력 : 1.8kWh 12V/50A
- 입력 : 10~60V/40A
- 충전 : 전기차량의 전용 충전기

사진 3.1 전기차량용 전용 충전기의 실물과 사용 스펙(정격)

② 다용도용 CESS(Cosmotor Electricity Saving System)

CESS는 유효전력절전시스템이다. CESS 절전기는 전압(V) 강하 없이, 전력효율개선 기능으로 약 6~15% 이상의 전기요금을 절약할 수 있다.

또한 레저 및 캠핑용 CESS 절전기로도 사용된다.

- 출력 : 3kWh DC10~100V/25~50A
- 입력 : AC 110~220V
- 크기 : 350mm×130mm×90mm
- 무게 : 2.5kg

사진 3.2 다용도용 CESS의 실물과 사용 스펙(정격)

사진 3.2는 다용도용 CESS의 실물과 사용 스펙(정격)이다.

③ 슈퍼커패시터 전용 충전기

사진 3.3은 슈퍼커패시터 전용 충전기의 실물과 사용 스펙(정격)이다.

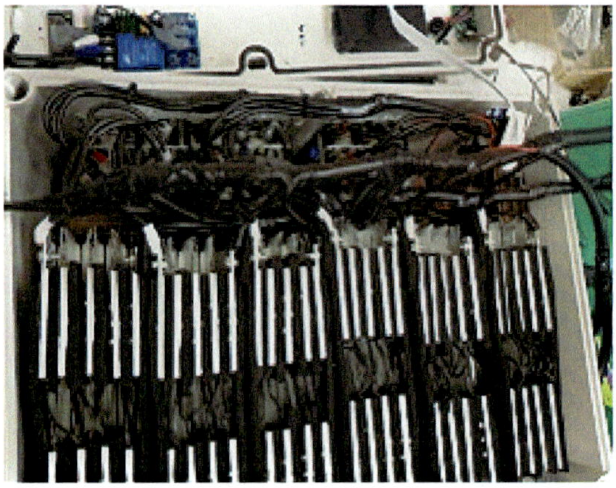

- 출력 : 3.6kWh 12V/150A
- 입력 : 10~60V/40A
- 충전 : 태양광 전용 충전기
- 크기 : 420mm×320mm×180mm
- 무게 : 24.3kg

사진 3.3 슈퍼커패시터 전용 충전기의 실물과 사용 스펙(정격)

(5) 리튬이온배터리와 슈퍼커패시터의 스펙(Spec.) 비교

표 3.1은 리튬이온 배터리와 슈퍼커패시터의 스펙(Spec.)을 비교한 표이다.

표 3.1 리튬이온 배터리와 슈퍼커패시터의 스펙(Spec.) 비교

구 분	리튬이온계	전고체배터리	Solid Metal Battery(BK동영)	비교우위
수명	1,000cycle	2,000cycle	20,000cycle	충방전 수명 높음
방전 심도	30~40%	60%	80%	효율 높음
사용온도	0~30℃	-20℃~60℃	-40℃~70℃	극한 고온 사용
자기방전율	5% 이내/월	5% 이내/월	0%/월	성능 저하 요인 없음
에너지밀도	260Wh/kg	380Wh/kg	400Wh/kg	리튬이온 대체 가능
전압 최고치	3.7V~4.0V	3.7V~4.0V	2.7V~4.25V	높음(다양성의 구현 가능)
충방전 속도	1~10C	1~10C	1~20C	충방전 속도 높음
사용용도	메인 배터리	메인 배터리	메인 배터리	메인 배터리로 사용
안정성	불안정	좋음	아주 좋음	충방전시 발열 없음
물성의 재활용도	불가능	불가능	사용 가능	재활용 가능(전해질로 인한 화학반응 없음)
외부충격	불안정	좋음	아주 좋음	+, -간극간 불연성 비닐 적용으로 충격시 화재, 폭발성 없음

그림 3.1은 리튬이온 배터리와 슈퍼커패시터의 특징을 비교한 것이다.

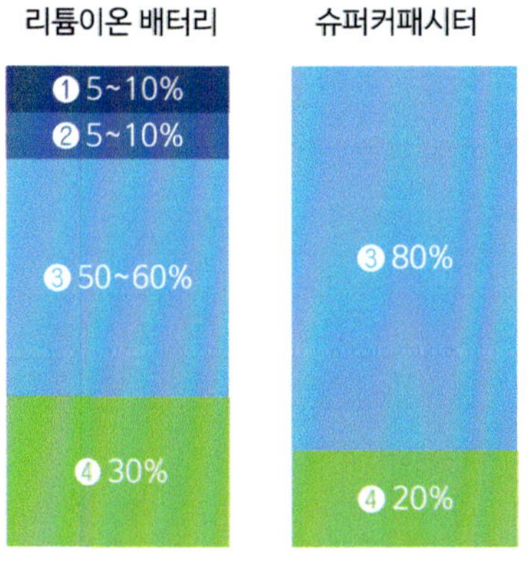

구 분	타 사	슈퍼커패시터
①	출고시 사용 불가량	없음
②	사용중 효율저하 감쇠량	없음
③	실사용 가능량	실사용 가능량
④	충전을 위한 잔류량	충전을 위한 잔류량

그림 3.1 리튬이온 배터리와 슈퍼커패시터의 특징 비교

표 3.2는 납산, 니켈카드뮴 배터리와 슈퍼커패시터의 특성을 비교한 표이다.

표 3.2 배터리의 전기저장장치별 비교

구 분	납	니켈카드뮴	슈퍼커패시터
출력밀도(W/kg)	100~300	100~160	10~300
에너지 밀도(Wh/kg)	40~45	45~53(메모리 효과 존재)	2~4(15~40)
방전 심도(%)	50~70	80~100	94~100
사이클 수명	300~1,000	300~500	10,000~
충전 효율(%)	<82	<0.72	<0.95
잔량 계측	어려움(<30%)	어려움(<25%)	쉬움(<10%)
충전 시간	5~10시간	15분~8시간	3~30분
밀폐 정도	대형은 어려움	밀폐 일부 가능	완전 밀폐
제조비용	저가	고가	저가
환경성	회수로 가능	카드뮴	재료 무공해

〈자료 : MCNET, 슈퍼커패시터, 한국과학기술정보연구원〉

표 3.3은 슈퍼커패시터의 용도별로 시장을 상세하게 분류한 내용을 보여준다.

표 3.3 슈퍼커패시터의 용도별 시장의 상세 분류

<table>
<tr><th>대분류</th><th>중분류</th><th>응용제품</th></tr>
<tr><td rowspan="7">가정용
전자기기</td><td>통신기기</td><td>이동전화, 스마트폰, 유선전화, 공중전화</td></tr>
<tr><td>디지털 카메라</td><td>디지털 카메라, 캠코더</td></tr>
<tr><td>TV</td><td>TV</td></tr>
<tr><td>가전</td><td>주방기기, 냉장고, 에어컨, 전자레인지, 세탁기</td></tr>
<tr><td>AV</td><td>오디오, VCR, DVD 플레이어, CD 플레이어, 광학 플레이어</td></tr>
<tr><td>컴퓨터</td><td>PC, 노트북, 태블릿 PC</td></tr>
<tr><td>사무기기 및 기타</td><td>복사기, 프린터</td></tr>
<tr><td rowspan="6">수송용</td><td>영업용 차량</td><td>점프 케이블 스타터, ABS, 엔진 cranking, 중장비 차량, 트롤리버스</td></tr>
<tr><td>자동차</td><td>ISG(Idle Stop & Go), VSS, 배기가스 촉매가열보조</td></tr>
<tr><td>클린 자동차</td><td>HEV, PHEV, BEV, FCEV, FC 버스</td></tr>
<tr><td>열차</td><td>지하철, 트램, 모노레일</td></tr>
<tr><td>비행기</td><td>비상 도어 개폐 장치</td></tr>
<tr><td>가젯, 자동차 부품</td><td>하이패스, 블랙박스, 파워 윈도우, 자동차 오디오</td></tr>
<tr><td rowspan="9">산업용</td><td>툴</td><td>전동 스크류, 절단기, 드라이버</td></tr>
<tr><td>기계와 로봇</td><td>산업용 PC, 로봇, 용접 기계, oil/gad well drilling</td></tr>
<tr><td>도로</td><td>도로 조명, 자발광식 솔라 도로표식 등</td></tr>
<tr><td>빌딩</td><td>엘리베이터, 비상구</td></tr>
<tr><td>이동장치</td><td>크레인, 타워 크레인, 지게차</td></tr>
<tr><td>통신장치</td><td>통신 중계기</td></tr>
<tr><td>스마트 미터</td><td>AMI/AMR</td></tr>
<tr><td>군사용</td><td>탱크, 포, 미사일 발사대, 군용 무전기, 신형 개인화기</td></tr>
<tr><td>기타</td><td>CATV, 의료기, 태양광 시계, 완구, 온수기, 해상부표</td></tr>
<tr><td rowspan="2">에너지</td><td>재생 에너지</td><td>태양광, 풍력, 부하 레벨링, 피치 제어</td></tr>
<tr><td>ESS</td><td>순시전압강하, UPS, DVT, 파워 백신</td></tr>
</table>

(6) 슈퍼커패시터의 용도에 대한 사례연구

사진 3.4는 다양한 용도에 슈퍼커패시터가 사용되고 있는 사례에 대한 사진이다. 위의 표 3.3에서 나타낸 바와 같이 전동화 모빌리티(motor driven mobility, 모터로 구동되는 이동수단 즉, 이차전지(배터리)를 사용하는 전기차량을 총칭한다)인 전기차, 전기바이크(전기오토바이, e-bike, e-motorcycle), 드론, 고속열차와 신재생에너지 발전원 태양광, 풍력과 이를 이용한 태양광 가로등을 비롯한 로봇 구동용 배터리 등으로 광범위하게 슈퍼커패시터가 사용되고 있음을 보여준다. 그만큼 차세대 이차전지로의 슈퍼커패시터의 위상과 사용범위가 넓어지고 있다.

사진 3.4 다양한 용도에 슈퍼커패시터가 사용되고 있는 사례

사진 3.5는 특히 태양광 가로등 산업, 이바이크(e-bike)로 대표되는 모터바이크(모터구동 바이크) 산업, 소비자 가전산업에 있어서의 스마트 디바이스(smart device, 스마트 기기)에 사용되는 슈퍼커패시터 사용 예시와 그 특징을 간략하게 설명한다.

태양광 가로등 사업	모터바이크 Solid Metal 배터리 사업	스마트 디바이스 Solid Metal 배터리 사업

① 에너지 저장장치로 이차전지가 아닌 Solid Metal Battery 사용 ② 보조전원 불필요, 전력 사용 감소효과를 통한 원가 절감 ③ 극저온, 초고온 사용 가능	① 재생브레이크를 사용한 에너지 리커버리(충전) 가능 ② 방전효율 증대로 인한 주행거리 증가 ③ 탄소가스 배출 감소	① 고온 안정성으로 폭발, 화재 위험 무(無) ② 신속충전, 방전효율성 증대로 사용 시간 증가 ③ 이차전지 대비 10배 수명

사진 3.5 슈퍼커패시터 사용 예시와 특징

① 슈퍼커패시터 태양광 가로등

사진 3.6은 슈퍼커패시터를 주전원으로 사용하는 태양광 가로등이다. 배터리가 전혀 필요 없고,

설치비가 저렴하면서도 10년 이상의 수명을 유지할 수 있다. 그리고 슈퍼커패시터는 전기소자이므로 교환이 쉽고 또한 추가비용이 없다는 등의 장점이 있다.

(a) 슈퍼커패시터 태양광 가로등의 특징(장점)

(b) 슈퍼커패시터 태양광 가로등 설치 모습

사진 3.6 슈퍼커패시터 태양광 가로등 특징(장점)과 설치 모습

다음의 표 3.4는 슈퍼커패시터 태양광 가로등 및 보안등에 최적화된 CESS(Cosmotor Electricity Saving System, 유효전력절전시스템 또는 절전기)를 적용해 전력효율개선으로 전기요금을 절약할

수 있는 친환경에너지 발전에 아주 적합하다는 특징과 내용을 보여준다.

표 3.4 최적화된 CESS를 적용한 슈퍼커패시터 태양광 가로등 및 보안등의 특징

완전 독립형	계통 연계 없이 태양광 발전으로만 유지되는 완전 독립형 제품으로 전기요금 발생 전혀 없음.
최소 10년 사용	충 · 방전 가능 횟수 500,000회 이상으로 최소 10년 이상 사용 가능한 장수명 배터리
어떠한 날씨에도 충전 가능	급속 충전이 가능하고 미소전류에도 충전이 가능하여 일기가 불량한 경우에도 충전 가능
온도 영향 없음	–40~80℃에서 사용 가능한 배터리 시스템으로 고온 및 한파에도 완벽한 성능 구현
LED 수명 50,000시간	완벽한 발열 제어 시스템으로(30℃ 이하 유지) LED 장수명 구현
초 고휘도 구현	발열을 제어함으로써 공급되는 전기에너지 대부분을 빛 에너지로 전환할 수 있어 전력 사용량 대비 최고 광원 구현 ▶ 140Lm/W 이상
친환경 시스템	CESS의 주된 소재는 그래핀으로 현존하는 배터리 중 가장 친환경적 제품이며, 장수명 제품으로 교체에 따른 2차 환경 오염 최소화
플리커(Flicker) 현상 없음	디스플레이 또는 조명에서 빛의 밝기가 계속 변하면서 깜빡이는 현상이 없음

표 3.5는 위의 표 3.4에서 나타낸 최적화된 CESS를 적용한 슈퍼커패시터 태양광 가로등 및 보안등의 스펙(spec., 사양)을 나타낸다. 전원이 필요 없는(무전원) 태양광 발전을 이용한 가로등 시스템이다.

표 3.5 무전원 태양광 가로등 시스템의 스펙(spec., 사양)

태양광 판넬	200Wh×2EA
LED 가로등	125W
등주높이	8m
배터리	신재생 Solid Metal Battery 2,772Wh(600mm×735mm×265mm)
설치형태	무전원 독립형으로 자체가동(10년)
전원 ON/OFF	독립 자동 ON/OFF(일출시 자동 OFF/일몰시 자동 ON), 최대 10h~12h 사용가능

※리튬배터리는 비오는 날씨나 먹구름 등으로 충전이 불가하여 한전의 전력을 별도로 사용하여야 하나 본 제품은 별도 전원이 없이 독립형으로 365일 사용이 가능함.

사진 3.7은 앞에서 설명한 전원이 필요없는(무전원) 태양광 발전을 이용한 가로등 시스템의 실지된 전체 구조와 핵심구성기기를 비롯해 제품의 특징을 보여준다. 기존의 전선(cable)이 있는 전원공급형 태양광 가로등과 전선이 전혀 없는 무전원 태양광 가로등과의 비교이다.

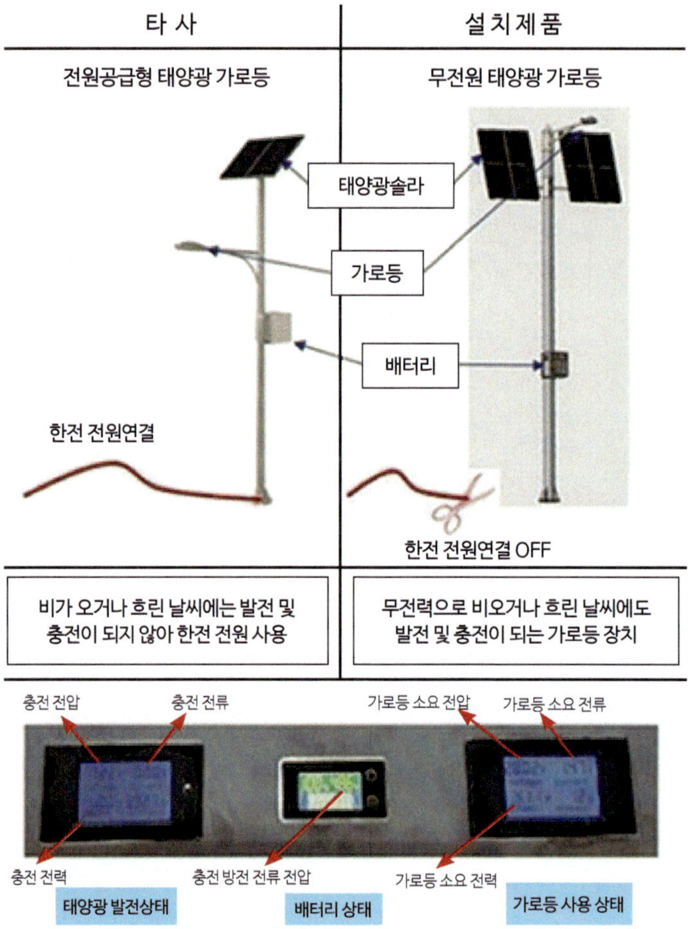

(a) 기존 전원공급형 태양광 가로등과 무전원 태양광 가로등과의 설치 비교

(b) 무전원 태양광 가로등 시스템의 핵심구성기기

사진 3.7 무전원 태양광 가로등 시스템의 전체 구조와 핵심구성기기

② 슈퍼커패시터 전기스쿠터(전동스쿠터)

스쿠터(scooter)는 소형 오토바이의 한 종류로 엔진을 좌석 밑에 장치하고 의자(seat)에 앉아 앞쪽에 발판(floorboard, 플로어보드)을 두어 두 다리를 모으고 운전할 수 있는 오토바이이다. 일반적으로 스쿠터(scooter)는 변속기어가 없는 소형 이륜차의 일종이다. 일반 내연기관 스쿠터와 달리 전기스쿠터(electric scooter)는 두 개 혹은 세 개의 바퀴를 가지고 전기로 작동하는 모터가 구동시키는 스쿠터로 전동스쿠터라고도 한다.

㉮ 전기스쿠터 제품 및 스펙(Spec.)

사진 3.8은 배터리로 슈퍼커패시터가 사용된 전기스쿠터(전동스쿠터)의 실물이다. 공장 내부에서 주행 테스트를 하는 모습을 보여준다.

사진 3.8 슈퍼커패시터가 사용된 전기스쿠터(전동스쿠터)

스펙(spec., 사양)은 다음과 같다.

- 출력 : 1.2kW
- 파워팩 : 800Wh
- 시속 : 50km
- 운행 : 50min
- 무게 : 9.5kg
- 충전시간 : 9min

사진 3.9는 배터리로 슈퍼커패시터가 사용된 또 다른 전기스쿠터(전동스쿠터)의 실물이다.

도로에서 주행 테스트를 하는 모습을 보여준다.

(a) 슈퍼커패시터가 실장된 전기스쿠터(전동스쿠터)　　(b) 도로 주행 테스트 모습

사진 3.9 슈퍼커패시터가 사용된 전기스쿠터(전동스쿠터)와 주행 테스트

스펙(spec., 사양)은 다음과 같다.

- 충전시간 : 10분
- 출력(power) : 150Wh 72V/25A
- 운행시속 : 30km
- 운행시간 : 25min

㉯ 전기스쿠터 시장의 폭발적 팽창

시장조사기관 카운터포인트리서치(Counterpoint Research)는 '독일 연방환경청 연구에 따르면 도시에서 전기스쿠터와 같은 경전기 이동수단이 자동차보다 10km 더 빠른 속도를 보였다. 도시화 가속화로 차량 수가 증가하고 교통 정체로 인해 운송비용과 환경오염이 증가하는데 따른 대안으로 전기스쿠터 시장이 꾸준히 성장해 2025년 300억 달러 이상 규모로 확대될 것이다'라고 전기스쿠터 시장을 전망했다.

또 다른 시장조사업체 360마켓업데이터는 전기스쿠터용 배터리 시장은 2024년까지 38억 달러 이상 규모로 확대될 전망이라고 예상했다.

그림 3.2는 앞에서 설명한 전기스쿠터 시장과 배터리 시장 규모에 대한 전망을 요약해 나타낸 것이다.

그림 3.2 전기스쿠터와 전기스쿠터 배터리 시장 규모의 전망

③ 슈퍼커패시터 보조 배터리

더 이상 스마트폰 자체의 내재된 배터리로는 고기능 · 대용량화된 특히 최근에 AI(Artificial Intelligence, 인공지능)가 탑재된 초기능까지의 첨단 스마트폰의 전기적 용량(전력)을 감당하기 어렵다. 따라서 휴대하기 쉬운 안전한 대용량의 보조 배터리가 필요하다. 스마트폰을 비롯한 다양한 휴대기기(portable device)는 고기능 · 고용량화로 인해 엄청난 데이터와 정보가 저장되어 있고 다양한 서비스 등으로 전력 소모가 많아져 보조 전원공급 매체가 필요하다. 따라서 대용량 전원공급의 필요성이 점차 증가하는 추세이므로, 슈퍼커패시터 보조 배터리를 활용하면 급속 충전, 긴 수명, 내구성 등의 장점 등이 보조 배터리로서 제품의 핵심 경쟁력이 될 것이다.

그림 3.3은 슈퍼커패시터를 사용한 보조 배터리의 모습과 특징을 보여준다.

(a) 슈퍼커패시터를 사용한 보조 배터리의 특징

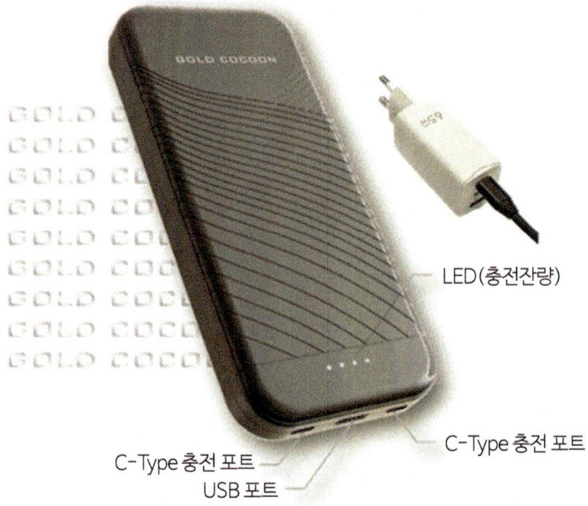

(b) 슈퍼커패시터를 사용한 보조 배터리의 모습

그림 3.3 슈퍼커패시터를 사용한 보조 배터리의 특징과 모습

또한 다음과 같은 용도로 사용이 가능하며, 그 용도는 계속해서 확대될 것이다.

- 방송 카메라 파워뱅크
- 휴대폰 보조 파워뱅크
- 레저용 비상전원
- 바이크용 랜턴(전등)
- 산악캠핑용 파워
- 해상레저 낚시용 전등
- 현재 및 미래의 IT 기기

파워뱅크(Power bank)

파워뱅크(power bank)는 휴대할 수 있는 배터리로 일명 보조배터리라고 한다. 주로 스마트폰 등을 비롯한 보통 휴대용 기기(portable device)의 충전에 쓰인다. 보조배터리(power bank, 파워뱅크) 또는 외장 배터리 팩(external battery pack)이란 대용량 리튬이온 배터리가 내장된 장치로써, 다른 디바이스를 충전하거나 비상전원으로 이용한다. 최근에 대용량 리튬이온 배터리 대신 슈퍼커패시터를 사용하는 파워뱅크 보조배터리가 출시되고 있다.

전기자동차의 보급을 기점으로 해서 대용량 배터리에 대한 관심과 관련 시장이 급성장하고 있다. 특히 휴대성이 용이한 스마트 기기의 배터리 수요는 치열한 경쟁으로 시장이 가열되고 있는 상황이다.

그림 3.4는 이차전지 및 전기차 산업 전문분석기관인 SNE리서치가 분석한 글로벌 배터리시장에 대한 전망을 나타낸 그래프이다. 그리고 5G 망서비스를 이용하는 5G 스마트폰 사용 고객들의 불편한 점으로, 개선을 기대하고자 지적한 사항을 크게 5가지로 분류했는데, 가장 중요한 문제점으로는 배터리의 빠른 소모량, 발열문제와 다음으로 성능과 안정성을 꼽았다.

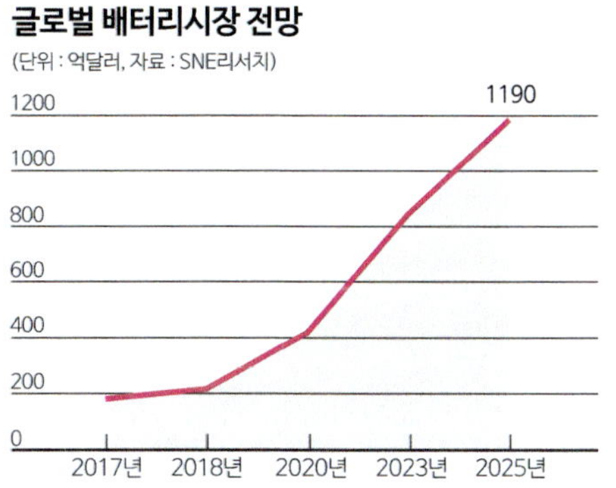

(a) 글로벌 배터리시장 전망

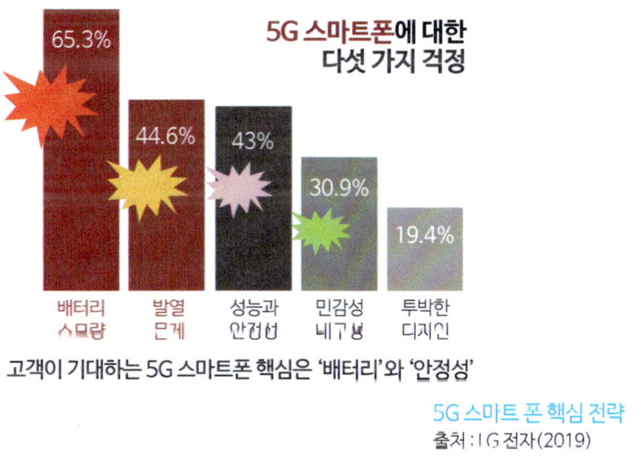

(b) 5G 스마트폰 사용 시 고객이 개선을 요구하는 사항(문제점)

그림 3.4 글로벌 배터리시장에 대한 전망과 스마트폰 사용 시 고객이 지적한 문제점

사진 3.10은 보조배터리로 슈퍼커패시터를 사용하는 휴대용 디바이스(device, 기기)의 종류를 나타낸 것이다.

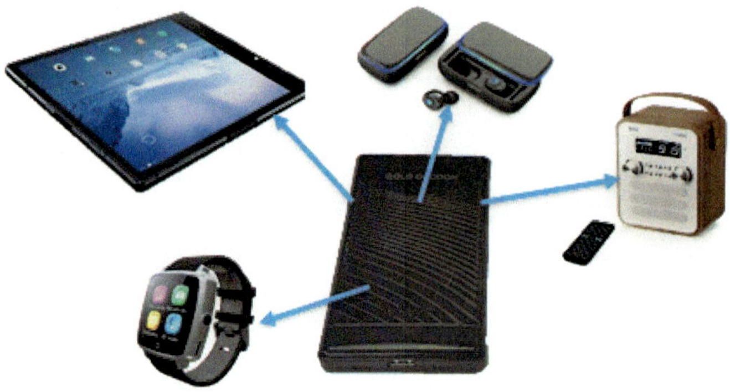

사진 3.10 슈퍼커패시터를 보조배터리로 사용하는 휴대용 디바이스

표 3.6은 휴대용 디바이스의 슈퍼커패시터 보조배터리의 상세스펙과 특징을 나타낸다. 주요 용도는 휴대용 통신기기의 충전장치 및 이동용 파워뱅크(power bank)로 사용되고 있다.

표 3.6 휴대용 디바이스의 슈퍼커패시터 보조배터리의 상세스펙과 특징

제품명	PowerC(파워크)	
모델명	UP(Ultra Power)	
용 량	20Wh(Power Capacitor)	
입 력	USB C-Type(호환)	19V 3.5A
출 력	USB C-Type	5V3A, 9V3A, 12V3A, 15V3A, 20V3A, 20V5A
	USB A-Type	5V2A
크 기	160×75×18mm	
색 상	골드, 실버, 화이트, 블루, 블랙	
무 게	225g	
성 능	충전속도	80% 5분, 100% 20분
	수명	10년
	충/방전횟수	20,000회 이상
	내구성	방치 후에도 성능과 수명에 변함없이 재충전 가능
용 도	휴대형 통신기(Smart Phone, Smart Watch) 충전장치 무선 Earphone, Bluetooth 통신(음향)기기 등 소형가전 제품 충전장치 휴대형 PC(Notebook, Tablet) 충전장치 이동용 파워뱅크	

④ 다양한 용도의 슈퍼커패시터 배터리

사진 3.11에서 보여주는 바와 같이 등산, 낚시, 여행, 캠핑 등의 레저를 비롯한 휴대폰 충전, 램프 · 조명, 예초기 · 제초기, 자전거 라이딩, CCTV, 방송장비, 야외용 앰프 등의 충전장치로 슈퍼커패시터 배터리가 사용된다. 자동차, 농사용 기계, 골프카, 요트, 선박 등을 비롯한 태양광 충전, 무정

전 전원장치(UPS, Uninterruptible Power Supply 시스템으로 넓게 보면 전원공급장치의 일종이다) 등 그 사용 용도는 계속 확대되고 있다.

- 전기포터 3분만 100℃로
- 3분 만에 펄펄 끓여서~
- 컵라면 5회 이상, 커피를 10컵 이상

- 오토캠핑
- 여유로운 여가와 여행을 위한 필수 장비

- 안전하고 즐거운 여행과 레저
- 어떤 장소/사계절에도 여러분의 휴식과 편리를 도모

- 강력한 모터 파워
- 모터의 파워는 배터리의 힘
- 강력한 파워 커패시터로 강력한 토크를 발생

- 산 정상에서
- 따뜻한 커피와 피로를 Power X

- 야외공원
- 이동성이 용이한 파워로 앰프의 파워를 공급

사진 3.11 슈퍼커패시터 배터리의 다양한 용도

사진 3.12는 캠핑용 슈퍼커패시터 배터리의 실물, 주요 기능과 구성요소 그리고 특징을 설명한 것이다.

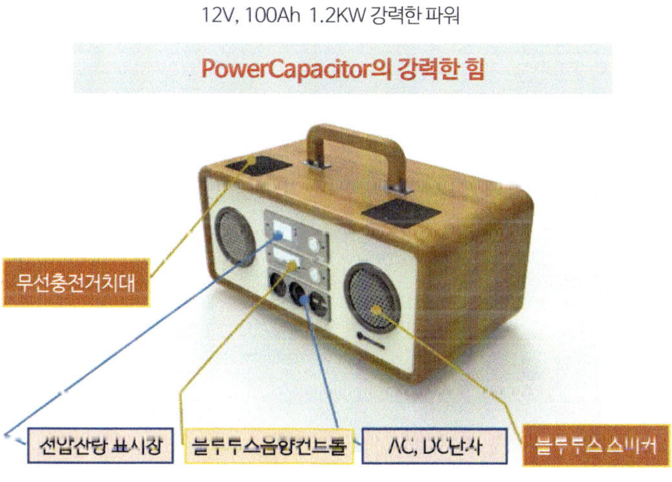

(a) 캠핑용 슈퍼커패시터 배터리의 실물, 주요 기능과 구성요소

"Power Capacitor"의 강력한 파워

〈"30분"의 초급속 충전〉 기다릴 필요가 없다

종지전압까지 살아 있는 파워

20년 이상의 수명으로 지구 환경을 살린다

20,000번 이상의 충전 방전

-40℃~+80℃에서도 사용할 수 있는 배터리

자동차 스타트의 강력한 힘

경량무게로 이동성 여행이 편리하다

콤팩트 사이즈

(b) 캠핌용 슈퍼커패시터 배터리의 특징

사진 3.12 캠핌용 슈퍼커패시터 배터리의 주요 기능과 구성요소 그리고 특징

⑤ 버스정류장 냉·온열 의자(Seat, 시트)에의 슈퍼커패시터 배터리 적용

축전기 및 충전장치로의 슈퍼커패시터 배터리가 사용되는 용도로 버스정류장 냉·온열 의자(seat, 시트)로도 사용될 수 있다는 것이다.

이는 특히 더운 여름에는 자동차의 냉온 시트, 추운 겨울에는 온열 시트처럼 아주 효과가 클 것으로 기대한다. 그리고 그 용도는 다음 그림 3.5와 같이 모든 실내·외 공간 및 장소를 불문하고 냉온열 의자로 사용이 확장될 수 있다.

그림 3.5는 슈퍼커패시터 배터리를 냉·온열 의자에 적용하는 용도, 특징을 나타내고 사진 3.13은 슈퍼커패시터 배터리를 버스정류장의 냉·온열 의자에 적용 시의 이미지를 보여주는 한 예이다.

지방자치단체 버스정류장 설치

공원벤치, 학교벤치, 운동장 설치

(a) 슈퍼커패시터 배터리의 냉온열 의자로의 용도

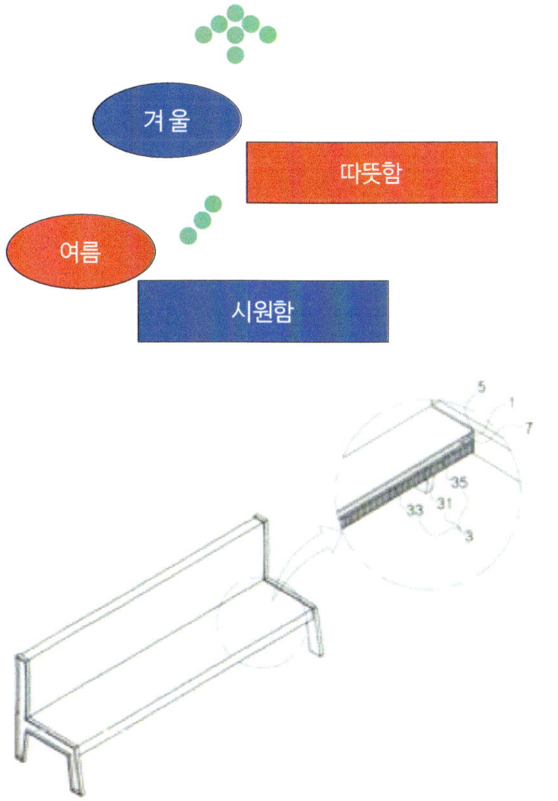

(b) 슈퍼커패시터 배터리를 적용한 냉 · 온열 의자의 특징과 기술의 구성

그림 3.5 슈퍼커패시터 배터리를 냉 · 온열 의자에 적용하는 용도, 특징 그리고 기술의 구성

(a) 사용자의 반응

(b) 슈퍼커패시터 배터리 내장 냉온열 의자

사진 3.13 슈퍼커패시터 배터리를 버스정류장의 냉온열 의자에 적용 시의 이미지

02 슈퍼커패시터 원리

1) EDLC(Electric Double Layer Capacitor)의 원리와 특징

(1) EDLC의 원리

전기 이중층 커패시터(Electric Double Layer Capacitor, EDLC)는 전기 이중층이라는 물리현상을 이용하는 것으로, 축전효율이 현저하게 증가한 콘덴서(커패시터)이다.

미국에서는 주로 슈퍼커패시터를 '울트라 커패시터(Ultra Capacitor)'로 부른다. 또한 전기화학 커패시터라고 불리는 슈퍼커패시터는 EDLC의 원리를 이용하는데, EDLC는 전극 표면과 전해질 사이의 계면에서 생성되는 전기 이중층을 사용하여 전기에너지를 저장한다.

전해액-전극계면에서 전해액 중의 이온과 전극 중에 전기 캐리어(carrier, 전자 또는 홀)가 서로 붙는 모습으로 정렬하는 현상(전기 이중층)을 사용하여 축전하는 콘덴서(condenser)이다.

이온과 전기 캐리어가 서로 분리된 부분(나노 레벨의 거리)이 유전체에 해당한다. 전기 이중층 콘덴서의 정전용량은 전극의 표면적에 비례하며, 전극 간의 거리에는 반비례한다. 따라서 매우 큰 정전용량을 제공할 수 있다.

(2) EDLC의 특징

EDLC의 특징으로는 다음과 같다.

① 환경 친화적인 활성탄 전극을 사용한다.

② 기존 전해콘덴서(electrolytic condenser, 전해액을 판의 하나로 사용하여 다른 유형보다 단위

체적 당 커패시턴스를 크게 하는 콘덴서)에 비해 높은 에너지밀도를 제공한다.

③ 리튬이온 이차전지에 비해 높은 출력밀도, 높은 충 · 방전효율을 가진다.

④ 화학반응이 아닌 물리적 흡 · 탈착에 의해 빠른 충전 및 방전이 가능하고, 긴 수명 사이클(cycle) 특성을 가지고 있다.

그림 3.6은 슈퍼커패시터의 구조와 축전 원리를 보여주고 있다.

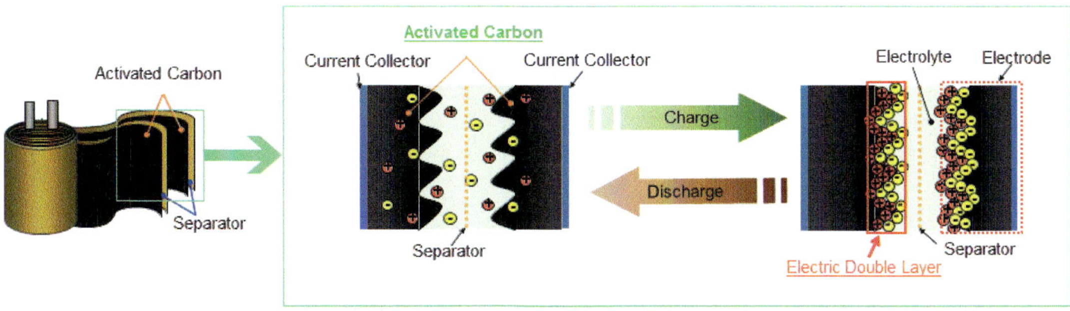

그림 3.6 슈퍼커패시터의 구조와 축전 원리

2) 슈퍼커패시터의 종류

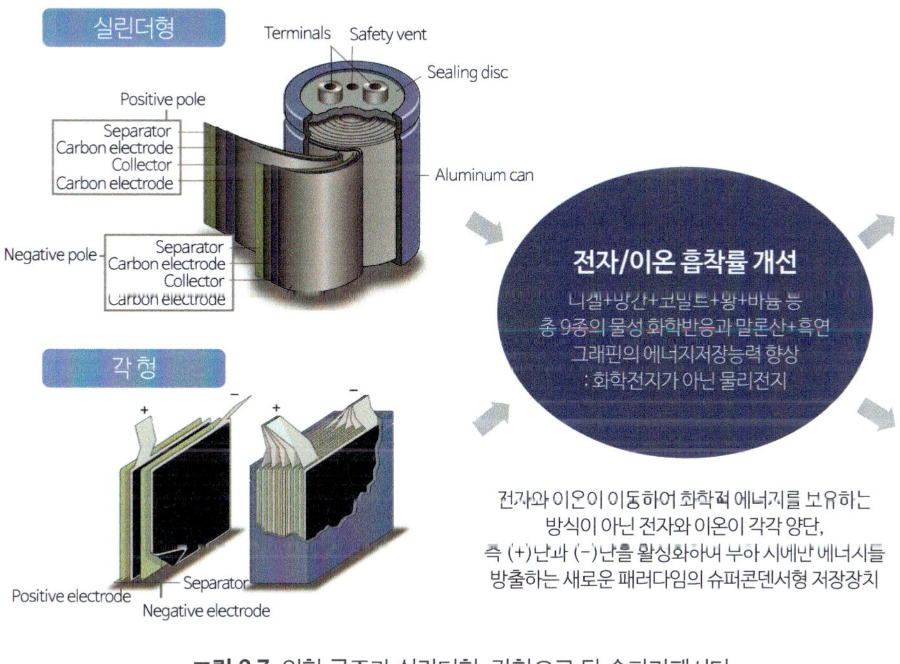

그림 3.7 외형 구조가 실린더형, 각형으로 된 슈퍼커패시터

슈퍼커패시터의 종류는 크게 그림 3.7과 같이 외형 구조가 실린더형, 각형으로 된 2종류가 있다.

슈퍼커패시터에 사용되는 주원료는 그래핀(graphene)이라는 활성탄(활성탄소)을 주로 사용하고 있다. 활성탄을 사용함으로써 매우 친환경적이며, 수명이 매우 길고, 수 만에서 수 백만까지의 충·방전이 가능하다는 것이 슈퍼커패시터의 큰 장점이다.

슈퍼커패시터의 특성을 개선시키는 방법으로 한 예를 들면, 그림 3.8에서 제시하는 바와 같이 활성탄(활성탄소)의 전극 표면적의 구조개선을 통한 차별화된 방법으로 특성을 향상시키는 기술 등이 특허로 출원되고 있다.

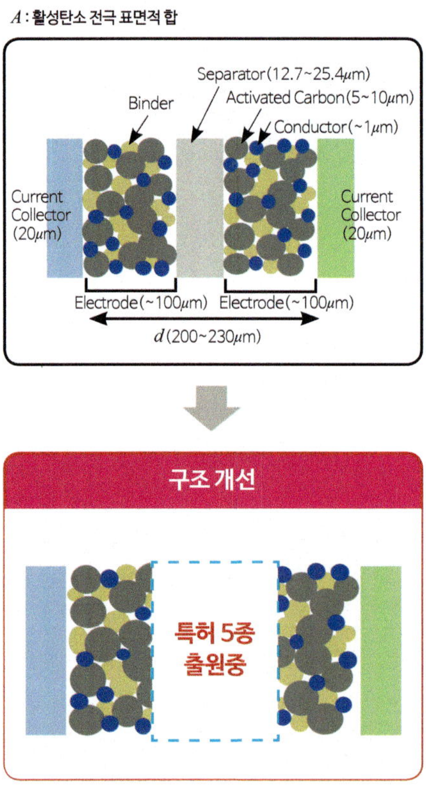

그림 3.8 활성탄(활성탄소) 전극 표면적의 구조개선을 통한 특성향상기술

3) 슈퍼커패시터의 특성 비교

(1) 슈퍼커패시터 특성

표 3.7은 전기소자로 일반적으로 널리 사용되고 있는 전해 콘덴서(electrolytic condenser) 또는 전해 커패시터(electrolytic capacitor)와 EDLC(Electric Double Layer Capacitor, 전기 이중층 커패시터 : 전기 이중층 현상을 이용하여 전하의 흡·탈착 반응으로 전기에너지를 저장하는 커패시터) 원

리를 이용한 슈퍼커패시터 그리고 리튬이온 이차전지로 대표되는 재충전 배터리와의 특성을 비교한 것이다.

표 3.7 전해 커패시터, EDLC 원리를 이용한 슈퍼커패시터와 재충전 배터리의 특성 비교

구 분	Electrolyte Capacitor	Green-Cap(EDLC)	Rechargeable Battery
방전 시간	10^{-6}~10^{-3}sec	1~30sec	0.3~4hrs
충전 시간	10^{-6}~10^{-3}sec	sec~min	0.5~5hrs
동작 온도	-40℃~125℃	-40℃~85℃	-20℃~60℃
에너지 밀도(Wh/kg)	<0.1	1~15	30~100
출력 밀도(W/kg)	>10,000	1,000~4,000	50~2,000
충방전 효율	~1.0	0.9~0.95	0.7~0.85
충방전 횟수	Infinite	>500,000	500~2,000
방전 그래프	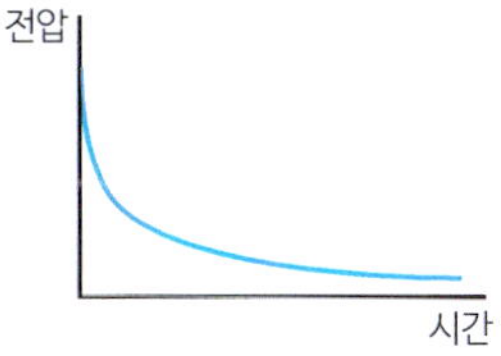	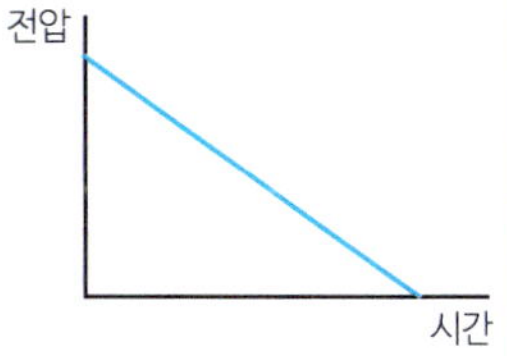	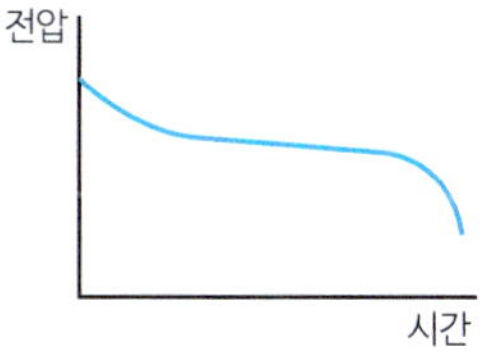

(2) 슈퍼커패시터 적용

표 3.8은 EDLC 원리를 이용한 슈퍼커패시터가 적용되는 산업분야와 세부 용도(제품)별 기능을 정리한 내용이다. 최근 슈퍼커패시터 배터리를 순수 전기자동차(EV, Electric Vehicle)에 적용하려는 연구개발이 한창 진행되고 있다. 그러나 현재 기술수준은 전기자동차의 중간 단계인 마일드 하이브리드 자동차(MHEV, Mild Hybrid Electric Vehicle)에 리튬이온 이차전지(배터리)와 초고용량 슈퍼커패시터를 결합한 하이브리드 형태 수준으로, 하이브리드 자동차의 보조동력으로 사용하고자 슈퍼커패시터의 성능을 향상시키고자 하는 초고용량 · 고밀도 슈퍼커패시터를 기술개발 중이다. 앞으로 새로운 기술이 적용돼 몇 년 안에 성능평가, 검증과 충분한 현장시험(필드테스트, field test) 등을 거쳐 상용화될 것이다.

마일드 하이브리드 자동치(MHEV, Mild Hybrid Electric Vehicle)는 주행 시 내연기관 엔진을 사용하고, 출발과 저속주행 시에만 부분적으로 전기모터를 사용하여 엔진을 보조하는 방식의 하이브리드 자동차이다. 플러그인 하이브리드 자동차(PHEV) 등 다른 하이브리드 자동차에 비해 전기모터 사용 비중이 상대적으로 작고, 엔진 사용 비중이 훨씬 크다.

마일드 하이브리드(Mild Hybrid) 또는 준하이브리드(準 Hybrid) 자동차라고도 한다. 48V(볼트) 전압시스템을 사용하기 때문에 48V 하이브리드 자동차(48V Hybrid Vehicle)라고도 불린다.

표 3.8 슈퍼커패시터의 적용분야와 제품별 기능 〈출처 : 삼화콘덴서〉

Section	Applied Product	Function				Compatible SAMWHA Series
		Peak Power Assist	Power Backup	Energy Regeneration	Battery Replacement	
Industrial	UPS/VSP		●		●	DB, DA, DH, DM
	Smart Meter	●	●			DS, DJ, DM
	Escalator/Fork Lift	●		●		DH, DV, DM
	Elevator		●	●		DH, DV, DM
	AGV				●	DH, DV, DM
Renewable Energy	Wind Power Pitch Control		●		●	DB, DA, DM
	Solar Street Lamp				●	DH, DV, DM
Automotive	Subway	●	●	●		DH, DV, DM
	Tram	●	●	●		DH, DV, DM
	Diesel Locomotive		●		●	DH, DV, DM
	Hybrid Bus	●	●	●		DH, DV, DM
	Mild HEV	●	●	●		DH, DV, DM
	Electricity Bike/Golf Cart	●	●	●		DB, DA, DM
	ISG(Idle Stop & GO)			●		DH, DV, DM
	X-by-Wire		●			DB, DA, DM
	Battery performance enhancement	●				DB, DA, DM
Medical Appliances	X-Ray	●				DB, DA, DM

(3) 슈퍼커패시터 미래

슈퍼커패시터, 배터리를 능가할 수 있을까?

현재 가장 많이 사용되고 있는 전극 소재는 활성탄이다. 활성탄의 비표면적은 약 3,000m^2/g 수준이다. 전도성을 유지 또는 향상하면서 비표면적도 높이기 위해 탄소 기반 소재인 탄소나노튜브(CNT, Carbon nanotube)나 그래핀(graphene)이 새롭게 적용되고 있다. 국내에서는 기초과학연구원 나노구조물리연구단 이영희 교수 연구팀이 그래핀 층 사이에 탄소나노튜브를 수직으로 세우는 배열을 통해 기공을 형성하여 흡착 비표면적을 넓히는 연구를 수행한 바 있으며, 중국에서는 그래핀을 3차원으로 형성해 비표면적을 넓히는 연구가 활발하게 이뤄지고 있다.

최근 주목받고 있는 소재는 금속유기골격체(MOF, Metal Organic Framework)이다. 이론적으로 비표면적이 14,600m^2/g에 달하는데다가, 구조적으로 기공이 매우 규칙적이어서 흡착밀도를 극도로 높일 수 있기 때문이다.

탄소기반 소재 대비 전도성이 다소 떨어진다는 단점이 있기는 하지만, 기술적으로 해결을 한다면 슈퍼커패시터의 용량 문제를 해결할 수 있는 차세대 소재가 될 것으로 기대를 모으고 있다. 이 분야에서는 한국에너지기술연구원 김현욱 박사 연구팀이 두각을 나타내고 있다. MOF 구조설계와 열분해 처리를 통해 전도성을 높이면서 리튬이온 전지에 준하는 높은 에너지 저장용량을 구현한 바 있다.

한편 한국재료연구원(KIMS) 김태훈 박사팀은 인하대 양승재 교수팀과 함께 탄소나노튜브 섬유를 이용해 2022년 세계 최초로 고강도 섬유형 슈퍼커패시터를 개발했다.

03 슈퍼커패시터의 적용 사례

1) 슈퍼커패시터 시제품(전동휠체어)

사진 3.14에서 보여주는 배터리는 슈퍼커패시터 배터리로 제작한 시제품이다.

사진 (a)의 3가지 제품은 각형, 원통형 슈퍼커패시터와 원통형 슈퍼커패시터로 조립된 배터리팩 샘플이고, (b)는 원통형 슈퍼커패시터를 사용해 개발 및 제조된 배터리팩 샘플 시제품의 확대 모습이다.

이 둘 모두 전기를 사용하는 전동휠체어의 요구 스펙(spec., 사양)을 만족시키기 위해 시제품화된 2종류의 배터리팩 샘플이다.

특히 (b)에서 보여주는 목업(mock-up)으로 제작된 시제품은 42개의 셀(cell)로 구성된 7S6P 배터리 형식의 슈퍼커패시터 시제품(29.8V)이다.

커패시터(콘덴서) 용량의 단위는 F(Farad, 패럿)이고, 7S6P는 셀(전지)이 7직렬(Serial)과 6병렬(Parallel)로 연결된 것이다.

(a) 슈퍼커패시터와 배터리팩 시제품(전동휠체어용)
(2.8V/1000F, 2.8V/3000F, 2.7V/3000F, 4.2V/4000F)

(b) 슈퍼커패시터 배터리팩 시제품
(4.2V/4000F (7S6P))

사진 3.14 슈퍼커패시터 배터리팩 시제품(전동휠체어용)

2) 슈퍼커패시터 시제품(전동바이크)

(1) 슈퍼커패시터 종류별 사양

① 파우치형

표 3.9는 전동바이크(e-bike, 전기오토바이)에 사용된 파우치형(pouch) 슈퍼커패시터의 단일 셀 용량(84Wh/4.25V)과 사양을 나타낸다.

표 3.9 파우치형 슈퍼커패시터의 단일 셀 용량과 사양(셀 사양)

용량 : 84Wh/4.25V, 모델 : 24284

종 류	SPEC	비 고
정격전압	4.2V	DC
정격전력	84Wh	충전/방전시
충전시	20.00A	정전류
	4.25V	최대 충전전압
	1.00A	cut-off 전류
	상온20℃(±5℃)	온도
방전시	20.00A	정전류
	1.8V	cut-off 전압
	25℃(±5℃)	온도
충전 정전류	42.00A	RT
방전 정전류	60.00A	RT

종 류	SPEC	비 고
최대 충전전류	60.00A	50%SOC, 10s 충전시
최대 방전전류	80.00A	50%SOC, 10s 방전시
내부 저항	≤1.5mΩ	AC, 1kHz
에너지밀도	380Wh/kg	
무게	350g	±10g
동작 가능 외부온도	–40℃~70℃	충전시
	–40℃~70℃	방전시

사진 3.15는 파우치형(pouch) 슈퍼커패시터 단일 셀(cell, 배터리)로 제작한 시제품이다.

사진 3.15 파우치형 슈퍼커패시터 단일 셀 시제품(220mm)

그림 3.9는 슈퍼커패시터의 구성과 충 · 방전 원리를 개념적으로 간략하게 보여준다.

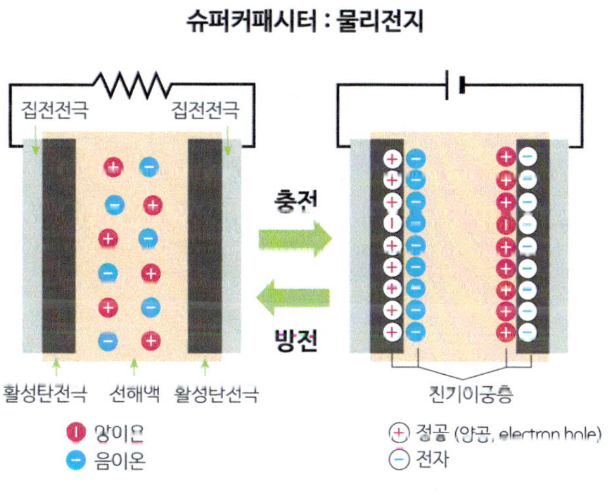

그림 3.9 슈퍼커패시터의 구성과 충 · 방전 원리

② 원통형(실린더형)

표 3.10은 전동바이크(e-bike, 전기오토바이)에 사용된 원통형(cylindrical) 슈퍼커패시터의 단일 셀 용량(15Wh/4.2V)과 사양을 나타낸다.

표 3.10 원통형 슈퍼커패시터의 단일 셀 용량과 사양

용량 : 15Wh/4.2V, 모델 : 14215

종 류	단 위	SPEC	비 고
정격전압	V	4.2	
정격전력	Wh	15	충전/방전
용량공차	/	±20%	충전/방전
최대 충전전압	V	4.2	
최대 충전전류	mA	4,000	
방전전압	V	2.7	
최대 방전전류	mA	6,000	방전 전류 30A
사용온도 범위	℃	−30~70	
보관온도 범위	℃	−20~45	
보관습도 범위	%	≤85%	
무게	g	60	

사진 3.16은 전동바이크에 사용된 원통형 슈퍼커패시터(단일 셀, unit cell)이다. 크기는 Ø24mm, 높이 69mm이다.

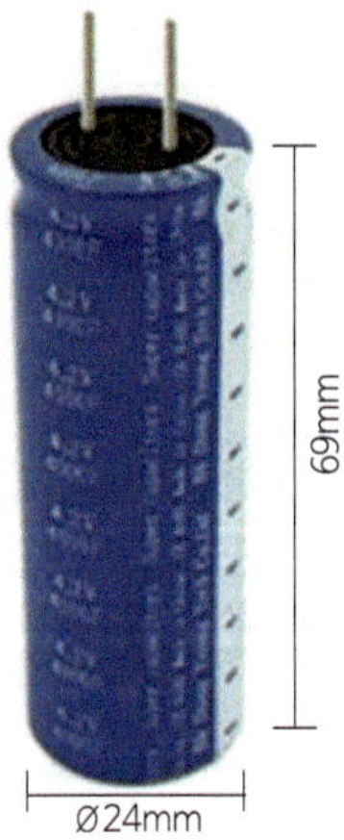

사진 3.16 원통형 슈퍼커패시터 단일 셀(Ø24mm, 높이 69mm)

그림 3.10은 슈퍼커패시터 전지(배터리)의 특성 비교이다.

배터리의 특성비교 및 시험성적서

출처: 青木良康, 쇼에이일렉트로닉스(주) 발표자료

2차 전원	전기이중층커패시터 (EDLC)	리튬이온커패시터 (LIC)	리튬이온전지 (LIB)
양극(+)	활성탄	활성탄	리튬메탈옥사이드
음극(−)	활성탄	흑연계탄소	흑연계탄소
에너지밀도	Low	Medium	High
출력밀도	High	Medium	Low
신뢰성	High	Medium	Low
전압	~3.0V	4.2V	4.2V

LIC 안정성 시험

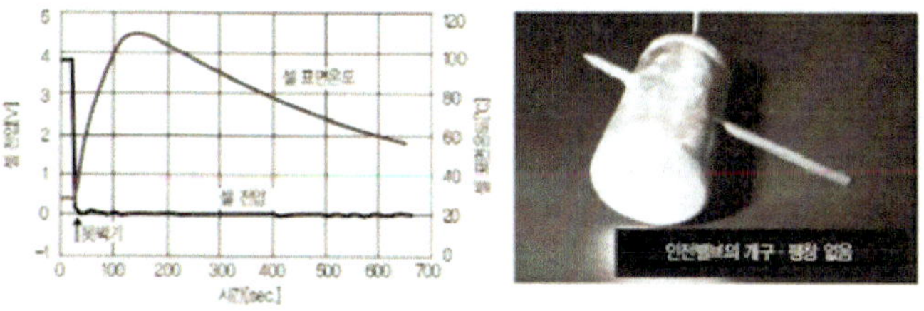

실린더형 LIC의 안전성 시험 결과 : LIC에서는 단락 후의 셀 내부 온도 상승에 의한 음극과 전해액의 반응에 의해 셀 내압이 상승하지만, 그 후에는 LIB와의 양극 재료의 차이(산소 비포함)에 의해 열폭주 반응이 일어나지 않으며 안전밸브의 개방만으로 종결

LIC 충 · 방전 특성

리튬이온 커패시터와 대칭형 EDLC의 충 · 방전 전위(전압) 거동 : 양극의 전위를 높게 설정하지 않아도 고전압을 얻어 신뢰성 향상

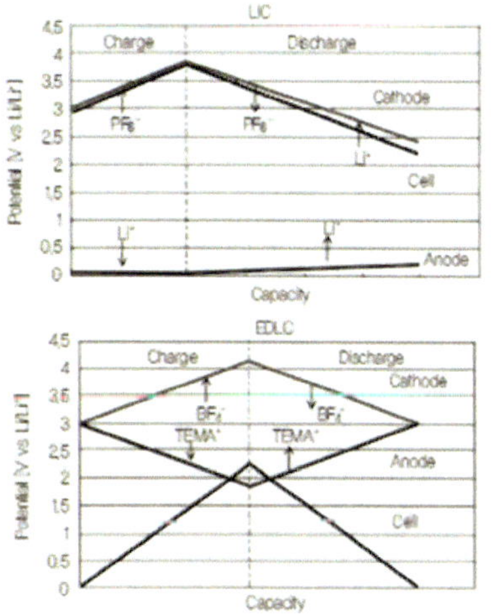

그림 3.10 슈퍼커패시터 전지(배터리)의 특성 비교

(2) 전동바이크 구동축전지(슈퍼커패시터)의 시험성적서

그림 3.11은 전동바이크(e-bike, 전기오토바이)에 사용하는 슈퍼커패시터 배터리 시험성적서의 예시를 보여준다.

한국교통안전공단 산하 자동차안전연구원(KATRI)에서 시험한 '구동축전지 안전성평가' 시험에 대한 결과보고서이다. 시험 목적은 전동바이크에 사용하는 구동축전지(슈퍼커패시터 배터리)에 대한 안전성을 확인하기 위함이다. 시험항목은 12가지이며, 시험방법 및 조건을 비롯한 시험기준에 따른 시험결과를 자세히 제시한다.

가. 개요 : 시험방법 및 항목(12항목)

- 제조사가 의뢰한 구동축전지(슈퍼커패시터)에 대한 안전성을 확인하기 위함.
- 「자동차 및 자동차부품의 성능과 기준에 관한 규칙」 제69조의4(이륜자동차 구동축전지) 및 시행세칙 [별표 1] 제48의2호 구동축전지 안전성시험에 따름.

시험항목	시험방법 및 조건	시험기준
1) 진동시험[주1)]	7Hz~50Hz~7Hz 사인파형 진동 15분간 12회 반복	시험 중 파열, 전해질 누출, 벤팅, 발화 및 폭발이 없을 것 시험 후 절연저항이 100Ω/V 이상일 것
2) 열충격시험[주1)]	60℃(6H)~-40℃(6H) 5회 반복(60H)	
3) 연소시험[주1)]	800℃~1,100℃에서 2분 가열	시험 중 폭발이 없을 것
4) 단락시험[주1)]	외부 단락회로 저항 5mΩ 이하로 구성하여 보호기능 작동 확인	시험 중 파열, 전해질 누출, 벤팅, 발화 및 폭발이 없을 것 시험 후 절연저항이 100Ω/V 이상일 것
5) 과충전시험[주1)]	과충전 보호기능 작동 확인 시 종료	
6) 과방전시험[주1)]	과방전 보호기능 작동 확인 시 종료	
7) 과열방지시험[주1)]	내부과열조건에서 충방전 시 작동차단 온도에 보호기능 작동 확인	
8) 과전류시험	과전류로 충전, 보호기능 작동 확인 시 종료	
9) 침수시험[주1)]	0.6M(mol/L)의 염수에 침수	시험 중 발화 및 폭발이 없을 것
10) 기계적 충격시험	슬레드 시험, 최대가속도 28G	시험 중 전해질 누출, 발화, 폭발이 없을 것 시험 후 절연저항이 100Ω/V 이상일 것
11) 기계적 압착시험	100kN(약 10ton)으로 압착	
12) 낙하시험[주1)]	4.9m에서 자유낙하	

* 주1) 금번 시행한 시험

* 시험 결과의 내용은 시험의뢰자에 의해 제공된 시험품에 한하며, 용도 외 사용을 금함.

나. 시험시설 및 장비

① 충방전기 및 과충 · 방전기, 과전류기

PNE450

PNE1000

PSC1200

- 충방전기 PNE450(화성) : 450V, 400A
- 과충방전기 PNE1000(화성) : 1,000V, 50A
- 충방전기 PSC1200(광주) : 1,000V, 500A

② 방폭챔버 및 단락시험기

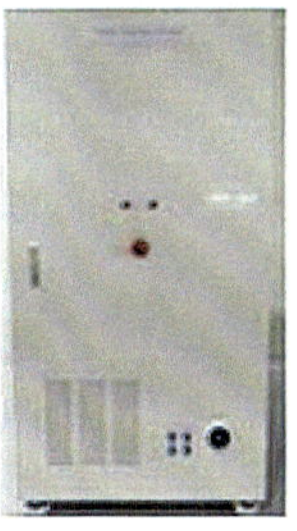
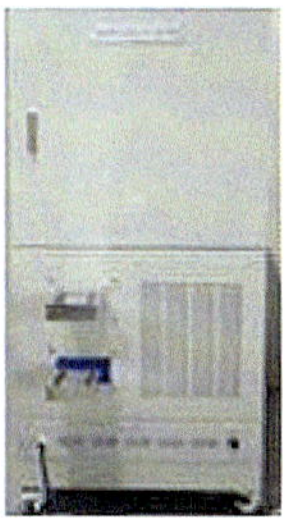

- 열노출방폭챔버
  - ㉠ 화성본원 : 1.8×1.5×1m, 실온~100℃ 제어 가능
  - ㉡ 광주센터 : 3.2×2.2×1.8m, 실온~100℃ 제어 가능
- 단락시험기
  - ㉠ 화성본원 : 1.8×1.5×1m, 단락기 내부저항 5mΩ 이하
  - ㉡ 광주센터 : 1.7×1.2×0.9m, 단락기 내부저항 5mΩ 이하

③ 낙하시험기, 침수시험기, 연소시험기

- 낙하시험기(화성) : 4.9m까지 낙하시험 가능
- 연소시험기(화성) : 3×3m 버너, LPG공급 유량제어(~120kg/h), 화염온도 800~1,100℃
- 액중투입시험기
  ㉠ 화성본원 : 2.9×2.1×1m
  ㉡ 광주센터 : 3.7×2.7×1.5m

④ 진동시험기, 열충격시험기

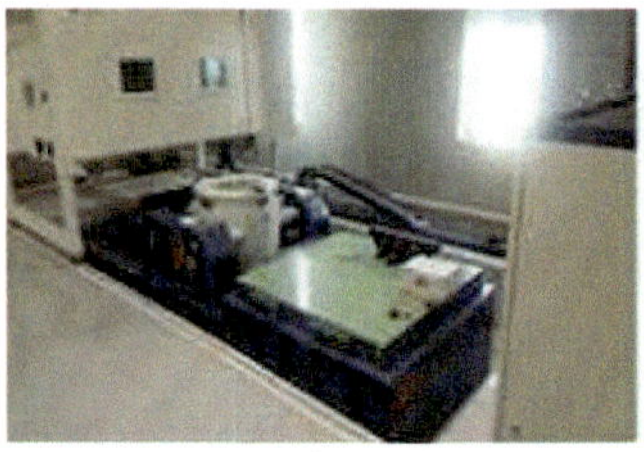

- 진동시험기(광주) : 2.5×2.5×1.5m(대형 수평판), 가진력 200kN
- 열충격시험기(광주) : 3.2×2.2×1.8m, 고온부(50~150℃), 저온부(−50~10℃)

⑤ 기계적 충격시험 및 압착시험

- 충격시험기(광주) : 1,000kg 이상의 중량에 대해서 28G 구현
- 압착시험기(광주) : 구동축전지 측면부 직접압착, 100kN의 압착하중

다. 시험 결과

구동축전지 안전성시험 결과기록표(진동시험)

① 주요제원

시험항목	진동시험	
구동축전지 제작자	구동축전지 모델명	4.2V 21000F
형 식	형상	파우치형
모듈 수량	정격모듈 전압	42V
정격용량	정격전압	42V
목표 SOC	정격전류	80A
BMS	안전장치	有
비 고	10S4P cells/module×2S1P modules/pack	

② 시험조건 측정값

시험실 온도	15℃	SOC	100%

③ 구동축전지 전압 측정값

시험 전 전압	83.7V	시험 후 전압	83.3V	시험 후 절연저항	340KΩ/V

④ 시험결과

기준 항목	파열	전해질 누출	벤팅	발화	폭발	절연저항 100Ω/V 미만
진동 시험	□예(불합격) ☑아니오	□예(불합격) ☑아니오	□예(불합격) ☑아니오	□예(불합격) ☑아니오	□예(불합격) ☑아니오	□예(불합격) ☑아니오

담당자 의견

파열, 전해질 누출, 벤팅, 발화, 폭발은 발생되지 않았으며 절연저항 100Ω/V 이상으로 확인되어 자동차 및 자동차 부품의 성능과 기준에 관한 규칙 제69조의4에 적합함

담당자 :

확인자 :

시험일자 2024년 01월 23일

⑤ 시험사진

시험 전 전압

시험 후 전압

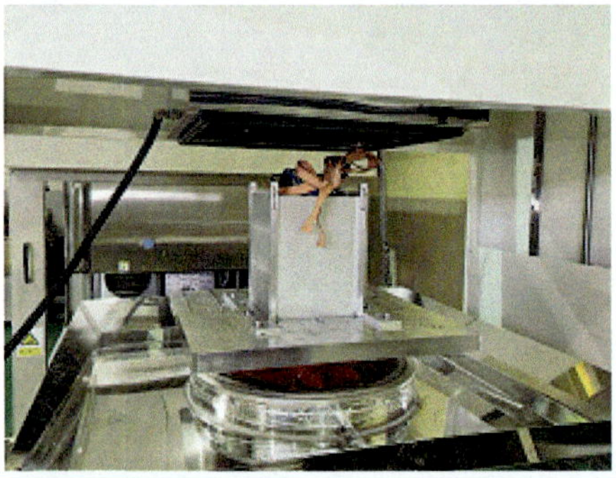

시험장치 구성

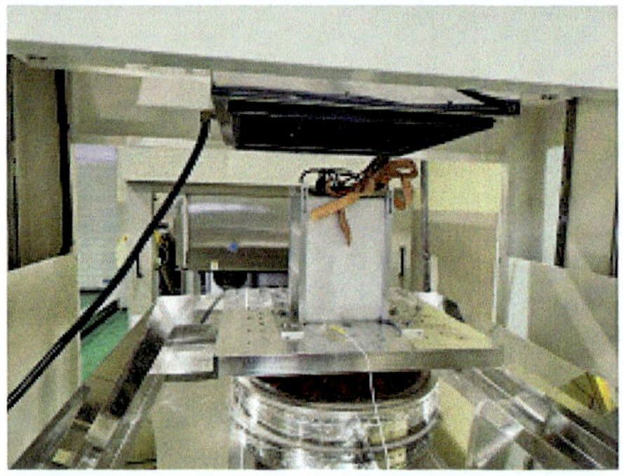

시험 후 시험품

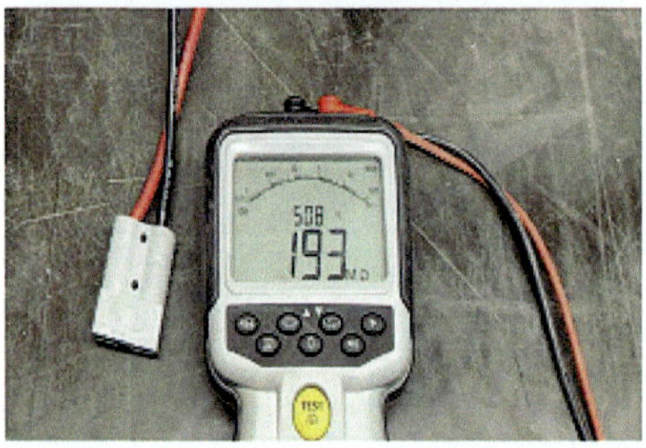

시험 후 절연저항

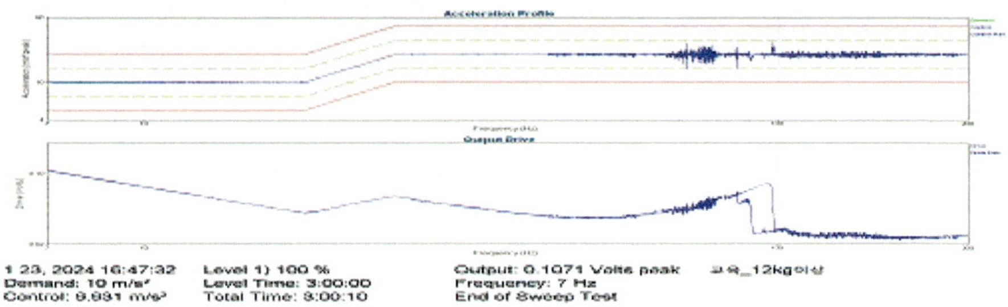

시험 파형 그래프

구동축전지 안전성시험 결과기록표(열충격시험)

① 주요제원

시험항목	열충격시험	
구동축전지 제작자	구동축전지 모델명	4.2V 21000F
형 식	형상	파우치형
모듈 수량	정격모듈 전압	42V
정격용량	정격전압	42V
목표 SOC	정격전류	80A
BMS	안전장치	有
비 고	10S4P cells/module×2S1P modules/pack	

② 시험조건 측정값

시험실 온도	−40~60℃	SOC	96%

③ 구동축전지 전압 측정값

시험 전 전압	81.1V	시험 후 전압	81V	시험 후 절연저항	328.8kΩ/V

④ 시험결과

기준 항목	파열	전해질 누출	벤팅	발화	폭발	절연저항 100Ω/V 미만
열충격 시험	□예(불합격) ☑아니오	□예(불합격) ☑아니오	□예(불합격) ☑아니오	□예(불합격) ☑아니오	□예(불합격) ☑아니오	□예(불합격) ☑아니오

담당자 의견

파열, 전해질 누출, 벤팅, 발화, 폭발은 발생되지 않았으며 절연저항 100Ω/V 이상으로 확인되어 자동차 및 자동차 부품의 성능과 기준에 관한 규칙 제69조의4에 적합함.

담당자 :

확인자 :

시험일자 2023년 12월 20일

⑤ 시험사진

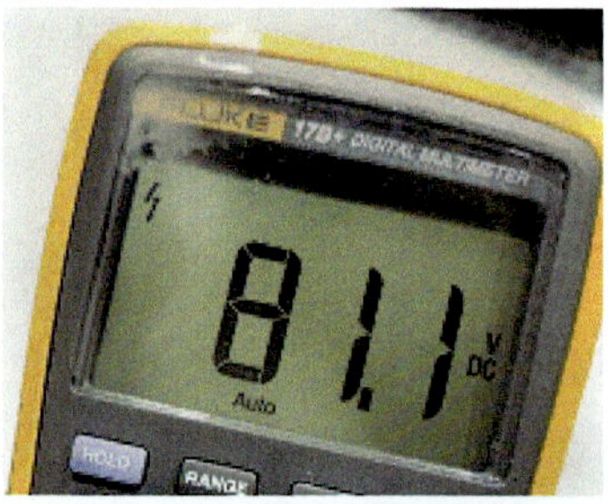

시험 전 전압

시험 후 전압

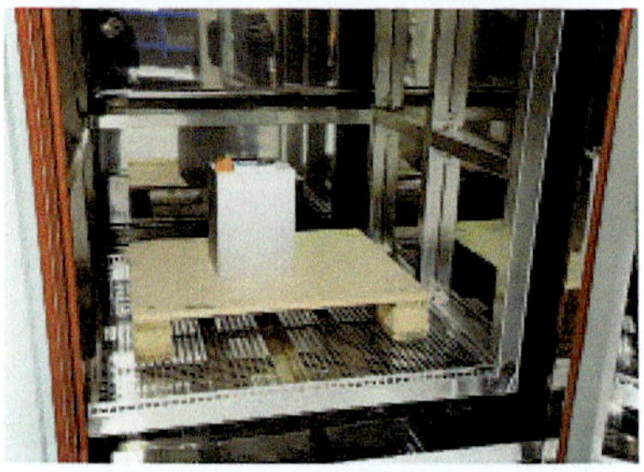

시험장치 구성

시험 후 시험품

시험 후 절연저항

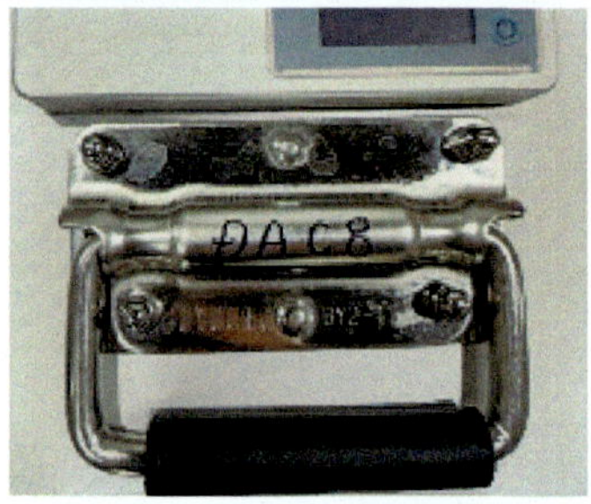

시험품 시리얼 넘버

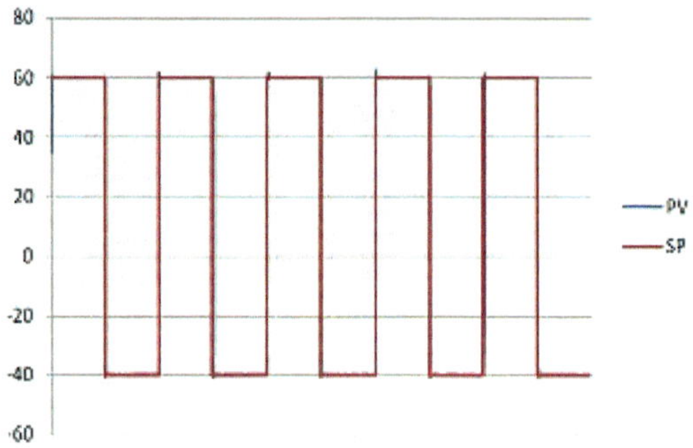

시험 파형 그래프

구동축전지 안전성시험 결과기록표(연소시험)

① 주요제원

시험항목	연소시험	
구동축전지 제작자	구동축전지 모델명	4.2V 21000F
형 식	형상	파우치형
모듈 수량	정격모듈 전압	42V
정격용량	정격진압	42V
목표 SOC	정격전류	80A
BMS	안전장치	有
비 고	10S4P cells/module×2S1P modules/pack	

② 시험조건 측정값

시험실 온도	25℃	시험 SOC	100%
연소 온도	650.845℃(50kg/h)		

* 노즐 1개당 LPG 유량 0.32kg/h로 가열(노즐 수량 총157개, 157*0.32=50)

③ 구동축전지 전압 측정값

시험 전 전압	81.7V	시험 후 전압	–V	시험 후 절연저항	–Ω

④ 시험결과

기준 / 항목	파열	전해질 누출	벤팅	발화	폭발	절연저항 100Ω/V 미만
연소 시험					□예(불합격) ☑아니오	

담당자 의견

폭발은 발생하지 않았으며 자동차 및 자동차 부품의 성능과 기준에 관한 규칙 제69조의4에 적합함.

담당자 :

확인자 :

시험일자 2023년 11월 17일

⑤ 시험사진

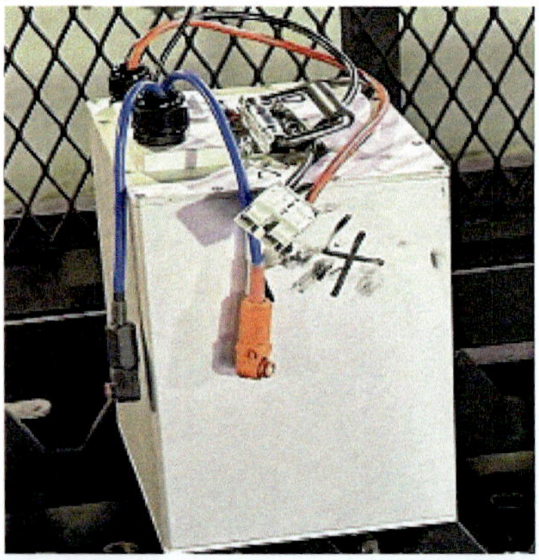

시험 전 시험품

시험 전 전압

시험 후 시험품

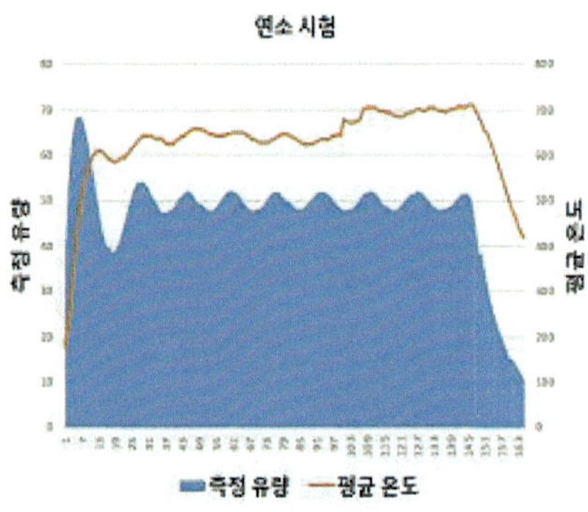

연소온도 그래프

구동축전지 안전성시험 결과기록표(단락시험)

① 주요제원

시험항목	단락시험	
구동축전지 제작자	구동축전지 모델명	4.2V 21000F
형 식	형상	파우치형
모듈 수량	정격모듈 전압	42V
정격용량	정격선압	42V
목표 SOC	정격전류	80A
BMS	안전장치	有
비 고	10S4P cells/module×2S1P modules/pack	

② 시험조건 측정값

시험실 온도	15℃	SOC	95%

③ 구동축전지 선압 측정값

시험 전 전압	80.4V	시험 후 전압	80.4V	시험 후 절연저항	1.56MΩ/V

④ 시험결과

기준 / 항목	파열	전해질 누출	벤팅	발화	폭발	절연저항 100Ω/V 미만
단락 시험	□예(불합격) ☑아니오	□예(불합격) ☑아니오	□예(불합격) ☑아니오	□예(불합격) ☑아니오	□예(불합격) ☑아니오	□예(불합격) ☑아니오

담당자 의견

파열, 전해질 누출, 벤팅, 발화, 폭발은 발생되지 않았으며 절연저항 100Ω/V 이상으로 확인되어 자동차 및 자동차 부품의 성능과 기준에 관한 규칙 제69조의4에 적합함.

담당자 :

확인자 :

시험일자 2023년 12월 21일

⑤ 시험사진

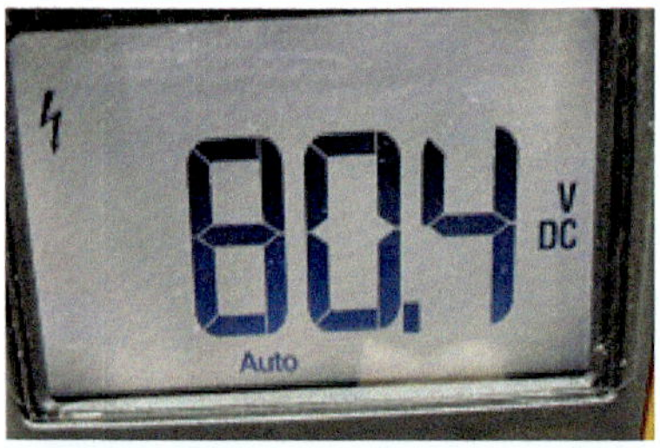

시험 전 전압

시험 후 전압

시험품 시리얼 넘버

시험장치 구성

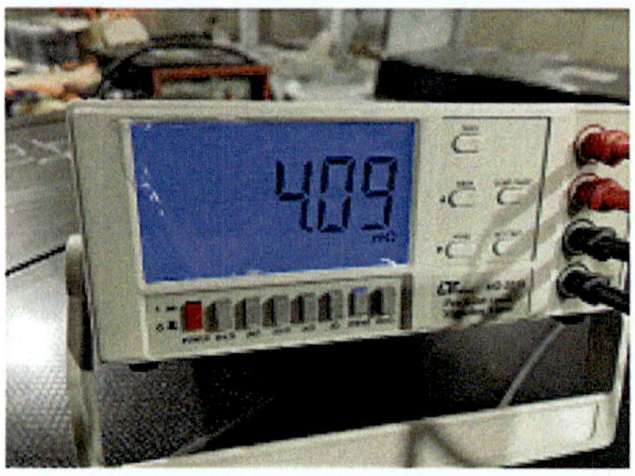

단락회로 저항 측정

시험 후 절연저항

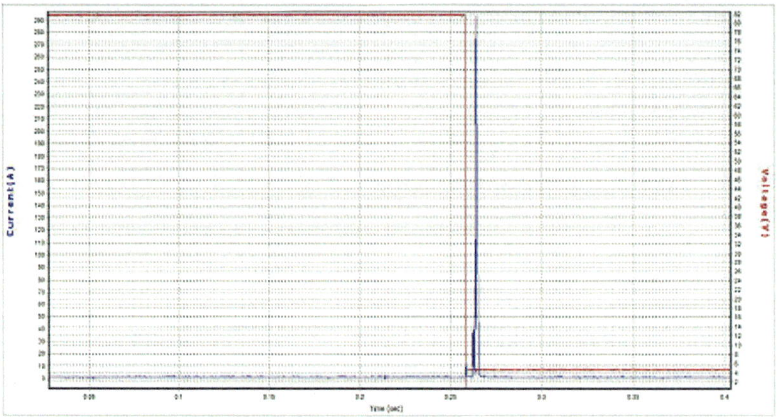

단락시험 그래프

구동축전지 안전성시험 결과기록표(과충전시험)

① 주요제원

시험항목	과충전시험	
구동축전지 제작자	구동축전지 모델명	4.2V 21000F
형 식	형상	파우치형
모듈 수량	정격모듈 전압	42V
정격용량	정격전압	42V
목표 SOC	정격전류	80A
BMS	안전장치	有
비 고	10S4P cells/module × 2S1P modules/pack	

② 시험조건 측정값

시험실 온도	20℃	SOC	47%

③ 구동축전지 전압 측정값

시험 전 전압	70.7V	시험 후 전압	0.002V	시험 후 절연저항	2.9MΩ/V

④ 시험결과

기준 항목	파열	전해질 누출	벤팅	발화	폭발	절연저항 100Ω/V 미만
과충전 시험	□예(불합격) ☑아니오	□예(불합격) ☑아니오	□예(불합격) ☑아니오	□예(불합격) ☑아니오	□예(불합격) ☑아니오	□예(불합격) ☑아니오

담당자 의견

파열, 전해질 누출, 벤팅, 발화, 폭발은 발생되지 않았으며 절연저항 100Ω/V 이상으로 확인되어 자동차 및 자동차 부품의 성능과 기준에 관한 규칙 제69조의4에 적합함.

담당자 :

확인자 :

시험일자 2023년 10월 06일

⑤ 시험사진

시험 전 전압

시험 후 전압

릴레이 재 연결 후 전압

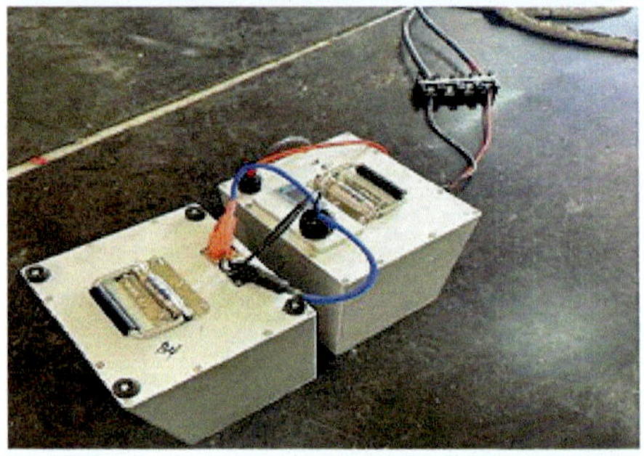

시험 후 시험품

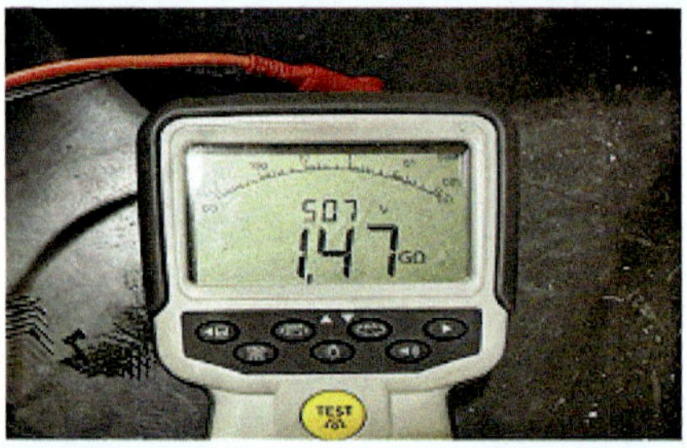

시험 후 절연저항

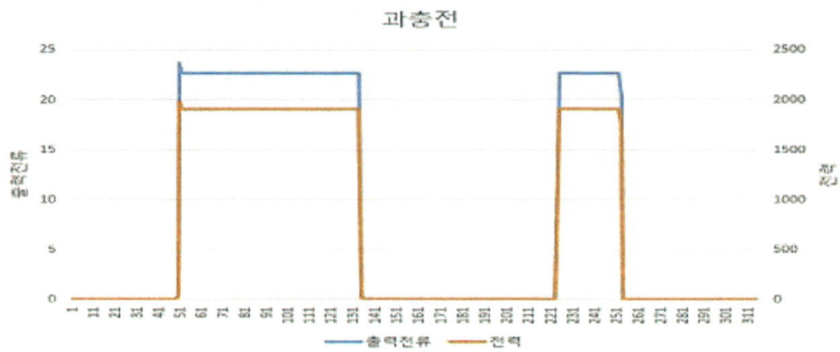

과충전시험 그래프

구동축전지 안전성시험 결과기록표(과방전시험)

① 주요제원

시험항목	과방전시험	
구동축전지 제작자	구동축전지 모델명	4.2V 21000F
형 식	형상	파우치형
모듈 수량	정격모듈 전압	42V
정격용량	정격전압	42V
목표 SOC	정격전류	80A
BMS	안전장치	有
비 고	10S4P cells/module×2S1P modules/pack	

② 시험조건 측정값

시험실 온도	20℃	SOC	60%

③ 구동축전지 전압 측정값

시험 전 전압	74.1V	시험 후 전압	0.024V	시험 후 절연저항	2.1MΩ/V

④ 시험결과

기준 / 항목	파열	전해질 누출	벤팅	발화	폭발	절연저항 100Ω/V 미만
과방전 시험	□예(불합격) ☑아니오	□예(불합격) ☑아니오	□예(불합격) ☑아니오	□예(불합격) ☑아니오	□예(불합격) ☑아니오	□예(불합격) ☑아니오

담당자 의견

파열, 전해질 누출, 벤팅, 발화, 폭발은 발생되지 않았으며 절연저항 100Ω/V 이상으로 확인되어 자동차 및 자동차 부품의 성능과 기준에 관한 규칙 제69조의4에 적합함.

담당자 :

확인자 :

시험일자 2023년 11월 02일

⑤ 시험사진

시험 전 전압

시험 후 전압

릴레이 재 연결 후 전압

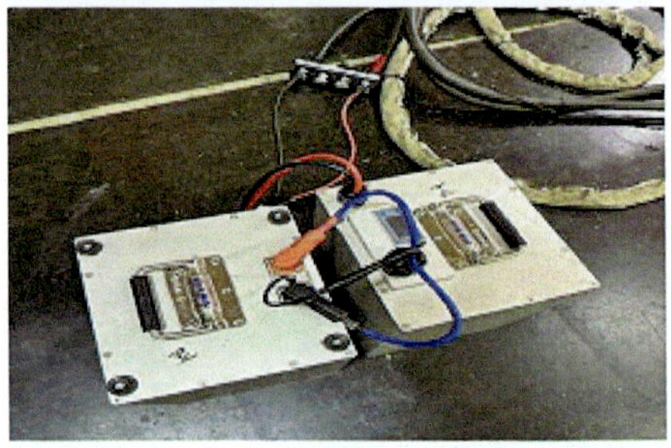

시험 후 시험품

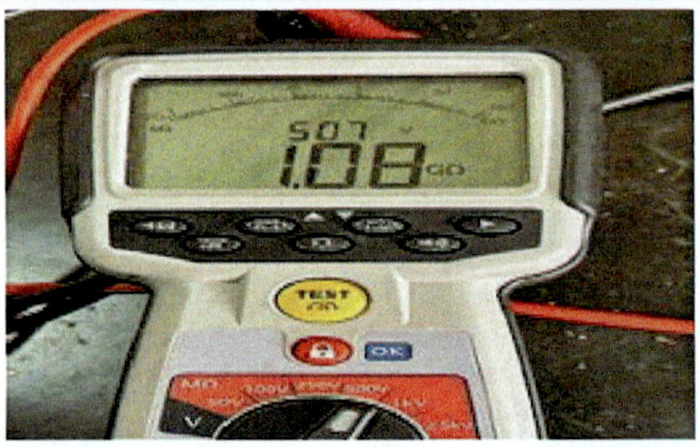

시험 후 절연저항

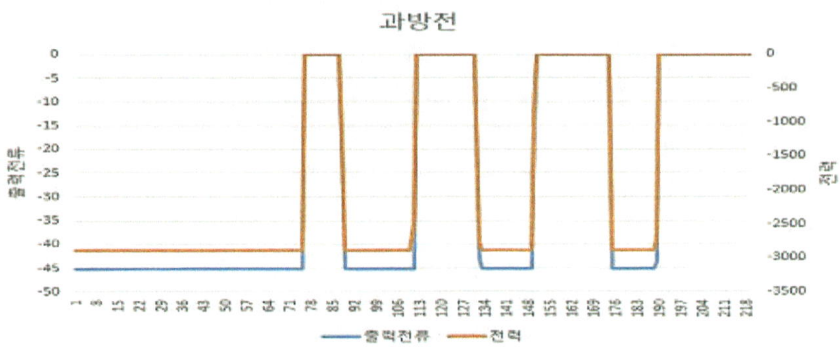

과방전시험 그래프

구동축전지 안전성시험 결과기록표(과열방지시험)

① 주요제원

시험항목	과열방지시험	
구동축전지 제작자	구동축전지 모델명	4.2V 21000F
형 식	형상	파우치형
모듈 수량	정격모듈 전압	42V
정격용량	정격전압	42V
목표 SOC	정격전류	80A
BMS	안전장치	有
비 고	10S4P cells/module×2S1P modules/pack	

② 시험조건 측정값

시험실 온도	65℃	SOC	100%

③ 구동축전지 전압 측정값

시험 전 전압	83V	시험 후 전압	71.2V	시험 후 절연저항	1.46MΩ/V

④ 시험결과

기준 항목	파열	전해질 누출	벤팅	발화	폭발	절연저항 100Ω/V 미만
과열방지 시험	□예(불합격) ☑아니오	□예(불합격) ☑아니오	□예(불합격) ☑아니오	□예(불합격) ☑아니오	□예(불합격) ☑아니오	□예(불합격) ☑아니오

담당자 의견

파열, 전해질 누출, 벤팅, 발화, 폭발은 발생되지 않았으며 절연저항 100Ω/V 이상으로 확인되어 자동차 및 자동차 부품의 성능과 기준에 관한 규칙 제69조의4에 적합함.

담당자 :

확인자 :

시험일자 2023년 12월 20일

⑤ 시험사진

시험 전 전압

시험 후 전압

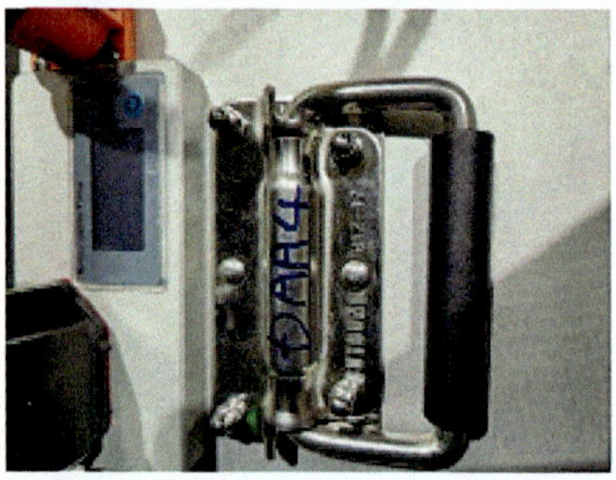

시험품 시리얼 넘버

시험장치 구성

시험 후 시험품

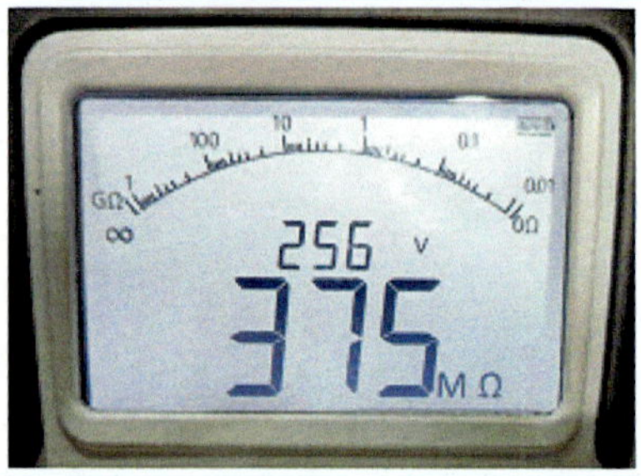

시험 후 절연저항

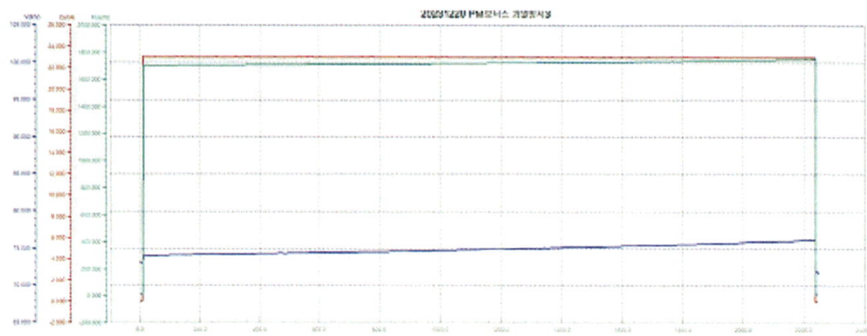
과열방지시험 그래프

구동축전지 안전성시험 결과기록표(과전류시험)

① 주요제원

시험항목	과전류시험	
구동축전지 제작자	구동축전지 모델명	4.2V 21000F
형 식	형상	파우치형
모듈 수량	정격모듈 전압	42V
정격용량	정격전압	42V
목표 SOC	정격전류	80A
BMS	안전장치	有
비 고	10S4P cells/module×2S1P modules/pack	

② 시험조건 측정값

시험실 온도	18℃	SOC	81%

③ 구동축전지 전압 측정값

시험 전 전압	71.2V	시험 후 전압	74.8V	시험 후 절연저항	488kΩ/V

④ 시험결과

기준 항목	파열	전해질 누출	벤팅	발화	폭발	절연저항 100Ω/V 미만
과전류 시험	□예(불합격) ☑아니오	□예(불합격) ☑아니오	□예(불합격) ☑아니오	□예(불합격) ☑아니오	□예(불합격) ☑아니오	□예(불합격) ☑아니오

담당자 의견

파열, 전해질 누출, 벤팅, 발화, 폭발은 발생되지 않았으며 절연저항 100Ω/V 이상으로 확인되어 자동차 및 자동차 부품의 성능과 기준에 관한 규칙 제69조의4에 적합함.

담당자 :

확인자 :

시험일자 2023년 12월 21일

⑤ 시험사진

시험 전 전압

시험 후 전압

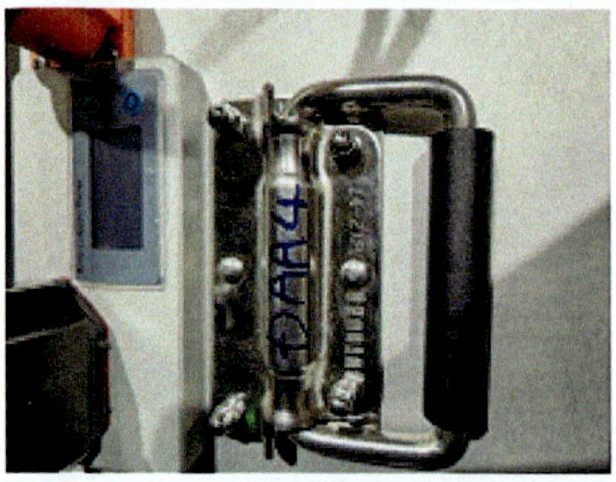
시험품 시리얼 넘버

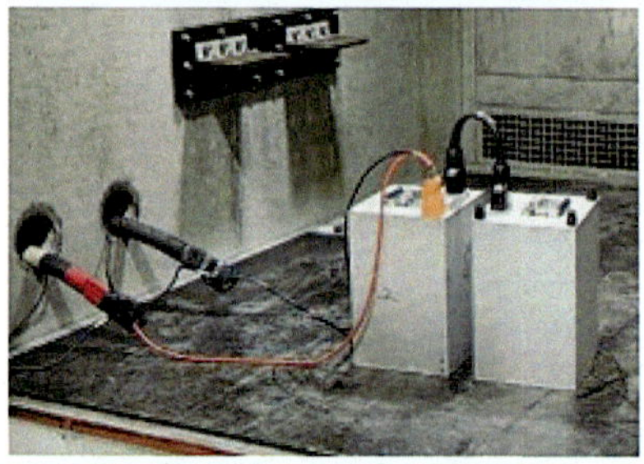
시험장치 구성

시험 후 시험품

시험 후 절연저항

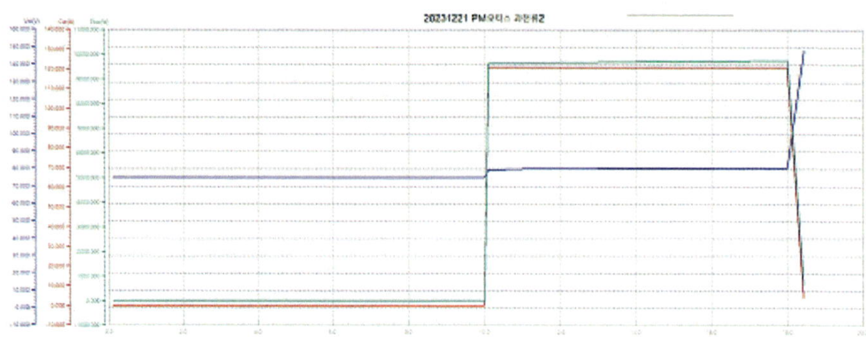
과전류시험 그래프

구동축전지 안전성시험 결과기록표(침수시험)

① 주요제원

시험항목	침수시험	
구동축전지 제작자	구동축전지 모델명	4.2V 21000F
형 식	형상	파우치형
모듈 수량	정격모듈 전압	42V
정격용량	정격전압	42V
목표 SOC	정격전류	80A
BMS	안전장치	有
비 고	10S4P cells/module×2S1P modules/pack	

② 시험조건 측정값

시험실 온도	25℃	SOC	100%

③ 구동축전지 전압 측정값

시험 전 전압	82.7V	시험 후 전압	–V	시험 후 절연저항	–Ω

④ 시험조건에서 발화 또는 폭발이 발생하였는가?

기준 항목	파열	전해질 누출	벤팅	발화	폭발	절연저항 100Ω/V 미만
침수 시험				□예(불합격) ☑아니오	□예(불합격) ☑아니오	

담당자 의견

발화 및 폭발은 발생하지 않았으며 자동차 및 자동차 부품의 성능과 기준에 관한 규칙 제69조의4에 적합함.

담당자 :

확인자 :

시험일자 2023년 11월 16일

⑤ 시험사진

시험 전 전압

시험장치 구성

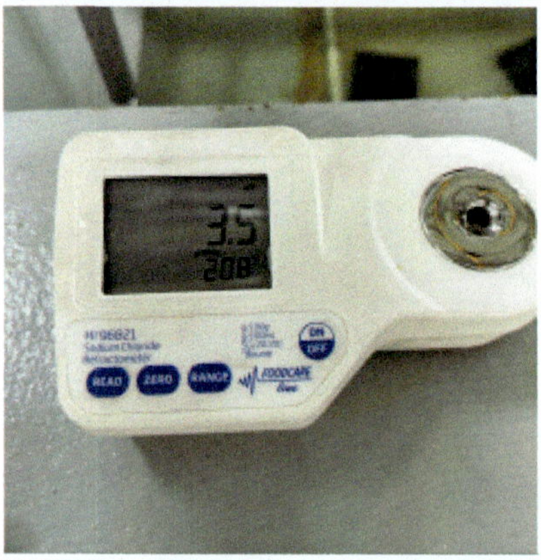

시험 전 시험품

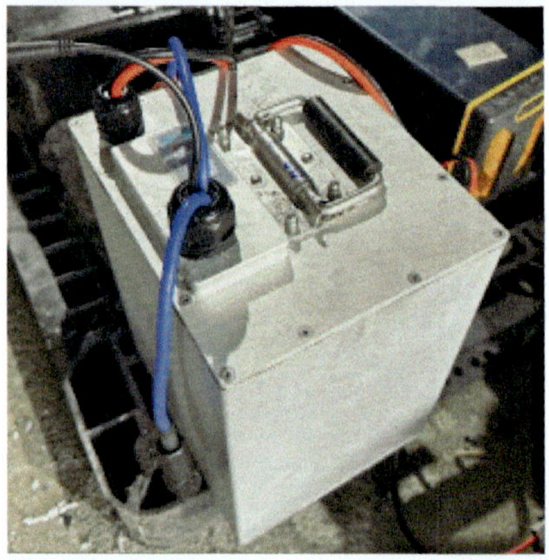

시험 후 시험품

구동축전지 안전성시험 결과기록표(낙하시험)

① 주요제원

시험항목	낙하시험	
구동축전지 제작자	구동축전지 모델명	4.2V 21000F
형 식	형상	파우치형
모듈 수량	정격모듈 전압	42V
정격용량	정격전압	42V
목표 SOC	정격전류	80A
BMS	안전장치	有
비 고	10S4P cells/module×2S1P modules/pack	

② 시험조건 측정값

시험실 온도	25℃	SOC	100%

③ 구동축전지 전압 측정값

시험 전 전압	82.1V	시험 후 전압	–V	시험 후 절연저항	246MΩ

④ 시험결과

기준 / 항목	파손	파열	전해질 누출	벤팅	발화	폭발	절연저항 100Ω/V 미만
낙하 시험	□예(불합격) ☑아니오	□예(불합격) ☑아니오	□예(불합격) ☑아니오	□예(불합격) ☑아니오	□예(불합격) ☑아니오	□예(불합격) ☑아니오	□예(불합격) ☑아니오

담당자 의견

전해질 누출, 발화, 폭발은 발생되지 않았으며 절연저항 100Ω/V 이상으로 확인되어 자동차 및 자동차 부품의 성능과 기준에 관한 규칙 제69조의4에 적합함. 1차 시험 시 절연파괴로 인해 개선 후 재시험한 결과 절연저항이 100Ω/V 이상으로 측정됨.

담당자 :

확인자 :

시험일자 2023년 11월 14일

⑤ 시험사진

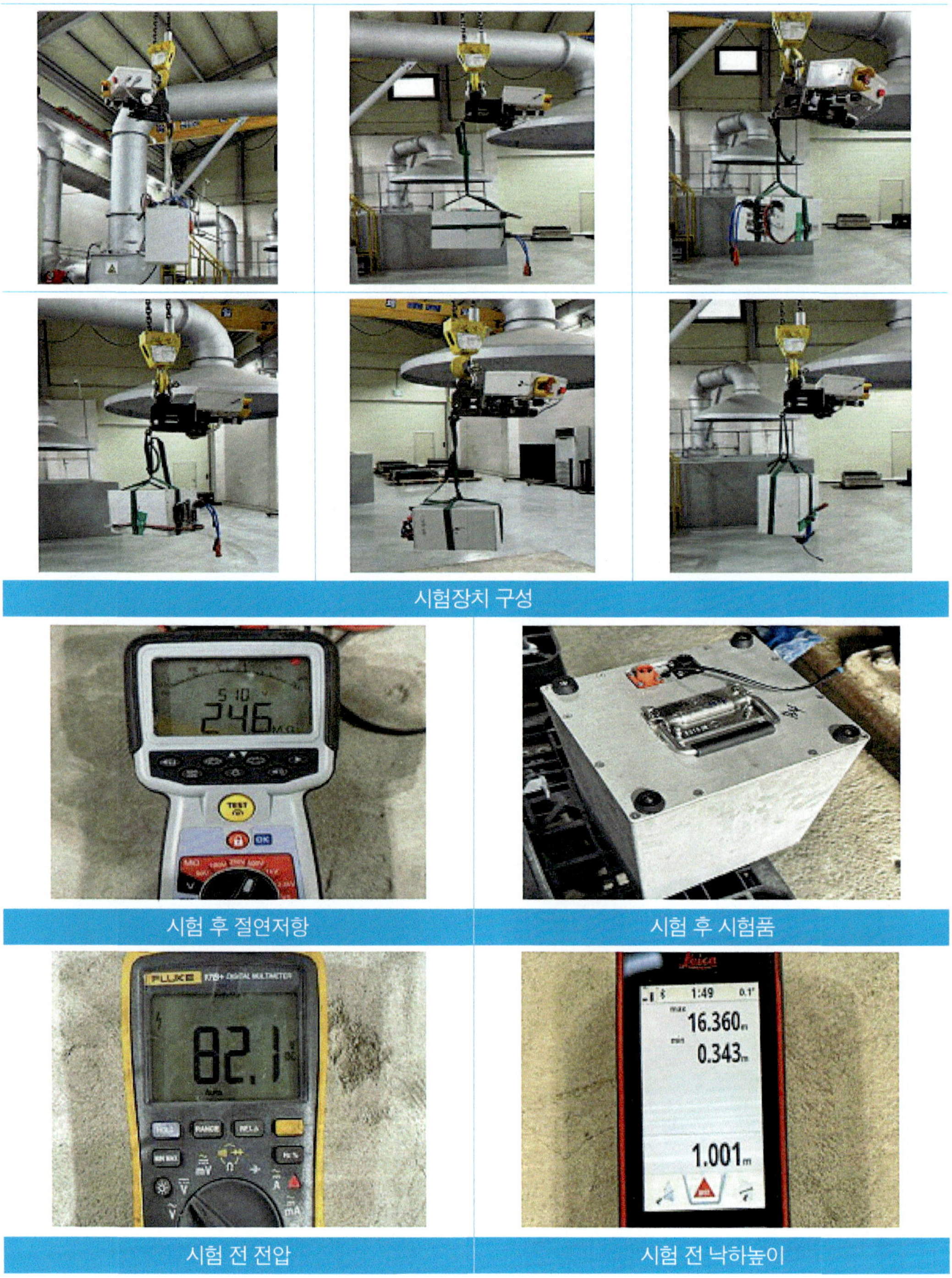

그림 3.11 슈퍼커패시터 배터리 시험성적서의 예시(e-bike용)

(3) 전동바이크 구동축전지(슈퍼커패시터)의 기술개발자료

슈퍼커패시터 배터리의 기술개발에 있어 배터리관리기술(battery management technology) 자료의 한 예시로, 그림 3.12는 시스템의 블록 다이어그램(block diagram)이다. 여기서 배터리 CMS (Battery Condition Monitoring System, 배터리의 상태를 모니터링해 최적의 조건하에 배터리를 유지, 사용할 수 있도록 제어하는 시스템)는 배터리의 전류, 전압, 온도 등을 센서를 통해 측정하고 미리 파악하여 배터리가 최적의 성능을 발휘할 수 있도록 제어하고 관리하는 시스템이다.

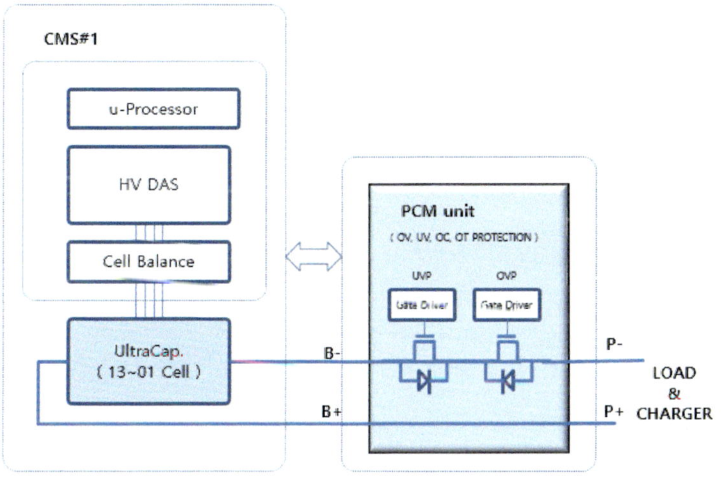

그림 3.12 슈퍼커패시터 시스템 블록 다이어그램(e-bike용)

HV(High Voltage, 고전압) 배터리는 모터를 구동하는 데 필요한 에너지를 저장하고 이를 안전하게 유지한다. HV 시스템은 모터를 구동하기 위한 전력을 차체(e-bike) 내에 비축하고 있다가 필요할 때 모터에 전달하며, HV 시스템은 배터리팩과 모터 컨트롤러, 모터로 구성된다. 이는 각각 전원과 제어기, 부하이다. 사실상 이 셋만 있으면 차량은 동력을 얻어 앞으로 나아갈 수 있다.

HV DAS(Data Acquisition System, 자료수집 체제)는 배터리 및 안정화 회로를 통한 안정적인 전원을 공급한다.

따라서 마이크로프로세서, 안정적인 전원공급, 셀 밸런싱(cell balancing, 리튬이온 배터리가 사용되면서 필요해진 기술로, 직렬 연결된 배터리가 충전 또는 방전이 진행될 때 전압의 차이를 최소화하기 위한 기술이다. 즉, 직렬로 연결된 배터리의 각 셀 전압을 동일하게 맞추는 것이다. 반면 병렬로 연결된 셀은 자동으로 각 셀 전압이 맞춰진다)을 통해 슈퍼커패시터(UltraCap, UltraCapacitor)를 제어 및 관리하고 PCM(Protection Circuit Module, 배터리 보호회로모듈 : 배터리의 과방전, 과충전,

과전류 방지기능을 갖춘 배터리 보호회로장치이다) 유닛을 통해 슈퍼커패시터 배터리가 적용되는 제품의 특성을 고려해서 필요한 성능을 안전하게 사용되도록 돕는다.

슈퍼커패시터 사양 및 전동바이크 주행시험

저자가 개발에 참여하여 사례연구(case study)로 제시하는 전동바이크 용도의 슈퍼커패시터 배터리 셀 및 모듈의 구성을 설명하면 다음과 같다.

본 개발품 슈퍼커패시터 배터리는 파우치형(pouch type)의 슈퍼커패시터로 DC(직류) 84V, 80A로 6.7kW(6,720W)의 전력용량을 갖는다.

전력(電力, electric power)은 일반적으로 전기에너지가 일을 할 수 있는 능력을 말하며, 공식은

$$P = iV$$

이다. 여기서, P(Power)는 전력으로 단위는 와트(watt, W)이다.

즉, 1W는 1V의 전압을 가하여 1A의 전류가 흘러 단위 시간 1초(sec) 동안에 전기가 하는 일의 양이다.

파우치형 슈퍼커패시터 셀(cell) 단품은 4.2V/20A 제품으로, 전체 84V, 80A 사양을 갖게 셀 어레이(array, 배열) 및 조합을 했다.

4p20s(4병렬, 20직렬 제작)로 배터리 셀이 조합되어 있는 듀얼 팩(dual pack) 구성이다.

PCM과 BMS는 전동바이크(e-bike) 출력과 배터리에 최적으로 설계 및 개발되어졌다.

마스터(master)도 적용되어 불량 시 마스터 비번을 설정해 놓아 제품 불량을 즉시 확인하고, 또한 고장 시에도 신호가 연결되어 즉시 대응할 수 있도록 했다.

1년 이상의 기간 동안 주행시험을 실시한 결과, 온도 · 습도가 변하는 환경 변화 속에서 순로, 험로에서의 도로주행, 경사도가 서로 다른 지형에서의 등판능력시험 등의 다양한 변수를 인가시켜 현장시험(field test)을 한 결과 우수한 성능을 나타냈다.

1회 충전 시 150km 이상 최대 200km까지 주행할 수 있다. 특히 추운 겨울철에도 180km까지 주행할 수 있는 뛰어난 주행거리 성능을 갖는다.

속도는 평균시속 60km/hr 이상 최대 90km/hr가 가능하다.

충전기는 150A(Ampere, 암페어)까지로 개발되어 20분 내에 고속충전이 가능하다.

표 3.11은 전동바이크(e-bike, 전기오토바이)에 사용된 파우치형 슈퍼커패시터 셀과 팩의 사양을 나타낸다.

표 3.11 파우치형 슈퍼커패시터 셀과 팩의 사양(e-bike용)

220mm X 128mm X 5mm (X, Y, Z)

division	SPEC	note
rated voltage	4.2V	DC
rated current	84Wh	During charging/discharging
when charging	20.00A	constant current
	4.25V	maximum charging voltage
	1.00A	CUT-OFF Current
	20℃(±5℃)	temperature
when discharged	20.00A	constant current
	1.8V	CUT-OFF Current
	25℃(±5℃)	temperature
charging constant current	42.00A	RT
discharge constant current	60.00A	RT
maximum charging current	80.00A	50%SOC, at 10s discharge
maximum discharge current	≤1.5mΩ	50%SOC, at 10s discharge
internal resistance	380Wh/kg	AC,1KHz
density	350g	±5g
weight	-40℃~70℃	when charging
Operating outside temperature	-40℃~70℃	when discharged

230mm X 175mm X 396mm (X, Y, Z)

division	SPEC
nominal voltage	84V
nominal capacity	40Ah
cell specification	4.2V 5Ah
battery cell type	super capacitor
cell combination	4.2V 20S
Discharge cut-off voltage	60V
Charge cut-off voltage	85V
communication	CAN
charging mode	CC-CV
charging time	4 H
Charging temperature range	-20℃~60℃
battery pack weight	14 Kg
battery pack capacity	33,360W

사진 3.17은 전동바이크용으로 기술개발된 PCM(Protection Circuit Module, 배터리 보호회로모듈)의 인쇄회로기판(PCB, Printed Circuit Board) 어셈블리이다.

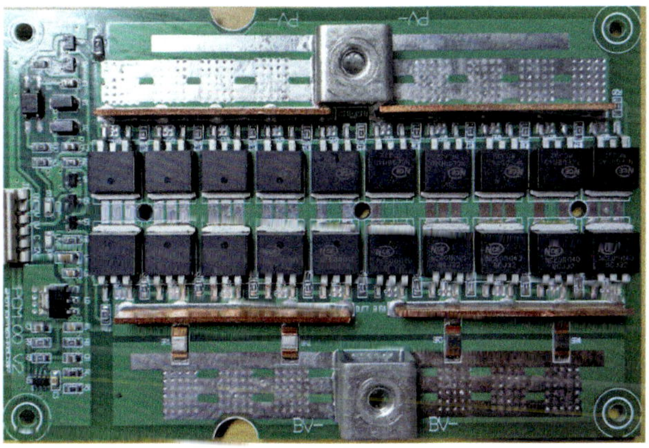

사진 3.17 PCM의 인쇄회로기판(PCB) 어셈블리(e-bike용)

그림 3.13은 배터리 CMS(Battery Condition Monitoring System) 회로결선도의 일부이다.

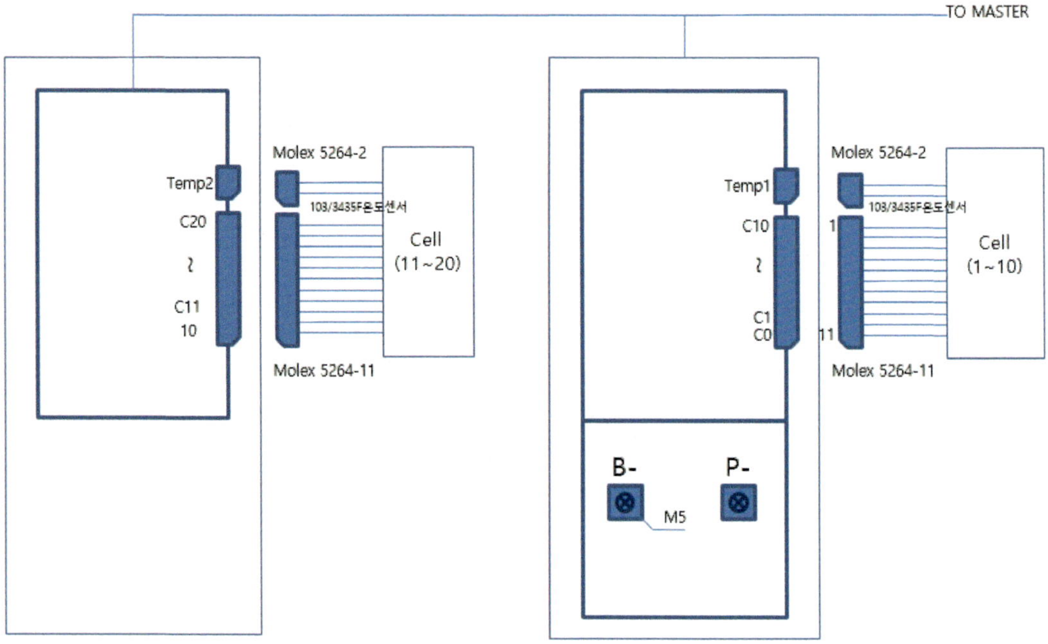

그림 3.13 배터리 CMS 회로결선도 일부 예시

사진 3.18은 배터리 CMS(Battery Condition Monitoring System) PCB 어셈블리(PCB ass'y_CMS)의 예시이다.

사진 3.18 CMS 인쇄회로기판(PCB) 어셈블리(e-bike용)

사진 3.19는 CMS(Battery Condition Monitoring System) 회로 도선(pattern, 패턴)을 서로 연결한 PCB 아트웍(artwork) 설계이다. PCB 아트웍(artwork)이란 PCB 회로기판에 부품을 배치하고 연결하는 배선작업이다. 원하는 회로를 담아내기 위해 디자인하는 것으로, PCB 아트웍 설계를 레이아웃(layout)이라고도 표현한다. PCB는 특정한 기능을 하도록 고안된 회로기판이다.

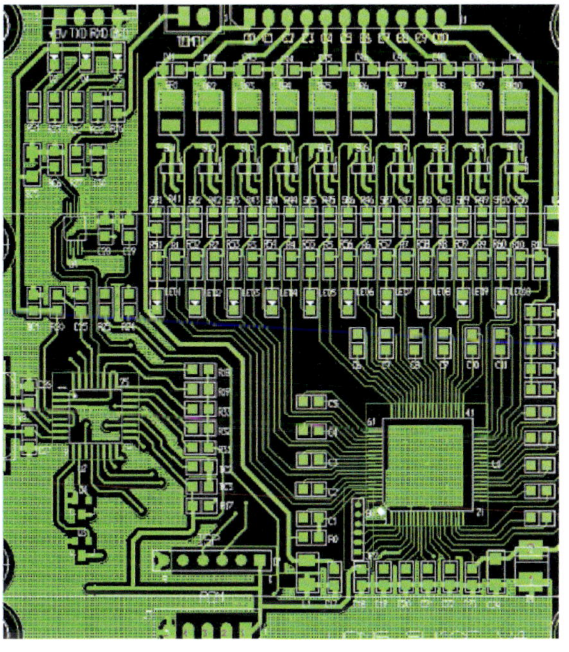

사진 3.19 CMS 회로의 PCB 아트웍(artwork) 설계

사진 3.20은 CMS(Battery Condition Monitoring System)에 케이스 뚜껑(case cover)이 씌어져 최종으로 조립된 조립품이다. 케이스는 CMS PCB 어셈블리(PCB ass'y)의 회로소자를 보호하고 EMI(Electromagnetic Interference, 전자파간섭, 전자파방해, 전자파장해 등으로 해석된다) 차폐(shield) 등을 위한 것이다. 재질은 금속으로는 주로 전도성(도전성)이 좋은 Al, SUS(스테인리스 스틸, Stainless steel), Ni로 된 판(plate)제를 사용하고, 플라스틱은 주로 내충격성 강하고, 내열성이 좋으며, EMI 차폐성이 우수한 도전성이 있는 PC(Polycarbonate, 폴리카보네이트) 등을 주로 사용하고 있다.

여기서 UCMS는 슈퍼커패시터(Ultracapacitor)용 CMS라는 의미이다.

사진 3.20 CMS 최종 조립제품

사진 3.21은 전동바이크(e-bike, 전기오토바이)에서 전기에너지로 사용하는 슈퍼커패시터 배터리팩에 최적화로 설계 및 개발된 BMS의 측정시험이다.

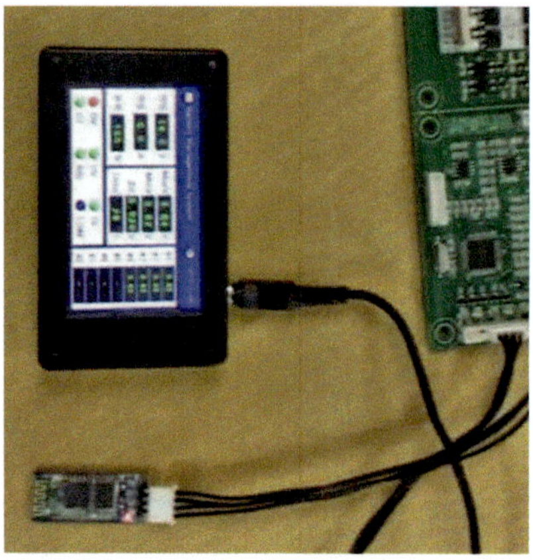

사진 3.21 슈퍼커패시터 배터리의 BMS 측정 테스트

BMS(Battery Management System)는 말 그대로 배터리를 관리하는 시스템이다. 전동바이크(e-bike)를 비롯한 전기자동차(BEV, Battery Electric Vehicle, '배터리식 전기자동차'란 뜻으로 순수 전기차를 말한다. 전기모터만을 사용하고 전기배터리를 충전해 구동되는 차량을 총칭한다)나 ESS(Energy Storage System, 에너지저장장치) 등에 탑재된 배터리(전지)의 전류, 전압, 온도 등을 센서를 통해 측정하고 미리 파악하여 배터리가 최적의 성능을 발휘할 수 있도록 제어한다. BMS는 일반적으로 냉각팬을 두어 배터리가 특정 온도 이상으로 올라가게 되면 냉각팬을 단계별로 구동시켜 열을 식힘으로써 발열로부터의 배터리의 안정을 유지해준다.

전동화 모빌리티에 있어 다양한 충전·방전 및 환경 조건에서 안전한 작동, 성능, 배터리 수명을 보장하는 시스템이다.

1개 이상의 배터리가 직렬 및 병렬로 연결되어 있는 전동모빌리티(motor driven mobility)를 비롯한 기기(device)에서는 BMS가 필요하다.

BMS는 리튬이온 배터리의 모듈과 팩을 구성하는 배터리 셀(cell)의 작동상태를 모니터링하고 제어하는 축전지 관리시스템으로, 배터리의 충전·방전 조절, 전압, 전류, 온도 감시 및 냉각제어 등의 중요 역할을 하여 전동바이크, 전기자동차 배터리의 섬밀한 균형을 이루도록 해주는 배터리에 없어서는 안되는 필수적이면서도 중요한 배터리관리시스템인 것이다.

배터리관리시스템(Battery Management System, BMS)은 사용자의 안전과 직결됨으로 높은 수준의 배터리 안전과 효율성을 보장해야만 한다.

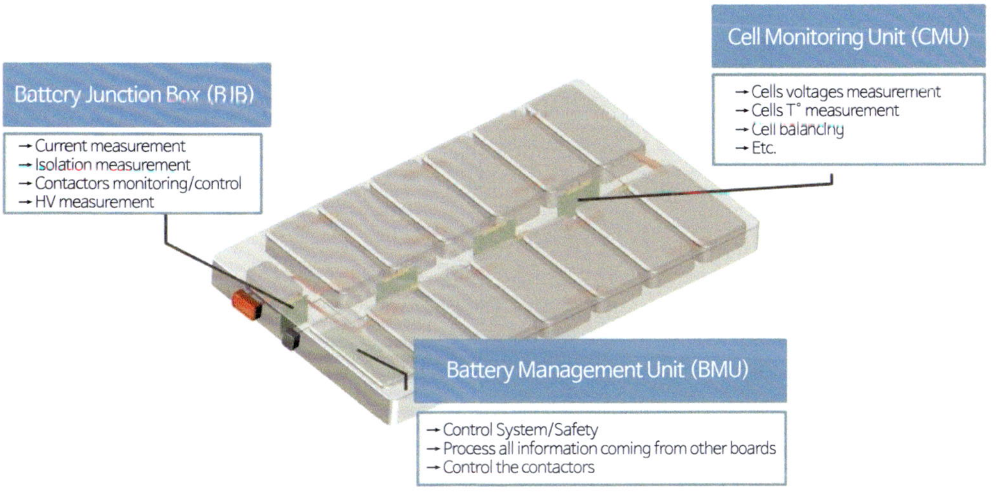

그림 3.14 BMS를 구성하는 세 가지 기능 모듈

그림 3.14에서와 같이 BMS는 세 가지 기능 모듈, 즉 배터리관리장치(Battery Management Unit, BMU), 셀 모니터링 장치(Cell Monitoring Unit, CMU), 배터리 정션박스(Battery Junction Box, BJB : 배터리 정션(연결·접합)박스는 고전압 배터리의 에너지를 고전압 부품으로 각각 분배해 주며, 또한 급속 및 완속 충전기를 통한 입력전원을 고전압 배터리로 보내주는 역할을 한다. 또한 듀얼 배터리팩에 있어서는 각 팩을 서로 버스바(busbar) 등 고전압용 단자와 케이블을 통해 서로 연결해준다. 이는 접지 불량, 과부하 등에 따른 쇼트나 스파크 발생 등을 방지하기 위해서다)로 구성돼 있다. 리튬이온 배터리를 사용하는 삼원계 NCM(니켈·코발트·망간), NCA(니켈·코발트·알루미늄)

또는 LFP(리튬인산철) 이차전지에 있어서, BMS의 기능 중 하나는 배터리팩 내의 모든 리튬이온 셀(cell, 배터리)이 반드시 전압, 전류, 온도로 정의된 안전한 작동 영역(Safe Operating Area, SOA) 내에서 작동하도록 하는 것이다. 다소 엄격한 SOA 범위를 벗어나 작동하면, 배터리에 치명적인 고장이 발생하거나 더 심한 경우엔 열폭주와 같은 심각한 결과로 이어질 수 있다.

그림 3.15는 전동바이크(e-bike, 전기오토바이)에 사용하는 슈퍼커패시터 배터리팩 회로도(circuit design)이다.

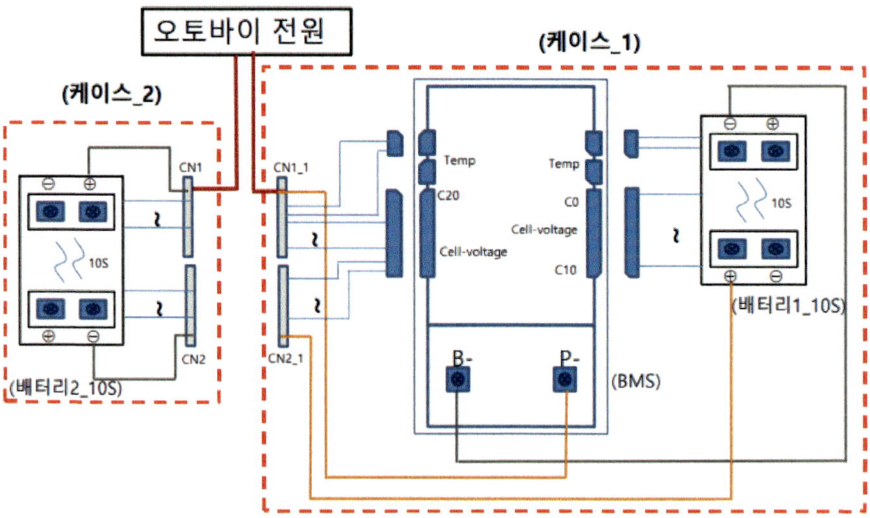

그림 3.15 슈퍼커패시터 배터리팩 회로도(e-bike용)

표 3.12는 전동바이크용 배터리팩(84V/80A)의 파우치형 슈퍼커패시터 단일 셀(cell)의 사양서(Spec., 스펙)이다. 단일 셀의 용량과 사양을 나타낸다.

표 3.12 파우치형 슈퍼커패시터 단일 셀의 사양(셀 사양)

항 목	사 양
모델	4.2V 21000F
정격전압	4.2V
정격용량	20Ah
충전전류	20A(최대 충전전류(40A))
방전전류	20A(최대 방전전류(60A))
사용온도	방전 동작 시 : –25~60℃
	충전 동작 시 : –25~60℃
크기	210*128*7.4t

사진 3.22는 전동바이크용 배터리팩(84V/80A)의 파우치형 슈퍼커패시터 단일 셀로 시작테스트를 위해 제작한 실물(현품)이다.

사진 3.22 슈퍼커패시터 단일 셀(cell)의 실물(현품)

사진 3.23은 전동바이크 용도로 개발된 84V/80A, 6.7kW(6,720W)의 전기에너지용량(전력)을 갖는 듀얼(dual, 2개)로 된 슈퍼커패시터 배터리팩 실물이다.

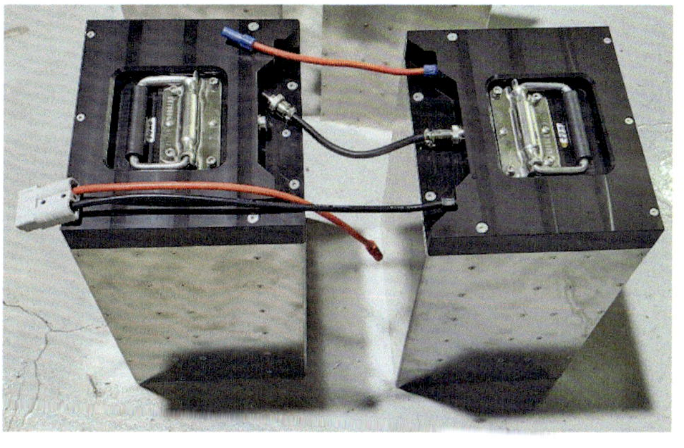

사진 3.23 6.7kW급 슈퍼커패시터 듀얼 배터리팩 실물(e-bike용)

사진 3.24 (a)는 앞에서 설명한 6.7kW급 슈퍼커패시터 듀얼 배터리팩 케이스(case 또는 casing)를 실장하기 위한 전동바이크의 내부공간 구조이다.

사진 3.24 (b)는 앉는 의자를 연 상태의 모습으로, 하단에는 배터리팩 안착을 위한 2개의 프레임이 조립되어져 있고, 측면은 전동바이크(e-bike, 이바이크) 차체(재질은 내충격성 플라스틱)로 배터리팩이 흔들리지 않게 잡아주고 고정하기 위한 구조로 되어 있다.

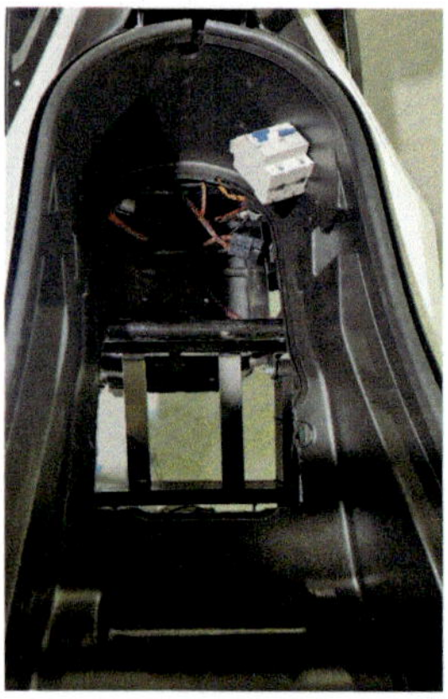

(a) 앞면 모습

(b) 측면 모습

사진 3.24 듀얼 배터리팩의 실장 공간 및 구조

그림 3.16은 슈퍼커패시터 배터리팩 2개를 동시에 조립해 유닛(unit)화하기 위해 설계된 배터리팩 케이스이다. 케이스에 서로 분리된 듀얼 배터리팩을 집어넣고 전동바이크 차체 내부에 조립하면 조립공정을 줄이고, 또한 외부 충격으로부터 2개의 배터리팩과 서로 연결된 고전압 배선(여기서는 케이블, cable)을 보호하기 위함이다. 그림 3.16은 배터리팩 케이스를 상세설계한 3D 모델링 도면

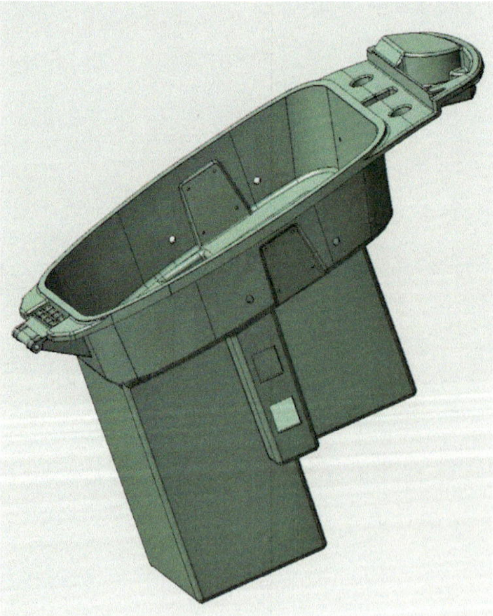

그림 3.16 슈퍼커패시터 배터리팩 케이스의 3D 모델링 도면

이다. 내충격성과 내열성이 우수한 고분자화합물인 엔지니어링 플라스틱을 주로 사용한다. 내충격성 ABS, PC(Polycarbonate) 등이 대표적인 케이스 재질(소재)이다.

사진 3.25는 개발한 전동바이크의 실제 도로주행시험 모습이다.

사진 3.25 전동바이크의 실제 도로주행시험(시연 모습)

사진 3.26은 개발한 전동바이크의 실제 도로주행시험 시 속도를 테스트하기 위한 시동을 건 후의 초기 계기판 모습이다.

사진 3.26 전동바이크의 실제 도로주행 시 속도 테스트

제4장

울트라커패시터

UltraCapacitor

01 울트라(슈퍼)커패시터 배터리

커패시터(capacitor)는 일반적으로 축전기 또는 축전지라 불린다.

여기서는 LS머트리얼즈(LS Materials)의 슈퍼커패시터(SuperCapacitor)로 브랜드명 '울트라커패시터(UltraCapacitor, 미국에서 처음 사용하고 있는 명칭이다)'를 사례로 하여 특성과 종류, 사용 용도 등에 대해 자세히 설명하고자 한다.

LS머트리얼즈의 울트라커패시터(슈퍼커패시터)는 기존의 전해질 커패시터와 충전식 배터리의 중간 특성을 가지고 있는 차세대 에너지저장장치로 전해질 커패시터와 충전식 배터리의 중간에 위치해 있다고 할 수 있다.

울트라커패시터(UltraCapacitor)는 높은 에너지 효율성과 출력밀도, 장기 신뢰성은 이 제품을 정전대비용 전력이나 보조전력, 순간출력 등 많은 분야에서 에너지원으로서 사용을 가능케 한다.

1) 개요

울트라커패시터는 용량이 큰 고용량 커패시터로, 실험실 등에서는 일반적으로 커패시터의 커패시턴스 단위로 nF(나노패럿, 10^{-9} 패럿, 10억분의 1 패럿) 내지 μF(마이크로패럿, 10^{-6} 패럿, 100만분의 1 패럿)을 쓰는 데 비해 슈퍼커패시터는 무려 F(패럿) 단위를 사용한다.

학계에서는 울트라커패시터(UC : UltraCapacitor), 전기이중층 커패시터(EDLC : Electric Double Layer Capacitor)로 부르며, 다른 이름으로 슈퍼커패시터(SC : Supercapacitor) 또는 슈퍼콘덴서(SC : Super Condenser)라고도 부른다.

EDLC(전기이중층 커패시터)와 유사커패시터(Pseudocapacitor, 슈도커패시터) 두 가지가 있으며, EDLC는 단셀(cell) 기준으로 최대 3,600F 등 다양하게 있고 유사커패시터는 10kF 이상도 존재한다. 유사커패시터는 EDLC와 달리 극성에 리튬과 같은 재료를 첨가하여 배터리와 같이 화학적 변화에 따른 충·방전을 하여 에너지밀도를 높인 것으로, 쉽게 말해 EDLC와 배터리의 중간 정도의 특성을 가진다. 쇼트(short, 단락)가 발생하거나 파손되어도 폭발 위험성은 없으나, 리튬이온전지와 같이 일정 전압 이하로 방전되면 소자가 손상된다는 단점을 가진다.

리튬은 자원이 희소하다는 단점이 있으므로 값싼 나트륨을 대신 사용하는 슈퍼커패시터도 개발 중에 있다.

요약하자면, 에너지밀도(Wh/kg)는 리튬이온(폴리머)>슈퍼커패시터>EDLC 순으로 크다. 그리고 순식간에 몇 (k)Wh를 내는지를 의미하는 순간 방전율은 슈퍼커패시터>EDLC>리튬이온(폴리머) 순으로 크다.

이러한 슈퍼커패시터는 일반적인 커패시터처럼 사용되기도 하지만, 한편으로는 배터리(이차전지)와 비슷한 동력원으로서 사용하고자 하는 시도도 계속되고 있다. 이는 용량이 매우 작은 일반적인 커패시터와는 달리 용량이 비교적 커서 배터리와 비슷한 용도에도 사용할 수 있으면서도, 한편으로는 커패시터로서의 특성을 살려 충·방전 횟수가 많고 고속충전과 고속방전이 가능하다는 특유의 이점을 살리기 위한 것이다.

스마트폰에서는 삼성전자의 갤럭시 노트9의 S펜에 블루투스 탑재를 위해 슈퍼커패시터가 배터리 용도로 사용되었다. 기기에 수납하면 충전이 되고, 40초 충전에 대기시간 30분, 클릭 200번이 가능하다.

사진 4.1은 여러 종류의 슈퍼커패시터 실물을 보여준다.

사진 4.1 여러 종류의 슈퍼커패시터 실물

2) 장점

울트라커패시터(UltraCapacitor, 슈퍼커패시터)의 장점은 다음과 같다.

① 전력밀도(순간 출력, Max Current)가 크다. 리튬이온 배터리의 전력밀도는 0.5~1.5W/kg 정도지만, 울트라커패시터는 1~10kW/kg 정도다.

② 충·방전 횟수가 많아 수명이 길다. 리튬이온 배터리를 1,000번 충·방전하면 용량이 급하락하여 폐기처분하지만, 울트라커패시터는 50만 번 내지 100만 번 충·방전이 가능하다. 사용 환경에 따라 다르지만 일반적으로 10년 이상의 수명을 보이기도 한다.

③ 고속충전이 가능하다. 수십~수천A(암페어, Ampere)의 전류만 공급할 수 있다면 분 단위 완

충도 가능하다. 참고로 마이크로패럿(μF) 수준의 초소형 커패시터는 초단위다.

④ 고속방전이 가능하다. 일반 배터리(내부저항 100mΩ)로 100A의 전류를 뽑아내려고 하면 폭발하지만, 울트라커패시터는 내부저항이 0.23mΩ 이하의 것도 있어서 가능하다.

⑤ 저온에서도 성능 저하가 낮다. 리튬이온 배터리는 온도가 낮으면 용량이 급감하지만, 울트라커패시터는 영하 40℃에서도 작동이 가능하다. 이는 사용하는 전해액의 어는점이 약 영하 49℃로 매우 낮기 때문이다.

⑥ 항공운송이 가능하다. 일반적으로 리튬이온 배터리는 폭발 위험성에 의해 항공운송이 제한되지만 슈퍼커패시터는 예외 조항으로 항공운송이 인정된다.

⑦ 리튬이온 커패시터를 제외하면 0V 방전이 가능하다. 나트륨이온 배터리를 제외한 대부분의 이차전지는 0V로 완전 방전하면 손상된다.

⑧ 비사업자도 DIY(Do It Yourself, 전문업체나 업자에게 맡기지 않고 스스로 직접 원하는 대로 만들고 수리하는 개념을 말한다) 목적으로 구매가 가능하다. 보호회로 및 안전인증이 없는 리튬이온 배터리는 법적으로 구매 자격이 제한된다.

3) 단점

울트라커패시터(UltraCapacitor, 슈퍼커패시터)의 단점은 다음과 같다.

① 에너지밀도가 배터리에 비해 떨어진다. 리튬이온 배터리는 에너지 저장밀도가 150Wh/kg이지만, 울트라커패시터는 최대 약 10Wh/kg이다.

② 가용 에너지량 대비 가격이 비싸다. 에너지량으로 보면 일반 배터리보다 수 배~수십 배 비싸다.

③ 다른 전기·전자제품에 비해 내구성이 떨어지는 경향이 있으며, 특히 전해액이 들어있는 커패시터 중에는 시간이 흐르며 저절로 부식하는 종류가 있다. 주로 알루미늄+전해액 방식의 커패시터에서 자주 발생하는 문제인데, 특히 대만에서 1999년~2003년에 만들어진 커패시터 중에 이런 문제가 있는 제품이 많다. 이런 제품은 대부분 2002년~2005년경에 문제를 일으켜 전량 파괴(내부에 가스가 발생해 파열하거나 심지어 폭발한다)되었기에 현재는 걱정하지 않아도 된다.

4) 적용 분야

울트라커패시터(UltraCapacitor, 슈퍼커패시터)가 적용되는 분야는 아주 다양하며 다음과 같이 널리 사용되고 있다.

① 산업용

• 미세공정 산업(반도체 · 디스플레이 · 차량도색 등)

• UPS(Uninterruptible Power Supply, 무정전 전원장치)

• 순간 정전보상장치

• ESS(에너지저장시스템)

• FR(Frequency Regulator, 주파수 조정기)

• AMR(Autonomous Mobile Robots, 자율이동로봇)

• SSD(솔리드 스테이트 드라이브(SSD, Solid-State Drive : 솔리드 스테이트 드라이브 또는 솔리드 스테이트 디스크)

• 태양광 가로등

• 발광블록

• 연료전지보조

• 발전기 시동전원

• 펄스 파워(Pulse power) : 펄스 파워(파동 전력)는 펄스에 의해 전송되거나 변환되는 전력이다. 비교적 낮은 전력으로 장시간 동안 에너지를 충전했다가 아주 짧은 시간 동안 높은 전력으로 방전한다.

• 스폿 용접기

② 풍력발전기

• Pitch control system(피치 제어장치, 피치 조정장치) 비상전원 : 풍력발전기(wind generator)에서 바람의 세기에 따라서 회전자(rotor)의 회전속도는 달라진다. 회전자의 속도가 변하게 되면 발전기의 회전속도가 변하게 되어 발전기의 출력과 주파수에 영향을 미치게 된다. 그러므로 회전자의 속도는 가능하면 일정하게 유지하는 것이 필요하다. 따라서 피치 제어(pitch control)는 날개의 각도를 제어하여 날개에 미치는 양력의 크기를 조절함으로써 회전자의 속도를 제어하는 것이다. 풍력발전기 블레이드(blade, 날개)의 피치(pitch)각도란 블레이드가 장착된 중심선을 기준으로 돌아가는 각도를 가리킨다. 따라서 피치 제어장치는 이러한 블레이드의 피치각도를 제어하는 것으로 풍력발전시스템에서의 피치제어는 블레이드가 가지고 있는 공기역학적 특성을 이용하여 최대의 출력을 얻어내는데 그 목적을 두고 있다.

• FR(Frequency Regulator, 주파수 조정기)

③ 태양열

• 태양열 발전 미러 트래킹(Mirror-tracking) : 태양열 발전의 미러 트래킹은 태양전지기판에 설치된 부가장치인 평면거울을 추적하는 기술이다. 평면거울은 태양광을 최대로 흡수할 수 있도록 설계된 장치로 태양광을 집속하여 흡수하는 흡수기 또는 태양열 집열기라고 한다.

④ 자동차

• 하이브리드 버스(Hybrid bus)
• ISG(Idle Stop & Go) 시스템 : ISG 시스템은 공회전 제한장치라고 부른다. 이 시스템은 차량이 멈췄을 때 자동으로 엔진을 꺼버리고, 브레이크에서 발을 떼거나 액셀을 밟아 차를 출발시킬 때 차량 시동이 자동으로 들어오게 만든다. 차량 정차 시 엔진을 꺼주고 재주행 시 엔진을 점화하는 역할을 한다.
• 전압안정기(Voltage regulator) : 전압안정기는 전원 전압의 변동을 작게 하기 위한 전기·전자 회로이다. 자동으로 일정한 전압 수치를 유지하도록 해준다.
• 점프스타터(Jump starter) : 점프스타터는 자동차 배터리가 나갔을 때(방전 시) 시동을 걸 수 있게 해주는 일종의 보조배터리이다. 차량의 배터리가 방전되었을 때 임시방편으로 빠르게 시동을 걸 수 있도록 배터리와 연결 시 약간의 충전과 스타터 모터(starter motor, 기동 전동기)를 돌려줄 수 있도록 짧은 시간에 큰 전류를 보내줌으로써 자동차의 시동을 걸 수 있게 도와주는 필수품이다.
• 블랙박스(Blackbox) : 블랙박스에서 블랙(black)이란 단어는 '검정'이란 뜻이 아닌 '비밀'이라는 뜻으로 사용되어 '사고의 비밀 혹은 원인이 담겨 있는 박스'라고 해석할 수 있다. 차량용 블랙박스는 카메라와 녹화장치가 내장된 충격감지 장치를 말한다. 보통 자동차 전면이나 후방에 장착하여 동영상과 음성을 녹화한다. 또한 비행기용 블랙박스(또는 비행기록장치)는 비행기의 전기적 또는 기계적 조건, 과거 비행궤적, 조종사 운영기록, 비행기 상태 등을 기록한 장치로 항공 사고 및 사고 조사를 용이하게 하기 위해 항공기에 장착되는 전자기록장치이다.
• 하이브리드 배터리(Hybrid battery) : 하이브리드 자동차(Hybrid Electric Vehicle, HEV)는 엔진과 전기를 동시에 조합하여 사용하는 자동차를 뜻한다. 출발하거나 가속, 감속이 되었을 때 가솔린 엔진과 전기모터가 같이 사용되어 배터리를 저장하고 출력하며 연료소모를 줄이는 기능을 가지고 있다. 또한 하이브리드 자동차는 자동차의 무게 중심 부분에 배터리가 들어가기 때문에 코너링이 안정적이며, 전기모터를 사용하기 때문에 엔진을 이용하는 내연기관 자동차보다 소음이 적은 특징이 있다. 내구성과 성능이 뛰어난 배터리가 엔진을 보조하는 역할을 한다.

⑤ 운송

- 회생제동(Regenerative braking) : 회생제동(回生制動) 또는 전력회생 브레이크는 토크력으로 움직이고 있는 전동기가 폐회로 상태가 됐을 때의 관성력을 이용해 바퀴 등에 달려 있는 회전자를 돌려 전동기를 발전기 기능으로 작동하게 함으로써 운동에너지를 전기에너지로 변환해 회수하여 제동력을 발휘하는 전기 제동방법을 통칭하는 말이다. 발전 시의 회전저항을 제동력으로서 이용할 수도 있다.
  회생제동을 사용하는 방법은 크게 2가지이다.
  첫 번째는 간단하게 브레이크를 밟는 방법으로 브레이크만 밟아줘도 자동차가 감속될 때 자동으로 회생제동이 작동하고 물론 브레이크도 잘 작동하게 된다. 두 번째는 회생제동 강도를 높게 설정해서 액셀을 서서히 떼면서 감속시키는 방법이 있다.
- 노면전차

⑥ 중장비

- 에너지 하베스팅(Energy harvesting, 에너지 수확) : 에너지 하베스팅(또는 power harvesting)은 태양에너지나 운동에너지 등으로 부터 외부의 에너지를 모으고 저장하는 기술을 말한다.
  폭넓게는 일상에서 버려지는 에너지(energy)를 수확(harvest)하여 전기에너지로 저장하는 것을 뜻한다.

⑦ 해양

- 파력발전 : 파력발전이란 해수면파에 의한 에너지 전달로 에너지를 포착하여 발전, 담화, 물을 저수지로 펌프질하는 등의 유용한 일을 하는 발전 방식이다. 쉽게 말하자면 파도의 상하 운동 에너지를 이용해서 동력을 얻어 발전하는 방식이다.
- 레벨링 시스템(Leveling system, 수준측량시스템) : 수준측량(leveling)이란 레벨과 표척(leveling rod or staff) 등을 이용해 어떤 지점의 높이를 결정하는 시스템을 말한다. 레벨측량, 고저측량시스템이라고도 한다.

⑧ 소비재

- 전동공구
- 손전등
- 완구

앞에서 설명한 바와 같이 여러 산업분야의 다양한 제품과 시스템에 울트라커패시터가 에너지저장 또는 보조배터리로써 널리 사용되고 있다.

따라서 높은 가용 에너지량을 원할 때는 배터리, 오랜(장) 수명에 고출력을 원할 때는 울트라커패시터를 검토하는 것이 바람직하다. 지하철의 경우는 짧은 거리를 자주 이용하므로, 가선(加線, overhead contact line, 지지대에 의해 공중에 떠 있는 전기선으로 전기를 공급하는 설비 및 급전방식을 뜻한다) 없이 20kWh 용량 정도의 울트라커패시터를 장착하면 된다. 중전철은 가선이 싸고 영향이 적지만, 경전철은 제3궤조의 특성을 가지기 때문에 선로에 비가 들어오면 운전을 못하기 때문이다.

요새는 이를 보완하기 위해 리튬이온 배터리와 울트라커패시터를 같이 사용하는 경우도 많다. 예시로는 하이브리드 자동차가 있다.

제3궤조(Third rail)

제3궤조집전(第三軌條集電, Third rail current collector) 방식 또는 간단히 제3궤조는 철도의 급전방식 가운데 전차선이 철로와 철로 사이, 혹은 철로 옆에 위치하는 방식을 말한다. 공중에 떠 있는 가공전차신(架空電車線, 가공전차선은 트램(tram, 노면전차(路面電車), 시가전차(市街電車) 또는 electric street railways이다. 트램은 교통수단의 하나로, 주로 도로상에 부설된 레일을 따라 움직이는 전동차를 일컫는다), 트롤리버스(trolley bus, 가공선(架空線)에서 폴(pole, 기둥)을 통하여 전력을 공급받아 궤도 없이 달리는 무궤도 버스), 열차 등의 지붕에서 전기를 받는 철도차량에 전력을 공급하기 위해 카테너리(catenary, '현수선'이란 뜻으로 현수선은 밀도가 균일한 사슬이나 케이블 따위가 양끝부분만이 고정되어 그 자체 무게만으로 드리워져 있을 때 나타나는 곡선이다)식이나 콘크리트 구조물로 공중에 전선을 설치한 것을 말한다) 방식과 구별된다. 3가닥의 철로가 있기 때문에 '3개의 궤도로 구성된 집전 방식'이라는 뜻에서 제3궤조집전식이라고 부른다.

또한 초고용량 커패시터인 울트라커패시터의 응용분야는 다양한데 크기별 활용분야를 살펴보면 소형의 경우는 가전제품, 휴대통신기기용 메모리 백업, 휴대전화의 RTC(Real Time Clock, 실시간 시계란 뜻으로 현재의 시간을 유지시키는 컴퓨터 시계이다) 백업용 등 IT 및 유비쿼터스 난방기 분야에 활용이 가능하다.

중형은 장난감, 자가발전시스템, 하이브리드 자동차 브레이크 리젠(regeneration, 재생)용 보조전원 등의 분야에 주로 활용이 가능하다.

대형의 경우 전기자동차 및 연료전지 자동차의 보조전원, 회생에너지, 재생 및 대전력 에너지저장 분야에 응용이 가능하다.

표 4.1은 울트라커패시터의 크기별 활용분야를 정리한 것이다.

표 4.1 울트라커패시터의 크기별 활용분야

용도 \ 제품	소형(1F 이하)	중형(1~100F 이하)	대형(100F~)
메모리 백업	전자기기 클록 · 메모리	산업용 기기 메모리	-
전원전력 백업	-	상기기동 대기 전자기기(가전기기 · 통신기기)	UPS, 수변전설비
태양광 발전시스템	솔라워치	자발광식 도로 등	주택태양광 발전시스템 전력저장
모터, 액추에이터	HDD 암 구동 어뮤즈먼트 기기	-	전기자동차나 전동차량 철도 포인트 절체
이차전지 수명 향상	PDA, 셀룰러 단말	PDA, 셀룰러 단말	차세대 저공해 자동차 (HEV · PEV · FCEV)
전압 변동 흡수	PDA, 셀룰러 단말	PDA, 셀룰러 단말, 각종 자동차 전장품	차세대 저공해 자동차 (HEV · PEV · FCEV)

02 울트라커패시터의 구조와 특징

1) 구조

LS울트라커패시터는 그림 4.1에서와 같이 전해액에 잠긴 두 개의 전극으로 격리막(분리막, separator)이 전기에너지가 방출되는 것을 막음으로써 두 전극 사이의 전기적 쇼트를 방지한다.

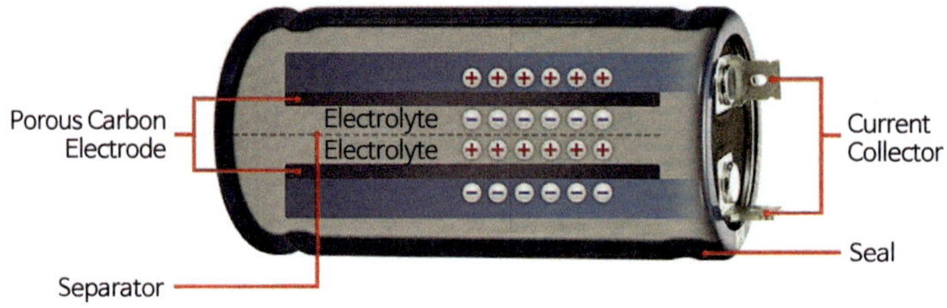

그림 4.1 울트라커패시터의 구조

LS울트라커패시터는 전하의 정전기(electro static)현상을 이용해 전기 이중층 표면에 형성되는 이온층에 전기를 저장한다.

그림 4.2는 원통형 LS울트라커패시터의 구조이다.

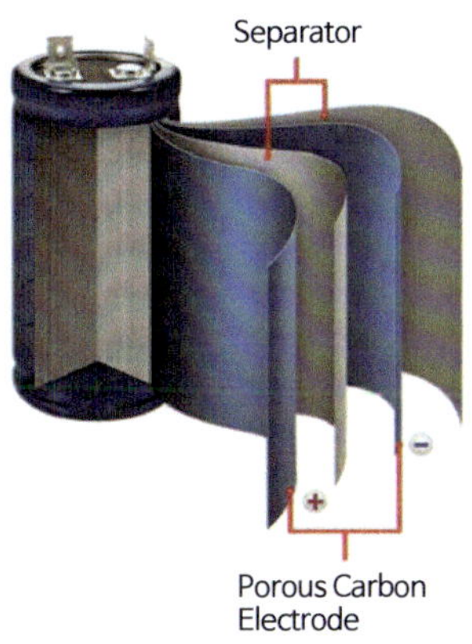

그림 4.2 원통형 울트라커패시터의 구조

울트라(슈퍼)커패시터(슈퍼콘덴서 또는 슈퍼축전기)는 전하의 형태로 전기적 에너지를 저장할 수 있는 고체상태의 소자이다. 전기회로에서 전기용량을 전기적 퍼텐셜 에너지로 저장한다.

울트라(슈퍼)커패시터도 일반 커패시터와 마찬가지로 그림 4.3에서 보는 바와 같이 2개의 도체판 사이에 절연체가 들어간 구조이다. 두 도체판 사이에 전압을 걸면 음극쪽의 절연체에는 (+)전하가 유도되고, 양극쪽의 절연체에는 (−)전하가 유도되면서 전기에너지를 임시적으로 저장한다. 이 때 모이는 전하량은 전압에 비례하며 커패시터가 전하를 충전할 수 있는 능력을 커패시턴스(capacitance) 또는 정전용량이라고 한다. 단위는 F(패럿, Farad)이며 커패시터의 경우에는 주로 pF(피코패럿, 10^{-12}F), nF(나노패럿, 10^{-9}F), μF(마이크로패럿, 패럿, 10^{-6}F) 단위를 사용한다.

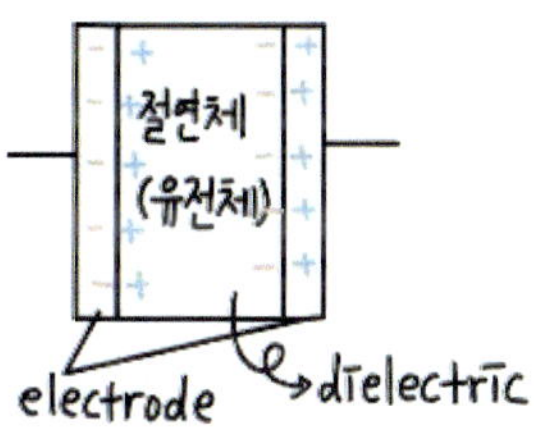

그림 4.3 커패시터의 간단한 구조

전기적 위치에너지(electric potential energy, 전기 포텐셜에너지)는 정의된 물리계 안에 놓인 전하 사이에서 발생하는 정전기력이 변화하여 발생하는 위치에너지이다.

그림 4.4에서 보여주는 바와 같이 전해액에 임의적으로 흩어져 있는 이온들이 충전 시 서로 다른 극성을 띄는 전극 표면으로 움직인다. 이것은 완전한 물리적 작용으로써 화학적 현상에 의해 충전되는 배터리에 비해 높은 출력과 신뢰성을 보여준다.

전기 포텐셜에너지(electric potential energy)는 전기장 내 전하의 위치에너지이다. 전압은 전기적 위치에너지의 차이이고, 전기적 위치에너지는 전기장 내부에서 갖게 된다.

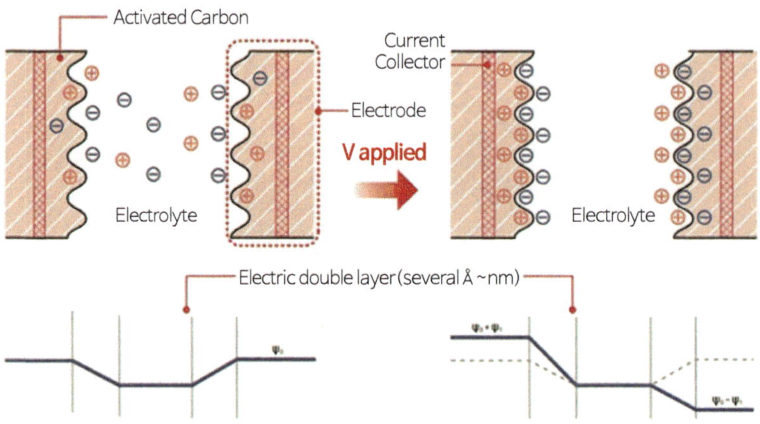

(a) 충전 전 위치에너지 (b) 충전 후 위치에너지

그림 4.4 울트라커패시터의 원리(물리적 작용)

2) 특징

LS울트라커패시터(슈퍼커패시터)는 기존 전해질 커패시터와 충전식 배터리의 중간 특성을 가지고 있는 차세대 에너지저장용 배터리이다.

(1) 제품의 종류

사진 4.2에서와 같이 여러 종류의 용량(커패시턴스 또는 정전용량)과 형태의 울트라커패시터가 있다.

사진 4.2 울트라커패시터의 종류

(2) 특성

울트라커패시터의 특징과 특성을 사례를 들어 설명하면 다음과 같다.

- 정격전압 : 3V
- 고출력(vs. Battery)
- 고효율(vs. Capacitor)
- 환경 친화적
- 유지비용 절감
- 뛰어난 온도특성(−40℃~65℃)
- 낮은 내부 저항
- 각 셀(cell)의 밸런싱(balancing) 및 과전압 보호장치
- 고전압용 모듈 양산에 용이
- 효과적 방열 설계

표 4.2는 울트라커패시터를 정전커패시터(Electrostatic Capacitor), 이차전지(배터리)와 서로 각 특성을 비교한 수치이다.

정전(靜電)커패시터는 절연강도를 높이기 위하여 기름을 이용하는 축전기로 기름 함침이 된 종이로 극판 사이를 절연하거나 극판 전체를 기름에 담그는 방법으로 고전압 회로에서 주로 사용한다.

표 4.2 울트라커패시터와 정전커패시터, 이차전지(배터리)와의 특성 비교

Parameters	Electrostatic Capacitor	Ultracapacitor(Ultracap)	Rechargeable Battery
Discharge rate	10^{-6}~10^{-3}sec	1~30sec	0.3~4hrs
Charge rate	10^{-6}~10^{-3}sec	sec~min	0.5~5hrs
Energy Density(Wh/kg)	<0.1	1~10	30~100
Power Density(W/kg)	>10,000	1,000~2,000	50~200
Charge/Discharge Efficiency	~10	0.9~0.95	0.7~0.85
Cycle life	infinite	>500,000	500~2,000

03 적용분야

1) 장점

울트라커패시터의 주요 장점을 나타내면 그림 4.5와 같다.

그림 4.5 울트라커패시터의 주요 장점

2) 특징

울트라커패시터의 주요 특징을 나타내면 그림 4.6과 같다.

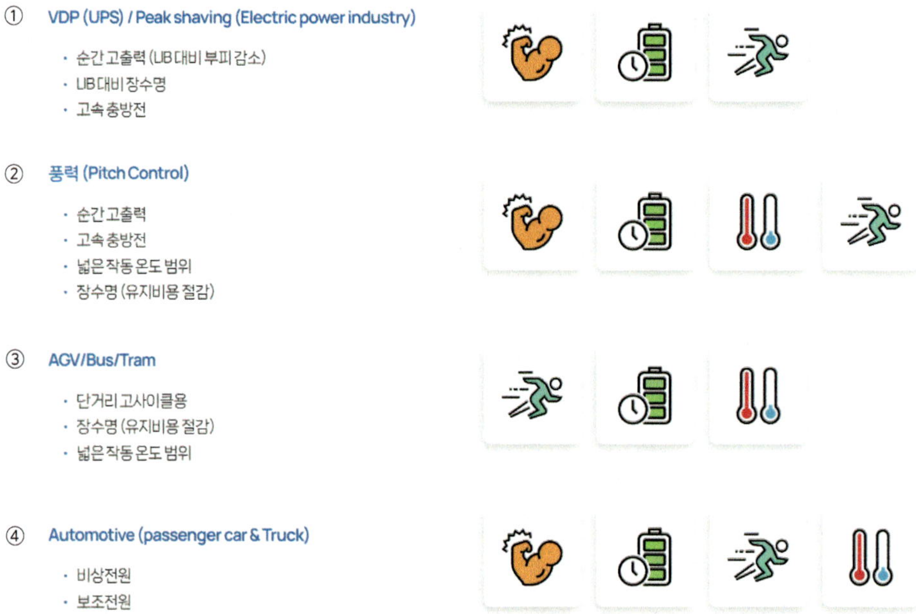

그림 4.6 울트라커패시터의 주요 특징

울트라커패시터는 그림 4.7에서 나타낸 바와 같이 필요한 곳에 사용하기가 좋은(적합한) 에너지 저장용 배터리이다.

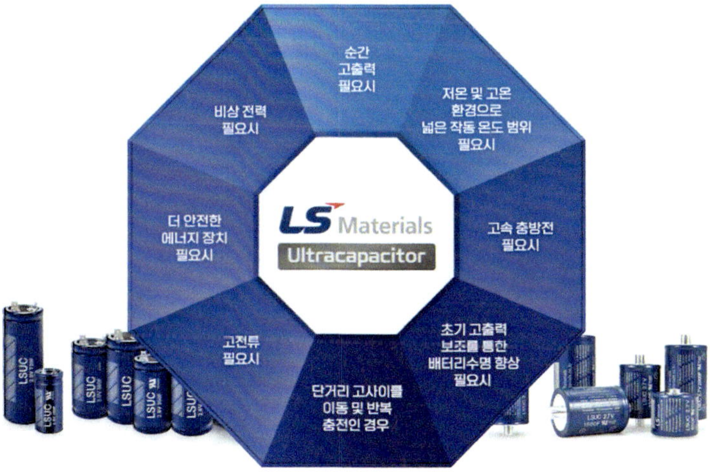

그림 4.7 울트라커패시터의 필요성

04 제품소개

울트라커패시터의 제품으로 그림 4.8과 같이 셀(cell)과 모듈(module) 형태로 제품을 개발 및 제조하고 있다.

그림 4.8 울트라커패시터의 셀(cell)과 모듈(module) 형태의 제품

1) 셀(Cell)

LS머트리얼즈는 45종 이상의 셀(cell)을 양산하고 있으며 타입(type)을 설명하면 다음과 같이 나뉜다.

(1) PCB type

사진 4.3은 PCB 타입(type)으로 극성(+), (−) 단자를 갖고 있으며 여러 형태의 제품들이 있다.

① ø22, ø33, ø35 Series Cell

(a) 제품 실물

Snap-in
(100F/120F)

Lug
(320F~720F)

Snap-in
(4pin, 350F~720F)

(b) 단자 형태(terminal type)에 따른 종류

사진 4.3 PCB 타입(type)의 울트라커패시터

② ø22 Series PCB(mounting type cell)

표 4.3은 ø22 시리즈(Series) PCB 마운팅 타입 셀(mounting type cell, 장착형 셀)의 종류와 스펙(정격)을 나타낸 것이다.

표 4.3 Ø22 시리즈 PCB 마운팅 타입 셀의 종류와 정격

Series	Rated Voltage	Capa Citance	Part No.	Max. ESR(DC)	Max. Current	Type	Dimensions	Spec Sheet
	V	F		mΩ	A		Ø×mm	
22Ø	2.8	100	LSUC 002R8S 0100F EA	9.0	74	Snap-in	22×L46	⤓
22Ø	2.8	120	LSUC 002R8S 0120F EA	9.0	81	Snap-in	22×L46	⤓
22Ø	3.0	100	LSUC 003R0S 0100F EA	7.0	88	Snap-in	22×L46	⤓

다음 그림 4.9는 ø22 Series PCB(mounting type cell)에 있어 Part No. 'LSUC 002R8S 0100F EA'에 대한 스펙(specification, 사양)을 나타내는 데이터 시트(data sheet, spec. sheet)의 예이다.

DATA SHEET

LSUC 002R8S 0100F EA

The Ultracapacitor, also known as double-layer capacitor, stores energy by means of a static charge as opposed to a battery

It is used for energy storage applications which undergo very frequent charge and discharge cycles at high current and short duration. It features a wide operating temperature range, making it an ideal energy storage device for extreme environments.

It can be applied in wind power, hybrid systems, industrial automation, power backup and stabilization. Imagination is its only boundary.

PERFORMANCE SPECIFICATIONS

Rated Voltage(Nominal)	2.8 V
Surge Voltage	3.0 V
Capacitance	100 F
Capacitance Tolerance	0% / + 20%
Max. ESR DC	9 mΩ
Max. ESR AC (1 kHz)	7 mΩ
Typical ESR AC[1]	5 mΩ
Total Energy	0.10 Wh
Max. Current[2]	74 A
Leakage Current[2]	< 0.3 mA

[1] Internal control value

[2] The stated maximum peak current should not be used in normal operation and is only provided as a reference value

ENVIRONMENTAL SPECIFICATIONS

Operating Temperature	–40°C to 65°C
Operating Humidity (RH)	Up to 95%, condensing
Storage Conditions	–20°C to 25°C Up to 85% RH

LIFE INFORMATION

Endurance Life (65 °C)	1500hr
Capacitance Change[3]	< 20%
ESR DC Change[4]	< 100%
Projected Life (25 °C)	10 Years
Capacitance Change[3]	< 20%
ESR DC Change[4]	< 100%
Projected Cycle Life (25 °C)[5]	500,000 Cycles
Capacitance Change[3]	< 20%
ESR DC Change[4]	< 100%
Shelf Life (25 °C)[6]	4 Years

[3] Decrease from minimum Capacitance value

[4] Increase from Max. ESR value

[5] Cycle Life may vary for different working conditions (e.g. voltage or temperature)

[6] Stored uncharged state under appropriate storage conditions

THERMAL SPECIFICATIONS

Max. Continuous Current △T=15 °C[7]	12.5 A
Max. Continuous Current △T=40 °C[7]	20 A
Thermal Resistance (°C/W)[8]	11.1

[7] Initial state value

[8] The specification is calculated under limited conditions

MECHANICAL SPECIFICATIONS[9]

D1 + 1.0 mm	22
L ± 2.0 mm	46
Mount Options	Snap-in
Weight	23 g
Safety Vent	Bottom Notch

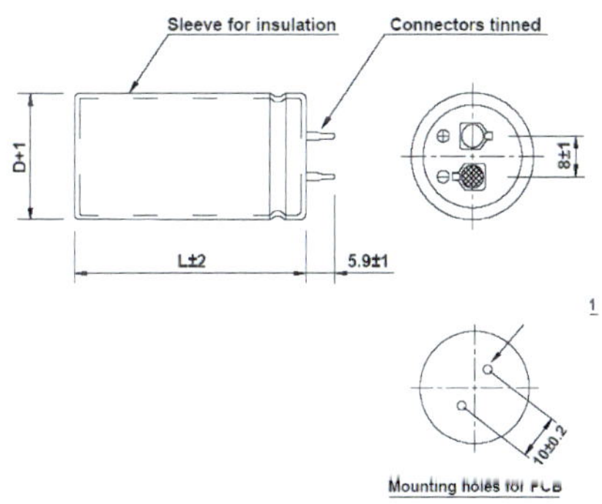

COMPLIANCE SPECIFICATIONS

Certifications	UL810A – MH46367
Environmental	RoHS, REACH
Shock & Vibration	IEC 60068-2-27 : 2008 IEC 60068-2-6 : 2007

LS Materials
LS Mtron Hi-tech center, 39, LS-ro 116-gil, Dongan-gu, Anyang-si, Gyeonggi-do, Korea, 431-831
TEL :82-31-8045-9579 FAX :82-31-8045-9544 e-mail : sp.jeong@lsmaterials.co.kr

그림 4.9 'LSUC 002R8S 0100F EA' 데이터 시트의 예시

③ ø33 Series PCB(mounting type cell)

표 4.4는 ø33 시리즈(Series) PCB 마운팅 타입 셀(mounting type cell, 장착형 셀)의 종류와 스펙(정격)을 나타낸 것이다.

표 4.4 Ø33 시리즈 PCB 마운팅 타입 셀의 종류와 정격

Series	Rated Voltage	Capa Citance	Part No.	Max. ESR(DC)	Max. Current	Type	Dimensions	Spec Sheet
	V	F		mΩ	A		Ø×mm	
33Ø	2.8	360	LSUC 002R8L 0360FCU03	3.2	234	Lug	33×L61	⤓

④ ø35 Series PCB(mounting type cell)

표 4.5는 ø35 시리즈(Series) PCB 마운팅 타입 셀(mounting type cell, 장착형 셀)의 종류와 스펙(정격)을 나타낸 것이다.

표 4.5 Ø35 시리즈 PCB 마운팅 타입 셀의 종류와 정격

Series	Rated Voltage	Capa Citance	Part No.	Max. ESR(DC)	Max. Current	Type	Dimensions	Spec Sheet
	V	F		mΩ	A		Ø×mm	
35Ø	2.8	320	LSUC 002R8L 0320F EM	2.0	273	Lug	35×L61	⤓
35Ø	2.8	350	LSUC 002R8L 0350F EA	3.2	231	Lug or Snap-in	35×L61	⤓
35Ø	2.8	400	LSUC 002R8L 0400F EA	3.0	255	Lug or Snap-in	35×L66	⤓
35Ø	2.8	450	LSUC 002R8L 0450F EA	3.0	268	Lug or Snap-in	35×L71	⤓
35Ø	2.8	600	LSUC 002R8L 0600F EA	3.2	288	Lug or Snap-in	35×L71	⤓
35Ø	2.8	720	LSUC 002R8L 0720F EA	2.0	413	Lug or Snap-in	35×L105	⤓
35Ø	3.0	360	LSUC 003R0L 0360F LE	1.7	335	Lug	35×L61	⤓
35Ø	3.0	380	LSUC 003R0L 0380F EA	3.2	257	Lug or Snap-in	35×L61	⤓
35Ø	3.0	430	LSUC 003R0L 0430F EA	3.0	282	Lug or Snap-in	35×L66	⤓
35Ø	3.0	480	LSUC 003R0L 0480F EA	3.0	295	Lug or Snap-in	35×L71	⤓

그림 4.10은 LS머트리얼즈 울트라커패시터의 제품(셀 · 모듈)을 분류하는 코드이다.

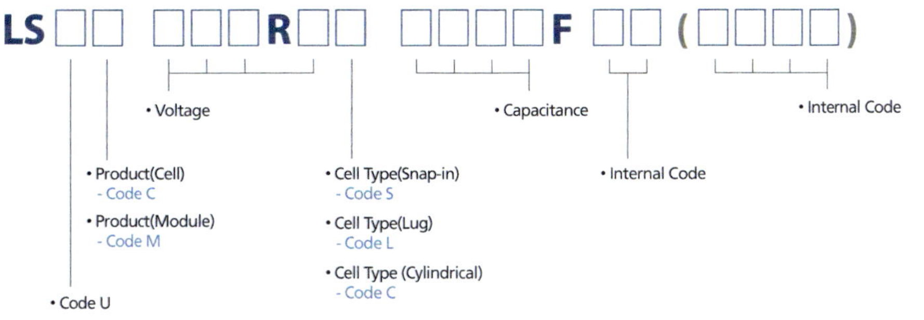

그림 4.10 LS머트리얼즈 울트라커패시터의 제품의 분류 코드

(2) 버스바(Busbar) 타입

LS머트리얼즈는 45종 이상의 셀을 양산하고 있다.

① ø60 Series Cell

사진 4.4는 버스바(busbar) 타입(type)으로 여러 가지 단자(terminal) 형식을 갖는 울트라커패시터 제품들을 보여준다.

버스바 혹은 부스바는 전류를 전달하는데 사용되는 단단한 금속 막대(bar)이다. 배전에서 버스바는 금속 스트립(strip) 또는 바(bar) 형태이다.

일반적으로 재질은 구리 또는 알루미늄으로 만들어지며 시스템의 여러 회로 사이에 상호 연결점을 만드는데 사용된다. 자동화 공정의 필요성도 버스바의 채택을 가속화하고 있다.

사진 4.4 버스바(busbar) 타입의 여러 가지 단자 형식을 갖는 울트라커패시터

사진 4.5는 여러가지 단자 형식(terminal type)을 갖는 버스바(busbar) 타입의 울트라커패시터이다. 단자 형식에는 길이가 짧은 나사, 긴 나사 그리고 열과 압력에 의해 용접되거나 결합될 수 웰더

블(weldable) 형식이 있다.

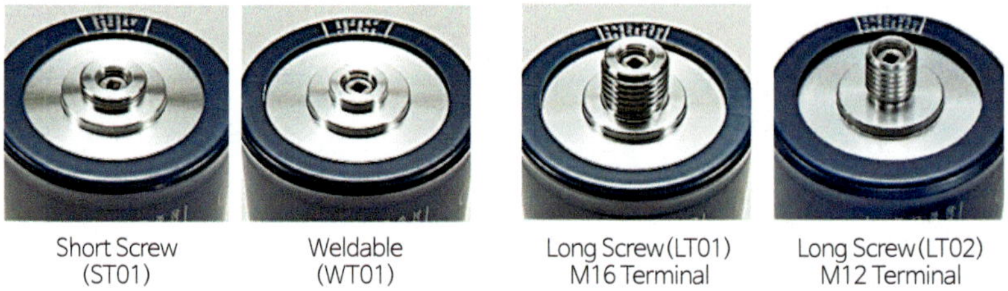

사진 4.5 울트라커패시터의 여러 가지 단자 형식(terminal type)

② ø60 시리즈(Busbar connection type cell)

표 4.6은 ø60 시리즈(Series) 버스바 연결 타입 셀(connection type cell)의 종류와 스펙(정격)을 나타낸 것이다.

표 4.6 Ø60 시리즈 버스바 연결 타입 셀의 종류와 정격

Series	Rated Voltage	Capa Citance	Part No.	Max. ESR(DC)	Max. Current	Type	Dimensions	Spec Sheet
	V	F		mΩ	A		Φ×mm	
60Ø	2.7	650	LSUC 002R7C 0650F NH	0.57	640	Cylindrical	60×L51.5	
60Ø	2.7	1200	LSUC 002R7C 1200F NH	0.33	1160	Cylindrical	60×L74	
60Ø	2.7	1500	LSUC 002R7C 1500F NH	0.28	1426	Cylindrical	60×L85	
60Ø	2.7	2000	LSUC 002R7C 2000F NH	0.27	1753	Cylindrical	60×L102	
60Ø	2.7	3000	LSUC 002R7C 3000F NH	0.23	2396	Cylindrical	60×L138	
60Ø	2.85	3400	LSUC 02R85C 3400F NH	0.23	2719	Cylindrical	60×L138	
60Ø	3.0	3000	LSUC 003R0C 3000F NH	0.23	2663	Cylindrical	60×L138	
60Ø	3.0	3400	LSUC 003R0C 3400F NH	0.20	2800	Cylindrical	60×L138	

2) 모듈(Module)

LS머트리얼즈는 20종 이상의 모듈을 양산하고 있다.

(1) PCB type

PCB형 시리즈는 PCB 기판에 ø22, ø33, ø35 시리즈 셀을 조립한 모듈이다(PCB type series is modules built up with ø22, ø33 & ø35 series cells on PCB board).

표 4.7은 PCB 타입(type, 형) 모듈의 종류와 스펙(정격)을 나타낸 것이다.

표 4.7 PCB 타입 모듈의 종류와 정격

PCB type Series is modules built up with 22Ø & 33Ø & 35Ø series cells on PCB board

Part No.	Rated Voltage	Capa Citance	Max. ESR(DC)	Max. Continuous Current	Weight	Dimensions	Spec Sheet	User Manual
	V	F	mΩ	A	kg	L×W×H(mm)		
 LSUM 016R8L 0058F EA	16.8	58	22	20	0.7	245×47×76.6		
 LSUM 168R0L 0005F EA	168	5.8	540	12	6.5	235×367×79		

(2) Busbar type

버스바형 시리즈는 버스바와 연결된 ø60 시리즈 셀로 구성된 모듈이다(Busbar type series is modules built up with ø60 series cells connected with busbar).

표 4.8은 버스바 타입(type, 형) 모듈의 종류와 스펙(정격)을 나타낸 것이다.

표 4.8 버스바 타입 모듈의 종류와 정격

Part No.	Rated Voltage	Capa Citance	Max. ESR(DC)	Max. Continuous Current	Weight	Dimensions	Spec Sheet	User Manual
	V	F	mΩ	A	kg	L×W×H(mm)		
 LSUM 016R2C 0500F EA	16.2	500	1.5	200	5.6	67.2×416.2 ×175.0		

Part No.	Rated Voltage	Capa Citance	Max. ESR(DC)	Max. Continuous Current	Weight	Dimensions	Spec Sheet	User Manual
	V	F	mΩ	A	kg	L×W×H(mm)		
 LSUM 032R4C 0250F EA	32.4	250	3.3	150	10.0	137.1×426.6×184		
 LSUM 048R6C 0166F EA DC	48.6	166	4.4	130	14.0	194.5×419.5×177		
 LSUM 051R3C 0166F EA	51.3	166	5.0	100	12.0	590.4×136×171		
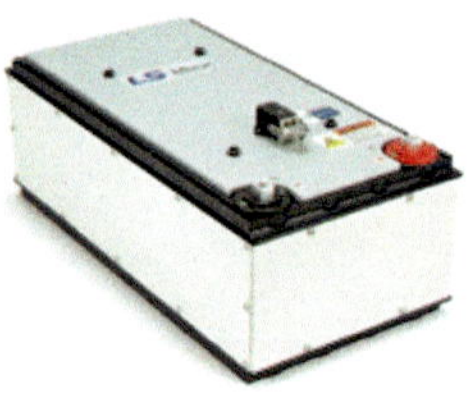 LSUM 086R4C 0093F EA	86.4	93	11.3	80	27.0	517×265×210.5		
 LSUM 129R6C 0062F EA	129.6	62	11.5	240	55.0	720×405×226		

다음 그림 4.11은 버스바 타입 모듈(module)에 있어 Part No. 'LSUM 016R2C 0500F EA'에 대한 스펙(specification, 사양)을 나타내는 데이터 시트(data sheet, spec. sheet)의 예이다.

DATA SHEET

LSUM 016R2C 0500F EA MH

The Ultracapacitor, also known as double-layer capacitor, stores energy by means of a static charge as opposed to a battery, which uses an electrochemical reaction.
The Ultracapacitor is used for energy storage applications which undergo very frequent charge and discharge cycles at high current and short duration. Its life can be as high as one million cycles. It features a wide operating temperature range, from - 40℃ to 65℃, making it an ideal energy storage device for extreme environments.
It can be applied in wind power, hybrid systems, industrial automation, power backup and stabilization. Imagination is its only boundary.

PERFORMANCE SPECIFICATIONS

Rated Voltage(Nominal)	16.2 V
Serge Voltage	17.1 V
Max. Series Voltage	750 V
Capacitance	500 F
Capacitance Tolerance	- 0% / + 20%
Max. ESR DC	1.5 mΩ
Typical ESR DC	1.3 mΩ
Total Energy	18.2 Wh
Max. Current[1]	2,300 A
Leakage Current[2]	< 5 mA
Rated voltage of Cells	2.7 V
Capacitance of Cells	3000 F
Number of Cells	6 Series

[1] The stated maximum peak current should not be used in normal operation and is only provided as a reference value.
[2] The module leakage current is based on the calculated value. It may change depending on the cell balancing configuration.

LIFE INFORMATION

Endurance Life (65 °C)	1500hr
Capacitance Change[3]	< 20%
ESR DC Change[4]	< 100%
Projected Life (25 °C)	10 Years
Capacitance Change[3]	< 20%
ESR DC Change[4]	< 100%
Projected Cycle Life (25 °C)[5]	1,000,000 Cycles
Capacitance Change[3]	< 20%
ESR DC Change[4]	< 100%
Shelf Life (25 ℃)[6]	4 Years

[3] Decrease from minimum initial value
[4] Increase from maximum initial value.
[5] Cycle Life may vary for different working conditions. (e.g. voltage or temperature)
[6] Stored uncharged state under appropriate storage conditions

THERMAL SPECIFICATIONS

Max. Continuous Current △T=15 °C[7]	120 A
Max. Continuous Current △T=40 °C[7]	200 A
Thermal Resistance (°C/W)[8]	0.61 ℃/W

[7] Initial state value.
[8] The specification is calculated under limited conditions.

SAFETY INFORMATION

Short Circuit Current[9]	10,800 A
Isolation Voltage (DC, Terminal – Case, 60 sec)	2.5 kV
Certification	RoHS, REACH

[9] Calculated value. Do not use as an operating current.

MONITORING INFORMATION

Temperature Sensor	NTC thermistor (option)
Communication Interface	Analog
Connector	Deutsch DTM
Cell Voltage Monitoring	Over Voltage Alarm (option)
Cell Balancing	Active, Passive (option)

LS Materials
LS Mtron Hi-tech center, 39, 116beon-gil, LS-ro, Dongan-gu, Anyang-si, Gyeonggi-do, 14118, Korea
Email : sp.jeong@lsmaterials.co.kr LS Materials Co., Ltd.

DATA SHEET

MECHANICAL SPECIFICATIONS

Length	67.2 ± 1.0 mm
Width	416.2 ± 1.0 mm
Height	175.9 ± 1.0 mm
Weight	Max. 5.6 kg

PHYSICAL SPECIFICATIONS

Power Terminals	M8 / M10
Recommended Torque (Terminal)	20Nm / 30Nm
Vibration & Shock Protection[10]	SAE J2464, SAE J2380
Environment Protection[10]	IP 65

[10]The specifications are for tests with limited conditions and may different under actual conditions.

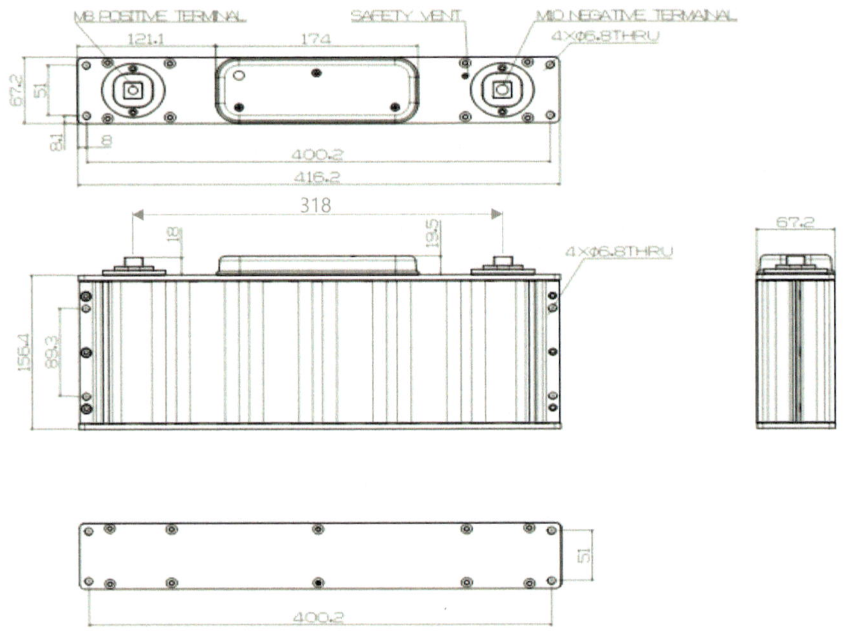

Markings	**Accessories** (Not Included)
- Positive / Negative terminal - Serial number - Part number - Warning marking	- Deutsch DTM

Notice : Product dimensions and specifications may change without notice. Please contact LS Materials for any technical specifications.

LS Materials

LS Mtron Hi-tech center, 39, 116beon-gil, LS-ro, Dongan-gu, Anyang-si, Gyeonggi-do, 14118, Korea
Email : sp.jeong@lsmaterials.co.kr LS Materials Co., Ltd.

그림 4.11 버스바 타입 모듈 Part No. 'LSUM 016R2C 0500F EA'의 데이터 시트 예시

다음 그림 4.12는 버스바 타입 모듈(module)에 있어 Part No. 'LSUM 016R2C 0500F EA'에 대한 사용자 매뉴얼(User Manual)의 예이다.

User Manual

LSUM 016R2C 0500F EA

1. Overview

The LS 16.2V / 500F Ultracapacitor Module has high energy and low ESR to meet energy storage and power delivery requirements.

The cells used in the module have 2.7 V maximum voltage rating and are connected in series to get higher operating voltage of modules. To meet the long cycle life requirements, the cells operate under 2.7 V. In addition, all the cells are balanced by balancing circuit connected parallel to each cell.

2. Identification of features

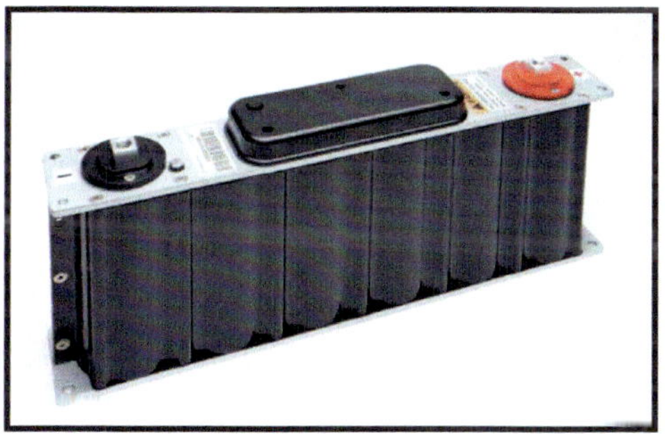

<MI I01, MH02>

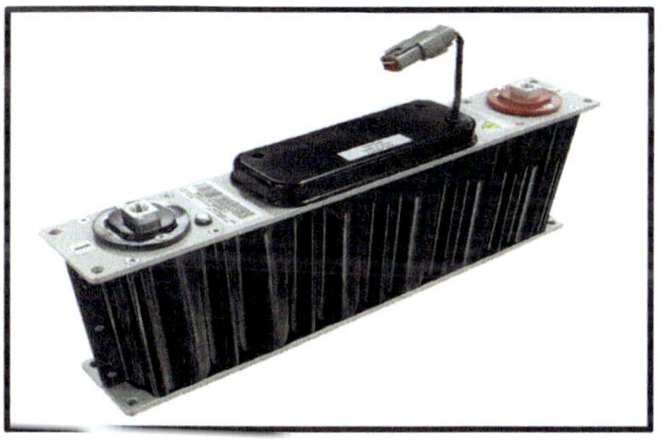

<MH03, MH04>

LS Materials

LS Mtron Hi-tech center, 39, 116beon-gil, LS-ro, Dongan-gu, Anyang-si, Gyeonggi-do, 14118, Korea
Email : sp.jeong@lsmaterials.co.kr LS Materials Co., Ltd.

LSUC

(a) 개요와 특징의 식별

User Manual

LSUM 016R2C 0500F EA

5. Module to module connection

- There are series and parallel connection for High power

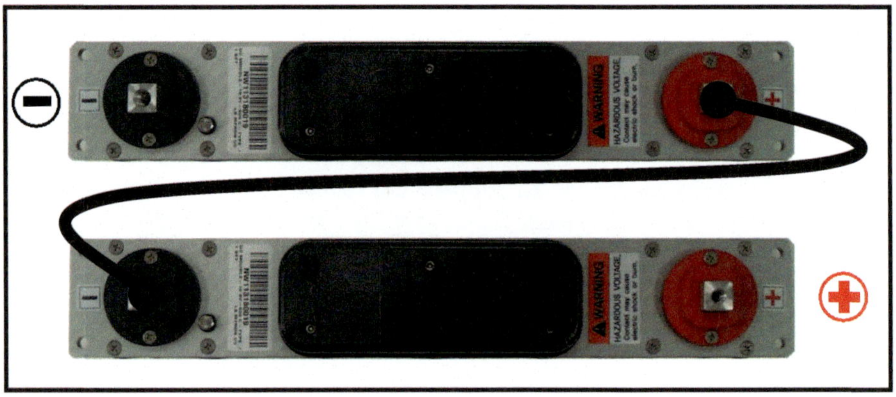

<Fig. 2> Series Connection of Modules

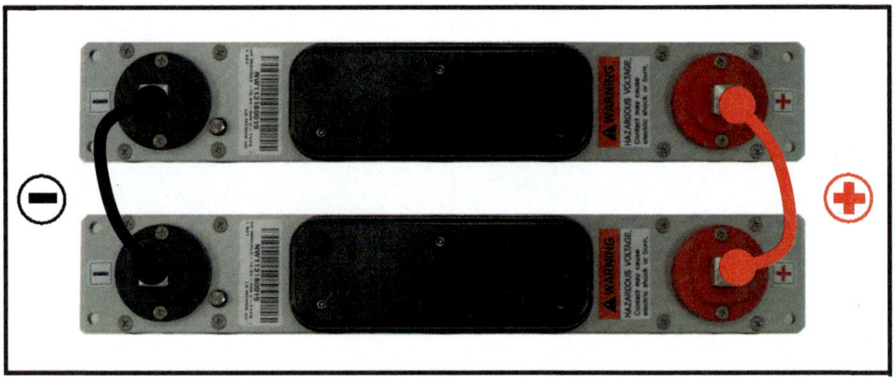

<Fig. 3> Parallel Connection of Modules.

LS Materials

LS Mtron Hi-tech center, 39, 116beon-gil, LS-ro, Dongan-gu, Anyang-si, Gyeonggi-do, 14118, Korea
Email : sp.jeong@lsmaterials.co.kr LS Materials Co., Ltd.

(b) 모듈 간 연결 및 모듈의 병렬 연결

6. Output terminal connection

The LS 16.2V / 500F Ultracapacitor Modules are designed to connect directly to a ring or a bus bar. The positive and negative terminals have each hole for the screw. The positive terminal threaded size is M8 and negative terminal is M10. Wave washers are required to ensure long term, reliable connections.

When tightening the terminal bolt, a torque of 20 N-m for the M8 bolt should be used.(30N-m for the M10 bolt) Because the modules have a very low ESR, total ESR will be affected by a ring lug, bus bar or torque. Therefore, it needs more attention to assemble the modules. And appropriate protection and sealing should be used on both module terminals to avoid shock hazards and corrosion.

7. Output connector

- The output of connector is tabulated below.

Pin #	Wire color	Pin out	Signal
1	Red	TEMP	Pin1 or Pin2
2	White	Not used	-
3	-	Not used	-
4	Black	TEMP	Pin2 or Pin1

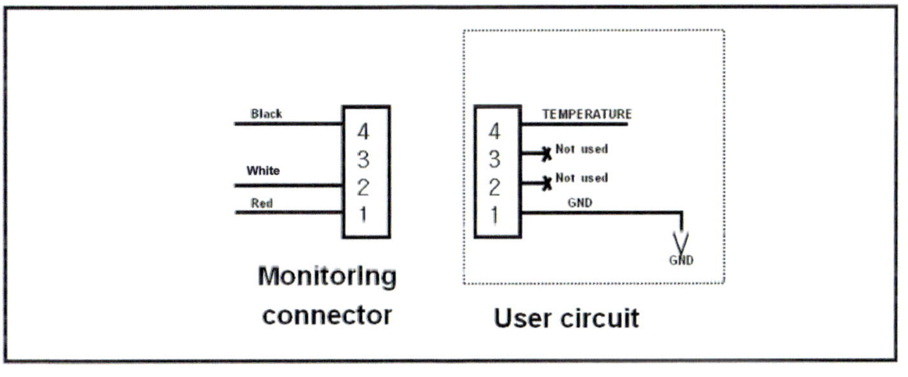

<Fig. 4> Typical output signal receiver circuit to the monitoring connector

LS Materials
LS Mtron Hi-tech center, 39, 116beon-gil, LS-ro, Dongan-gu, Anyang-si, Gyeonggi-do, 14118, Korea
Email : sp.jeong@lsmaterials.co.kr LS Materials Co., Ltd.

(C) 출력 단자 연결과 출력 커넥터(connector)

-Pin 1, 4 is connected with a NTC thermistor for temperature monitoring.
According to temperature variation in the module, the resistance of the thermistor is determined. The resistance measured through the thermistor relates to temperature according to the DK Sensor 10K@ 25℃ resistance to temperature chart for the appendix I.

- Pin 2, 3 are not used.

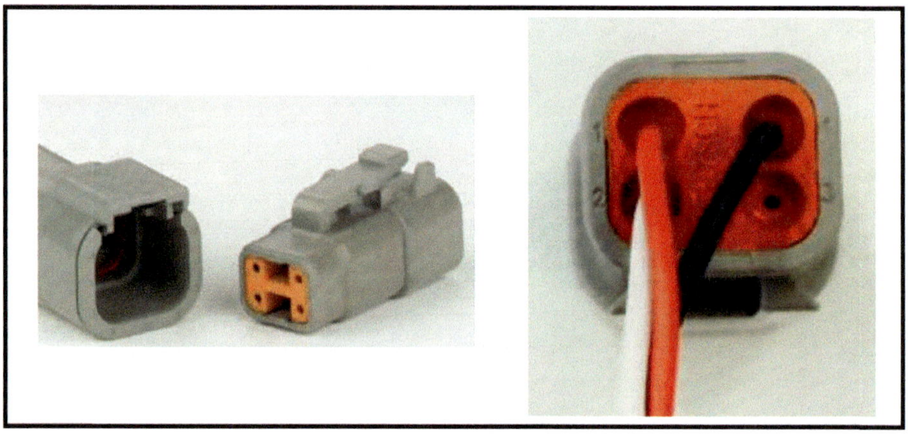

<Fig. 5> Monitoring connector

LS Materials

LS Mtron Hi-tech center, 39, 116beon-gil, LS-ro, Dongan-gu, Anyang-si, Gyeonggi-do, 14118, Korea
Email : sp.jeong@lsmaterials.co.kr LS Materials Co., Ltd.

LSUC

(d) 모니터링 커넥터

8. Mounting

The modules should not be mounted in locations where they are directly exposed to the environment.

- <Fig. 6> shows the mounting positions of the module.

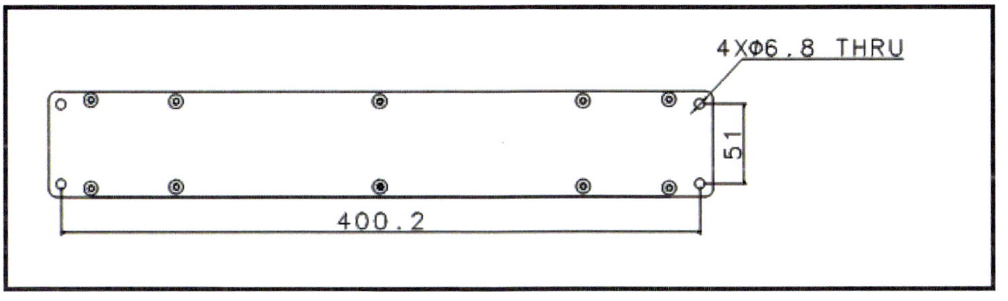

<Fig. 6> Mounting Positions

LS Materials
LS Mtron Hi-tech center, 39, 116beon-gil, LS-ro, Dongan-gu, Anyang-si, Gyeonggi-do, 14118, Korea
Email : sp.jeong@lsmaterials.co.kr LS Materials Co., Ltd.

(e) 설치 및 장착 위치

Appendix I

T(℃)	Rmin(kΩ)	Rcent(kΩ)	Rmax(kΩ)	DR(%)	DT(℃)
-40	332.8	348.4	364.6	4.65%	0.67
-39	311.2	325.5	340.4	4.58%	0.66
-38	291.2	304.3	318.0	4.51%	0.66
-37	272.5	284.7	297.3	4.44%	0.65
-36	255.2	266.4	278.0	4.37%	0.65
-35	239.1	249.4	260.2	4.30%	0.64
-34	224.2	233.7	243.6	4.23%	0.64
-33	210.2	219.0	228.1	4.17%	0.63
-32	197.3	205.4	213.8	4.10%	0.63
-31	185.2	192.7	200.4	4.03%	0.62
-30	173.9	180.8	188.0	3.97%	0.61
-29	163.4	169.8	176.4	3.90%	0.61
-28	153.6	159.5	165.6	3.84%	0.60
-27	144.5	149.9	155.6	3.77%	0.60
-26	135.9	141.0	146.2	3.71%	0.59
-25	127.9	132.6	137.5	3.64%	0.59
-24	120.5	124.8	129.3	3.58%	0.58
-23	113.5	117.5	121.6	3.52%	0.58
-22	107.0	110.7	114.5	3.46%	0.57
-21	100.9	104.3	107.8	3.40%	0.56
-20	95.15	98.33	101.6	3.34%	0.56
-19	89.79	92.74	95.77	3.27%	0.55
-18	84.76	87.50	90.31	3.21%	0.55
-17	80.05	82.59	85.19	3.16%	0.54
-16	75.63	77.98	80.40	3.10%	0.53
-15	71.49	73.66	75.90	3.04%	0.53
-14	67.59	69.61	71.69	2.98%	0.52
-13	63.94	65.81	67.73	2.92%	0.51
-12	60.50	62.24	64.02	2.86%	0.51
-11	57.27	58.88	60.53	2.81%	0.50
-10	54.23	55.73	57.26	2.75%	0.49
-9	51.37	52.76	54.18	2.69%	0.49
-8	48.68	49.97	51.29	2.64%	0.48
-7	46.15	47.35	48.57	2.58%	0.47
-6	43.77	44.88	46.01	2.53%	0.47
-5	41.52	42.55	43.60	2.47%	0.46
-4	39.40	40.36	41.34	2.42%	0.45
-3	37.41	38.29	39.20	2.37%	0.45
-2	35.52	36.35	37.19	2.31%	0.44

Appendix I

T(℃)	Rmin(kΩ)	Rcent(kΩ)	Rmax(kΩ)	DR(%)	DT(℃)
-1	33.74	34.51	35.29	2.26%	0.43
0	32.07	32.78	33.50	2.21%	0.43
1	30.48	31.14	31.81	2.15%	0.42
2	28.99	29.60	30.22	2.10%	0.41
3	27.57	28.14	28.72	2.05%	0.40
4	26.24	26.76	27.30	2.00%	0.40
5	24.97	25.46	25.96	1.95%	0.39
6	23.78	24.23	24.69	1.90%	0.38
7	22.64	23.07	23.49	1.85%	0.37
8	21.57	21.96	22.36	1.80%	0.37
9	20.56	20.92	21.29	1.75%	0.36
10	19.60	19.94	20.27	1.70%	0.35
11	18.69	19.00	19.31	1.65%	0.34
12	17.83	18.12	18.41	1.60%	0.34
13	17.01	17.28	17.54	1.55%	0.33
14	16.24	16.48	16.73	1.51%	0.32
15	15.50	15.73	15.96	1.46%	0.31
16	14.80	15.01	15.22	1.41%	0.30
17	14.14	14.33	14.53	1.36%	0.30
18	13.51	13.69	13.87	1.32%	0.29
19	12.91	13.08	13.24	1.27%	0.28
20	12.35	12.50	12.65	1.23%	0.27
21	11.81	11.95	12.09	1.18%	0.26
22	11.29	11.42	11.55	1.13%	0.25
23	10.81	10.92	11.04	1.09%	0.24
24	10.34	10.45	10.56	1.04%	0.24
25	9.900	10.00	10.10	1.00%	0.23
26	9.472	9.572	9.671	1.04%	0.24
27	9.064	9.164	9.264	1.09%	0.25
28	8.677	8.776	8.875	1.13%	0.26
29	8.308	8.406	8.505	1.18%	0.27
30	7.957	8.054	8.153	1.22%	0.29
31	7.622	7.719	7.817	1.26%	0.30
32	7.304	7.400	7.496	1.30%	0.31
33	7.000	7.095	7.191	1.35%	0.32
34	6.711	6.805	6.900	1.39%	0.33
35	[illegible]	6.528	6.622	1.43%	0.35
36	6.173	6.265	6.357	1.47%	0.36
37	[illegible]	6.013	6.104	1.52%	0.37
38	5.683	5.772	5.862	1.56%	0.38
39	5.455	5.543	5.631	1.60%	0.40
40	5.237	5.324	5.411	1.64%	0.41
41	5.030	5.114	5.200	1.68%	0.42
42	4.831	4.915	4.999	1.72%	0.44
43	4.641	4.724	4.807	1.76%	0.45
44	4.460	4.541	4.623	1.80%	0.46

(f) 부록 I

Appendix II

Drawing

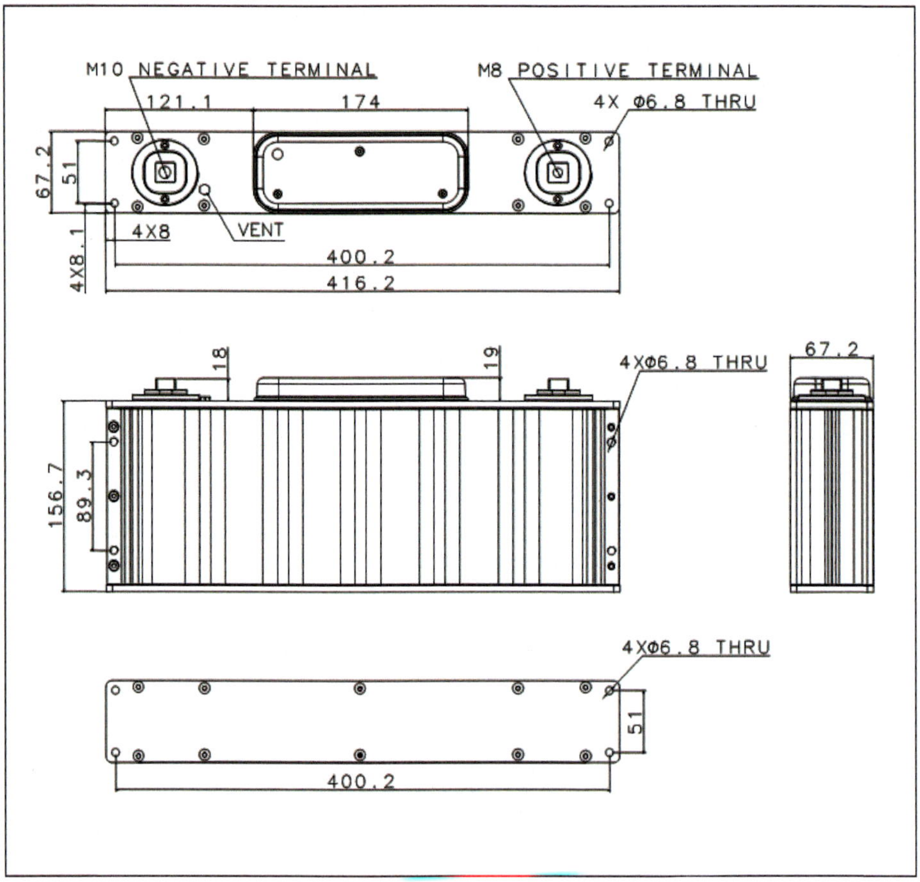

(f) 부록 II - 도면

그림 4.12 버스바 타입 모듈 Part No. 'LSUM 016R2C 0500F EA'의 사용자 매뉴얼 예시

(3) CTC(Cell to Cell) type

① CTC Description

CTC(Cell to Cell, 셀 투 셀) 시리즈 모듈은 고객의 요청에 따라 연결된 셀(60 시리즈 셀)로 구성될 수 있다(CTC series module can be made up with connected cells (60 Series cell) at customer's request).

CTC 모듈은 확장 가능한 모듈 케이스로 추가 개발 없이 16V부터 최대 108V까지 제작이 가능하다(The CTC module can be made from 16V up to 108V without additional development with extendable module case).

그림 4.13은 CTC(Cell to Cell) 시리즈 모듈의 3차원(3D) 분해도로 도시된 구성도와 2차원(2D) 도면이다.

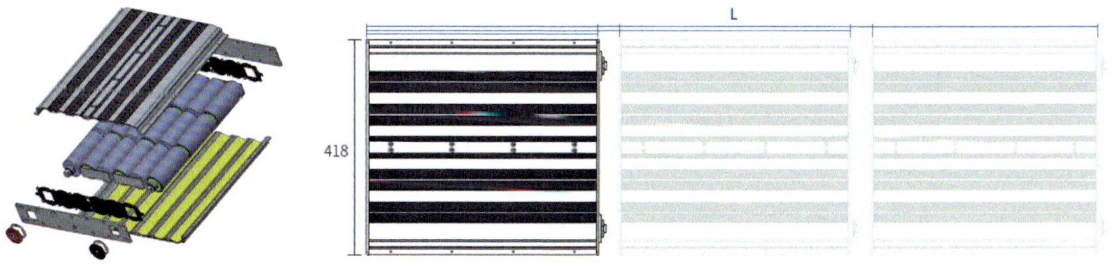

그림 4.13 CTC(Cell to Cell) 시리즈 모듈의 구성도와 도면의 예시

② Monitoring for CTC series module(PCB mounting type cell)

표 4.9는 CTC 시리즈 모듈 모니터링(PCB 실장형 셀)의 정격을 나타낸 예이다.

표 4.9 CTC 시리즈 모듈 모니터링의 정격

Temperature sensor	Temperature interface	Connector	Cell voltage monitoring	Balancing
NTC Thermistor	Analog	4pin	OVA(Optional)	Active or Passive

③ CTC series

CTC(Cell To Cell) 시리즈 모듈은 16V에서 108V까지 사용 가능하며 고객의 추가 비용 없이 확장 및 사용자 정의가 가능하다(CTC series module is available from 16V to 108V, is extendable and customizable without additional costs to the customer).

표 4.10은 CTC 시리즈의 정격을 나타낸 예시이다.

표 4.10 CTC 시리즈 모듈의 정격

Part No.	Applied Cell Unit			Rated Voltage	Capa citance	Max. ESR(DC)	Max. Continuous Current	Weight	Dimensions	Spec Sheet	User Manual
	Rated Voltage	Capa citance	Series								
	V	F		V	F	mΩ	A	kg	L×W×H(mm)		
LSUM 048R6C 0066F EA YJ	2.7	1200	18	18.6	66	7.2	160	10.3	279×418×71		
LSUM 064R8C 0050F EA YJ	2.7	1200	24	64.8	50	9.6	130	13.2	362×418×71		
LSUM 048R6C 0083F EA YJ	2.7	1500	18	48.6	83	6.1	180	11.5	312×418×71		
LSUM 064R8C 0062F EA YJ	2.7	1500	24	64.8	62	8.1	140	14.8	406×418×71		
LSUM 048R6C 0111F EA YJ	2.7	2000	18	48.6	111	5.9	180	13.5	363×418×71		
LSUM 064R8C 0083F EA YJ	2.7	2000	24	64.8	83	7.8	150	17.5	474×418×71		
LSUM 048R6C 0166F EA YJ	2.7	3000	18	48.6	166	4.4	200	17.2	471×418×71		
LSUM 064R8C 0125F EA YJ	2.7	3000	24	64.8	125	5.8	160	22.5	618×418×71		
LSUM 016R2C 0250F EA AG	2.7	1500	6	16.2	250	2.0	150	3.9	311×166×70		
LSUM 016R2C 0500F EA AG	2.7	3000	6	16.2	500	1.5	200	5.9	470×166×70		

사진 4.6은 CTC 시리즈 모듈의 여러 제품을 나타낸 것이다.

LSUM048R6C0166FEAYJ　　LSUM016R2C0500FEAAG　　LSUM016R2C0250FEAAG

사진 4.6 CTC 시리즈 모듈의 여러 제품

05 응용분야

다음 표 4.11은 앞에서 설명한 울트라커패시터의 셀과 모듈이 사용되는 여러 응용분야를 나타낸 것이다.

표 4.11 울트라커패시터의 셀과 모듈이 사용되는 여러 응용분야

산 업	전력망	신재생에너지	시 동
운 송	자동차	의료장비	비상전원

1) 산업

① UPS/VDP(Sag protector)

UPS(Uninterruptible Power Supply)는 무정전 전원공급장치이고, VDP(Voltage Drop Protector, 전압강하 보호기 또는 전압강하 보상장치)는 순산선압강하 시 즉, 낙뢰 · 폭우 · 폭설 · 신불 등 지연적인 원인 또는 대형부하 투입, 선로 고장, 대용량 전동기 기동 시 일시적으로 전압이 저하될 경우에 전력품질 저하현상을 방지하기 위한 순간전압강하 보호기(전압강하 보상장치)이다.

여러 이유로 인한 이런 순간전압강하 사태를 막기 위한 시스템을 마련하고 있다. 무정전 전원공급장치(UPS), 순간전압강하 보상장치(VDP), 비상발전기 등을 설치해 순간적인 정전에 대응할 수 있게 한다.

따라서 목적은 전압강하 보상장치를 통해 전력품질 개선에 있는 것이다.

또한 순간전압보상상치(VSP, Voltage Sag Protector)는 순간전압강히 보호장치로서 순간저인(보통 1초 미만) 전압 드롭(drop, 강하) 현상에 대한 보상장치이다. 송전 · 변전망에서 발생하는 사고는 대부분 1초 이내의 순간전압강하(voltage sag)이다. 하지만 이 짧은 정전으로 인해 제조시설이 폐쇄될 수 있다. 순간전압 보상장치는 최소 100%의 정전 시에도 2ms 이내에 초고속 스위칭 방식으로 안전하게 전력을 공급해 부하와 장비를 보호한다.

사진 4.7은 UPS/VDP(Sag protector)이다.

사진 4.7 UPS/VDP(Sag protector)

• 설치현황 : 한국, 유럽, 일본, 중국(2008년~)
• 순간정전 및 전압강하 방지(~60초)
• 최종 고객 : 삼성, LG, Japan Display 등
• 목적 : 고전력/고전류/유지비 절감(장수명)

다음 사진 4.8은 권장하는 모듈이다.

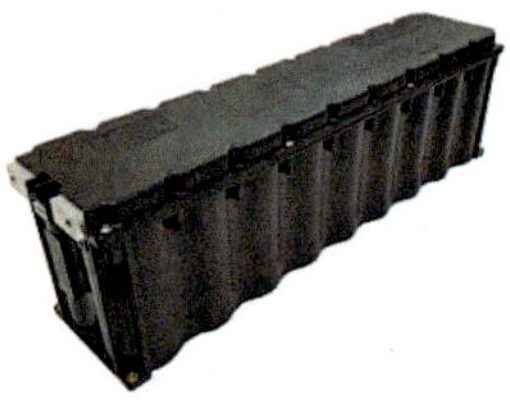

LSUM 051R3C 0166F EA

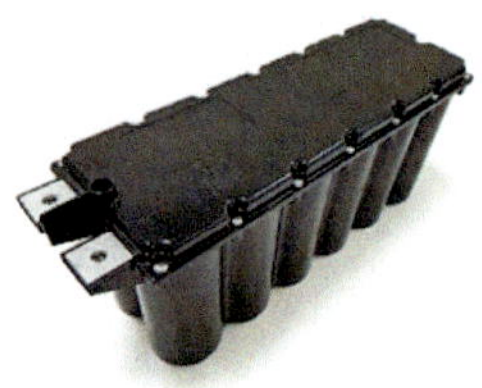

LSUM 032R4C 0250F EA

사진 4.8 권장하는 모듈

② AGVs(Automated Guided Vehicles)

AGV란 Automated Guided Vehicle의 약자로 무인운반(운송)차량이다. 무인운반차량은 휴대형 로봇으로 바닥에 표시된 긴 선이나 와이어를 따라 이동하거나 무선 전파, 비전 카메라, 마그넷, 레이저 등을 사용해 움직이는 운반물을 자동으로 운송하는 장비를 말한다.

이송장비 설치, 유지 · 보수를 비롯한 비용절감 및 소음 감소가 장점이다.

사진 4.9 AGV(무인운반차량)의 한 예시

사진 4.9는 AGV(무인운반(운송)차량)의 한 예시이다.

- 설치현황 : 한국, 유럽, 일본, 중국, 미국 등
- 고속 및 단거리 이동에 적합
- 장수명(사이클 수명 100만회 이상)
- 최종 고객 : 삼성, LG, CSOT, Amazon, Walmart 등
- 목적
  - 유지비 절감(장수명)
  - 고출력 및 고속이동
  - 고속충전

사진 4.10은 권장하는 모듈이다.

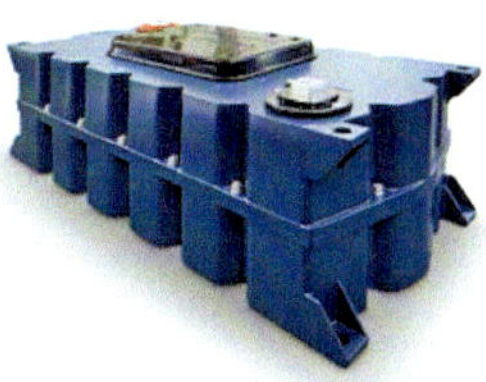

LSUM 048R6C 0166F EA DC

사진 4.10 권장하는 모듈

③ 피크 전력 대응

출력 부하 감소를 통해 설치 및 유지보수 비용을 절감한다.

사진 4.11은 롤러코스터(roller coaster 또는 궤도열차는 급커브, 가파른 경사, 급격한 하강을 하도록 설계된 레일 위를 열차로 달리는 놀이기구의 일종이다) 사용하는 예시이다.

사진 4.11 롤러코스터에 적용 예시

• 설치현황 : 유럽, 중국, 미국 등
• 순간 고출력 대응을 통한 메인 전원출력의 절감
• 목적
  - 그리드의 최대부하 감소
  - 그리드 연결비용 절감
  - 출력 보상을 통한 에너지 효율성 향상

그리드(Grid)

여기서 그리드란 전력망(electric grid)을 의미한다. 전력망이란 전기에너지를 생산하는 발전설비, 생산된 전기에너지를 소비자에게 전달하는 송전 · 변전 · 배전과 같은 수송설비, 최종적으로 전기에너지를 소비하는 부하 등 제반 전기설비로 구성되는 대규모 전기회로를 의미한다.

다음 사진 4.12는 권장하는 모듈이다.

LSUM 048R6C 0166F EA DC　LSUM 048R6C 0166F EA YJ　LSUM 129R6C 0062F EA

사진 4.12 권장하는 모듈

④ 하버 크레인(Harbor crane)

하버 크레인이란 전용부두에서 컨테이너 등의 하역전용 이동식 크레인으로서 구조는 일반 트럭크레인과 유사하며 고철, 중량화물, 잡화 등 다목적 화물의 하역작업을 수행한다. 하버 크레인을 움직이는 배터리로 울트라커패시터가 사용되고 있으며 순간 고출력으로 에너지 절감 및 연비개선의 장점이 있다.

사진 4.13은 하버 크레인 전경 모습이다.

사진 4.13 하버 크레인

- 설치현황 : 유럽, 한국, 북미 등
- 크레인의 지속적 작동은 그리드(grid)에 높은 전력부하를 발생시킨다. 그러나 울트라커패시터 배디리의 순간 고출력으로 이를 해결한다.
- 최대 부하를 감소시켜 크레인의 안정적인 작동을 보장한다.
- 장점
  - 연비개선
  - 파워 인프라 투자비용 절감
  - 고신뢰성

사진 4.14는 권장하는 모듈이다.

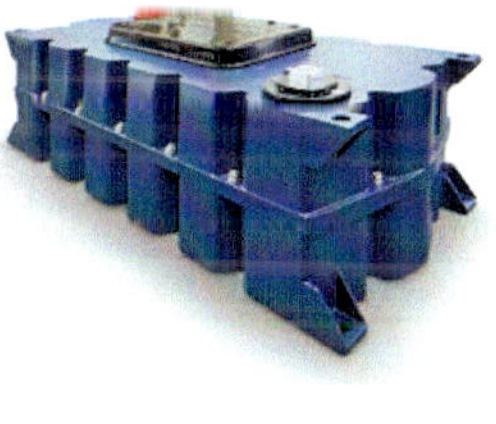

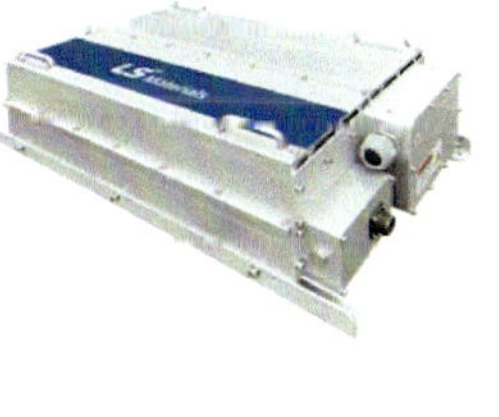

LSUM 048R6C 0166F EA DC　LSUM 048R6C 0166F EA YJ　LSUM 129R6C 0062F EA

사진 4.14 권장하는 모듈

2) 전력망(Electric grid)

① 전력망의 전력품질 개선

유효전력 공급을 통한 신재생에너지 전력망의 관성(inertia) 개선으로 개념은 다음 그림 4.14와 같다. 전력망에서의 관성은 대형 회전발전기와 일부 산업용 모터에 저장된(터빈 등의 질량 덩어리) 운동에너지를 의미하며, 관성의 사전적인 의미가 그러하듯이 회전상태를 계속 유지하려고 하는 물리적 성질이다. 관성은 발전기의 불시 정지와 같은 계통 외란(外亂) 시 정상값을 벗어난 주파수가 빠른 시간 안에 정상값을 되찾을 수 있도록 해준다.

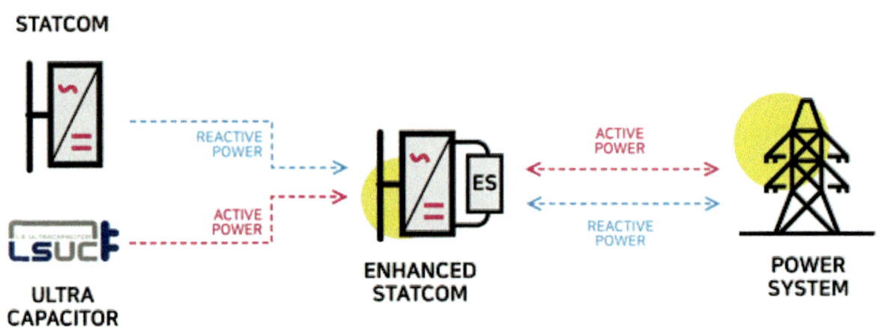

그림 4.14 울트라커패시터를 활용한 유효전력 공급망 개념안

신재생에너지(풍력, 태양광 등)는 기존 에너지원(화석, 원자력 등)과 달리 전력 관성이 떨어져 전력망의 혼선(공급에너지 부족)을 발생시킨다.

이러한 약점을 개선하기 위해 신재생에너지망에 유효전력을 공급해야 하는 필요성이 증가하므로 그림 4.14에서 개념안을 나타낸 바와 같이 높은 출력밀도를 가진 울트라커패시터는 이에 가장 적합한 유효전력 공급원이다.

- STATCOM(Static Synchronous Compensator) : 정적 동기보상기 또는 정지형 무효전력 보상장치라고 하며, 이는 전송 네트워크에 사용되는 분로연결반응 보상장치로 시스템의 안전성과 효용성을 유지하면서 기존 선로의 전송능력을 극대화하기 위해 사용된다.
- Active power : actual power which is really transferred to the load(유효전력 : 실제로 부하로 전달되는 실제 전력)
- Reactive power : the imaginary (non-real) power(반응전력 : 허수(비실재) 거듭제곱)

사진 4.15는 송전 · 변전 · 배전용 전력망의 전경 모습이다.

사진 4.15 송전 · 변전 · 배전용 전력망

사진 4.16은 권장하는 모듈이다.

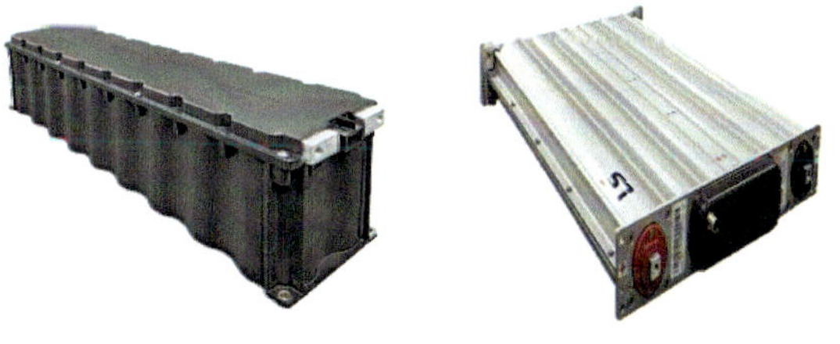

LSUM 051R3C 0166F EA　　LSUM 108R0C 0083F YD3P

사진 4.16 권장 모듈

② 하이브리드 ESS(Energy Storage System)

에너지저장장치(Energy Storage System, ESS)는 태양광 · 풍력발전 등으로 생산된 전기를 배터리에 저장했다가 일시적으로 전력이 부족할 때 또는 필요 시에 쓸 수(사용할 수) 있도록 하는 에너지 저장시스템으로 현재는 주로 리튬이온 삼원계 배터리 NCM(니켈 · 코발트 · 망간), NCA(니켈 · 코발트 · 알루미늄)과 리튬인산철(LFP) 이차전지(배터리)를 주로 사용하고 있다.

그러나 하이브리드(울트라커패시터+LIB(Li-ion Battery))로 사용 시에는 리튬이온 이차전지가 갖고 있는 화재 위험성을 감소시키면서 안정적인 전력공급을 할 수 있다. 사진 4.17은 하이브리드 에너지저장장치이다.

사진 4.17 하이브리드 에너지저장장치

- 설치현황 : 유럽, 한국 등
- 울트라커패시터의 순간 고출력 기능으로 에너지저장장치(ESS)의 초기 고출력을 대응하여, 리튬이온 이차전지(LIB)의 부하감소를 이끈다. 그 결과, 다음과 같은 효과를 얻는다.
  - 안전성 증가 : 리튬이온 이차전지(LIB)의 화재 및 폭발 위험성 감소
  - 피크 타임에도 안정적인 전력 공급
  - 배터리 수명 증가

사진 4.18은 권장하는 모듈이다.

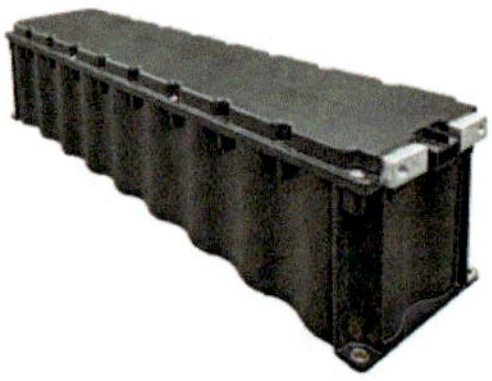

LSUM 051R3C 0166F EA LSUM 108R0C 0083F YD3P

사진 4.18 권장하는 모듈

3) 신재생에너지

① 풍력

사진 4.19는 해상풍력발전을 보여준다.

해상풍력발전(offshore wind power)은 바다나 호수와 같은 지역에 풍차를 설치한 후 그곳에서

부는 바람을 이용해 터빈을 돌려 전기에너지를 얻는 발전 방식을 말한다. 이는 1990년대부터 육상 풍력발전 방식이 터빈의 대형화로 인하여 소음, 경관 훼손 및 생태계 파괴 문제 등으로 한계에 도달함에 따라서 대안으로 부상하며 등장하게 되었다.

해상풍력발전에서도 울트라커패시터는 오랜(장)수명을 통한 유지비용을 절감해준다.

사진 4.19 해상풍력발전

- 설치현황 : 유럽, 중국, 미국 등
- 블레이드 피치컨트롤(blade pitch control) 출력 보상
- 최종 고객 : Enercon, GE, Shanghai electric 등
- 목적
  - 유지비용 절감(장수명)
  - 고속충전
  - 넓은 작동온도 범위

사진 4.20은 권장하는 모듈이다.

LSUM 168R0L 0005F EA

사진 4.20 권장 모듈

② 태양에너지

태양광에너지의 저장장치로 울트라커패시터는 오랜(장)수명을 통해 획기적인 유지비용의 절감을 가져온다.

사진 4.21은 태양광발전용 태양광패널(solar panel)이 동심원 모양으로 광범위하게 설치된 모습이다.

사진 4.21 태양광패널의 설치

- 설치현황 : 미국
- 헬리오스탯(heliostat, 태양빛을 거울로 반사시켜 일정한 목표를 유지하며 비추는 장치로 태양광을 반사시켜 일정 방향으로 보내는 반사경이다. 헬리오스탯은 각도를 자유자재로 바꿀 수 있다)의 태양추적 모터작동용 에너지원이다.
- 헬리오스탯은 두 개의 평면유리거울, 지지대, 철탑 및 추적시스템으로 구성된다. 거울은 철탑에 장착되어 태양을 추적하여 탑 꼭대기의 보일러에 햇빛을 반사한다.
- 태양에너지는 일반적으로 사막과 같은 매우 열악한 조건에서 설치하기 때문에, 넓은 작동온도 범위와 긴 수명을 갖춘 울트라커패시터가 에너지저장 장치로 적합하다.

사진 4.22는 권장하는 모듈이다.

LSUM 016R8L 0058F EA

사진 4.22 권장 모듈

다음에 인용하는 신문기사는 에너지저장장치(ESS, Energy Storage System)의 핵심인 ESS용 배터리의 중요성을 보여준다. 전력망의 교체 · 신설 수요에 따른 전력에너지를 저장하고, 신재생에너지의 대표적인 태양광과 풍력에너지를 저장하는 장치로서의 역할뿐만 아니라 더 나아가 에너지저장단지 구축 등 에너지발전과 저장 인프라의 주요 역할로 ESS용 배터리가 부각되고 있는 것이다. 따라서 현재 사용 중인 리튬이온 배터리(NCM, NCA, LFP 등)와 더불어 슈퍼커패시터의 비중도 날로 증가하고 있다. 서로 하이브리드(hybrid, 특정 목적을 달성하기 위해 두 개 이상(이중성)의 기능이나 요소를 결합한 것이다. 서로 다른 요소들의 장점만을 취해 합친 것으로, 성능 및 효과, 경제성이 뛰어난 것이 특징이다)로 사용하면 시너지(synergy, 협력작용 혹은 상승효과) 도 충분하다고 본다.

LG엔솔, ESS 흑자 전환

- 2,000억 적자서 작년 200억 이익

- 삼성SDI · SK온도 사업 강화

LG에너지솔루션이 에너지저장장치(ESS) 배터리 사업에서 지난해 흑자전환에 성공했다. 북미 전력망 교체·신설 수요가 늘면서 전력 에너지를 저장하는 ESS를 찾는 기업이 증가하고 있어서다.

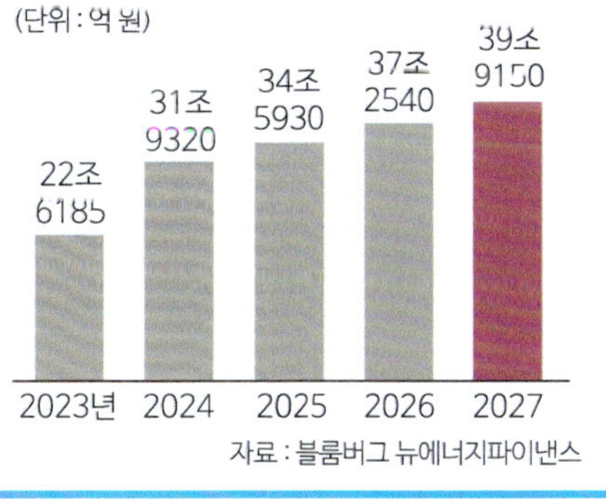

2024년 1월 30일 배터리 업계에 따르면 LG에너지솔루션은 지난해 ESS 사업 부문에서 2조 원이 넘는 매출에 100억~200억 원 가량의 영업이익을 낸 것으로 알려졌다. LG에너지솔루션은 2022년 ESS 부문에서만 2,000억 원에 가까운 적자를 냈다.

업계에선 미국의 노후 전력망이 빠르게 교체되고 있는 데다 신재생에너지 발전 투자가 늘고 있어 오랜 기간 이 시장에 공들여온 LG에너지솔루션이 수혜를 볼 것으로 예상한다. 지난 25일에도 미국 최대 규모 태양광 에너지저장 단지인 '에드워즈&샌본 솔라 스토리지 프로젝트'가 가동에 들어갔는데, 여기에 쓰인 ESS 배터리 약 12만 개 중 상당수가 LG에너지솔루션 제품인 것으로 알려졌다.

LG에너지솔루션이 미국 애리조나에 3조 원을 들여 ESS 전용 배터리 생산공장을 건설키로 한 이유가 여기에 있다. 미국에서는 태양광과 풍력 에너지저장 단지 구축 프로젝트가 줄을 잇고 있다. LG에너지솔루션은 이 공장에서 LFP(리튬·인산철) 배터리를 만들 계획이다. LG에너지솔루션은 북미 시장을 중심으로 ESS 매출을 5년 내 3배 이상 키운다는 목표를 세웠다. 회사 관계자는 "공장을 더 짓는 방안도 검토하고 있다"고 말했다.

인력도 대폭 충원하고 있다. LG에너지솔루션은 지난해 말 ESS 조직 내 개발, 생산, 마케팅 인력을 대폭 늘렸다.

다른 배터리사들도 ESS 사업에 힘을 주고 있다. 삼성SDI는 올해 에너지저장밀도와 안정성을 강화한 독자 상품인 '삼성 배터리 박스(SBB, Samsung Battery Box)' 판매를 확대한다는 계획이다. 니켈, 코발트, 알루미늄이 들어간 NCA 배터리로 셀과 모듈을 하나의 박스 형태로 만들어 사용 편의성을 높였다는 설명이다.

아직 ESS 사업에서 매출이 없는 SK온도 ESS 분야에 본격적으로 뛰어들 준비를 하고 있다. SK온은 북미 지역에 ESS용 배터리 전용 생산라인을 구축하는 방안을 검토하고 있다.

〈출처 : 한국경제, "LG엔솔, ESS 흑자 전환", A13, 2024. 01.31.〉

4) 시동(始動, Start-up)

울트라커패시터의 고출력 기능으로 시동능력을 향상시킨다.

① 울트라커패시터의 고출력 밀도

모든 기계, 설비, 장비 및 시스템의 시동에는 순간적으로 높은 출력공급이 중요하다. 따라서 시동은 울트라커패시터의 고출력 기능이 가장 잘 활용되는 분야이다.

② 부피 및 무게 감소

울트라커패시터 모듈은 다른 배터리(LIB 또는 납축전지) 모듈보다 최대 80% 무게 감소 효과가 있다.

예 24V 납축전지 모듈 - 55kg

32V 울트라커패시터 모듈 - 11kg

③ 애플리케이션(Application)

- 운송 : 기관차 디젤엔진 시동, 버스, 트럭, 승용차
- 통신타워 시동
- 비상발전기 시동

사진 4.23은 자동차 시동버튼(start button)의 모습이다.

사진 4.23 자동차의 시동버튼

사진 4.24는 권장하는 모듈이다.

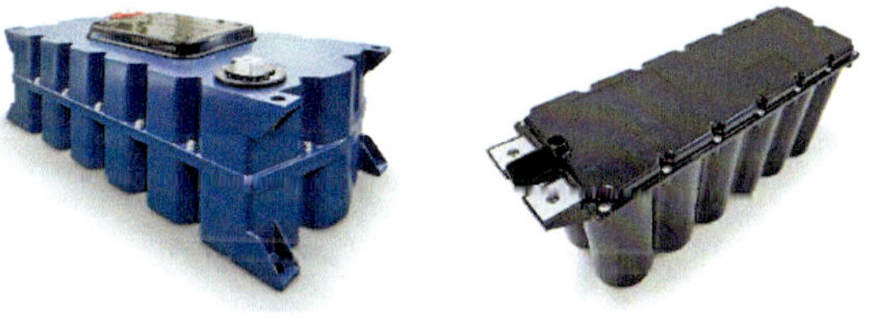

LSUM 048R6C 0166F EA DC　　LSUM 032R4C 0250F EA

사진 4.24 권장 모듈

5) 운송

① 운송(트램 · 정거장 · 하이브리드 버스)

운송 수단에 있어서 회생제동을 통한 연비개선의 효과가 크다.

- 설치현황 : 유럽, 중국 등
- 출력보상
  - 회생에너지의 충 · 방전
  - 넓은 작동온도 범위
- 목적 : 연비개선
  - 교체비용 감소
  - 출력 보상을 통한 배터리수명 향상

사진 4.25는 시내를 주행하는 트램(tram, 노면전차)의 모습이다.

사진 4.25 시내를 주행하는 트램 모습

사진 4.26은 권장하는 모듈이다.

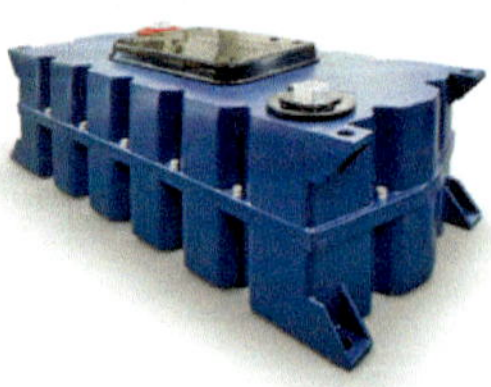

LSUM 048R6C 0166F EA DC

LSUM 129R6C 0062F EA

사진 4.26 권장 모듈

② 선박 하이브리드 시스템

선박 하이브리드 시스템용으로 고출력을 제공한다.

- 설치현황 : 미국
- 출력보조를 통한 시추선의 고출력 대응 및 에너지 절감 충족
- 석유시추선 작동은 고출력이 필요하지만, 이와 동시에 전 세계적인 환경 규제로 인해 이산화탄소의 배출 감소 의무도 있다.
- 고출력과 에너지 절약을 동시에 충족하기 위해, 오랜(장)수명 및 고출력의 울트라커패시터를 이용한 하이브리드 시스템이 가장 적합한 솔루션이다.

사진 4.27은 석유시추선의 모습이다.

사진 4.27 석유시추선 모습

사진 4.28은 권장하는 모듈이다.

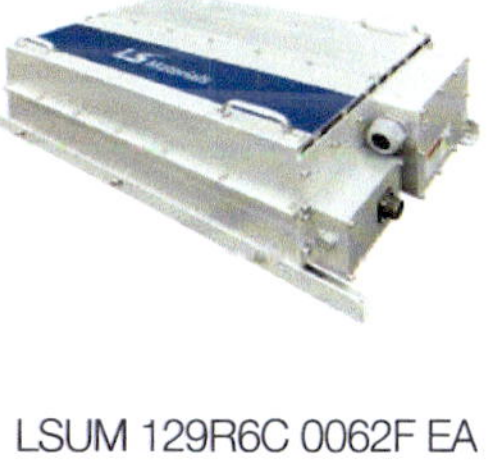

LSUM 129R6C 0062F EA

사진 4.28 권장 모듈

③ 철도 신호

철도 신호는 안전을 위해 높은 신뢰성 보장이 필수적이다.

- 설치현황 : 유럽, 북미, 한국 등
- 철도 신호 보조전력
- 열악한 설치 환경에도 안정적으로 작동이 보장된다.
  - 울트라커패시터의 넓은 작동온도 범위는 −45℃～+60℃이다.
- 유지비용의 감소
  - 울트라커패시터는 오랜(장)수명을 유지하고 고사이클(high cycle, 긴 사이클 수명을 갖는다는 의미)이다.

사진 4.29는 철도 신호기의 모습이다.

사진 4.29 철도 신호기 모습

사진 4.30은 권장하는 모듈이다.

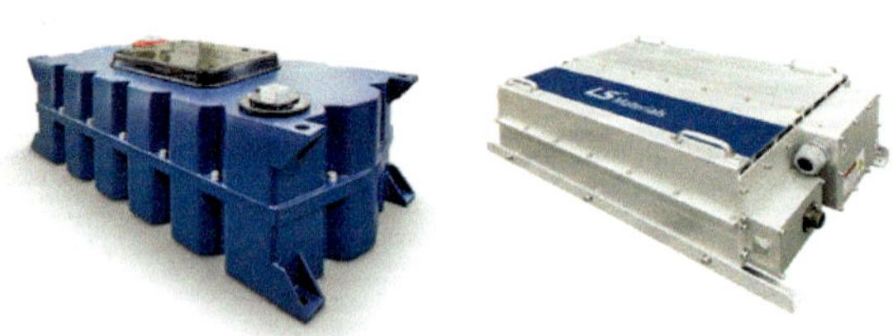

LSUM 048R6C 0166F EA DC　LSUM 048R6C 0166F EA YJ

사진 4.30 권장 모듈

④ 케이블카

울트라캐퍼시터는 케이블카의 작동 및 운영에 있어 비용 효율이 가장 높은 에너지솔루션을 제공한다.

- 설치현황 : 유럽, 북미 등
- 케이블카 전원 및 비상전력 공급
- 높은 신뢰성 및 유지비용 절감
  - 장(오랜)수명
  - 넓은 작동온도 범위, −40~+65℃

사진 4.31은 케이블카의 모습이다.

사진 4.31 케이블카 모습

사진 4.32는 권장하는 모듈이다.

LSUM 048R6C 0166F EA DC

사진 4.32 권장 모듈

6) 자동차

① 자동차(승용차 · 버스 · 트럭)

차량용 비상전원 및 보조전원으로 사용되고 있다.

- 전기차 비상전원(브레이크, 변속기 외)
- 연비 개선(ISG 시동전원)
  - ISG는 공회전 제한장치(Idle Stop & Go)로, 오토 스톱 또는 스톱 앤 고 또는 ISG라고 부른다. 이 시스템은 차량이 멈췄을 때 자동으로 엔진을 꺼버리고, 브레이크에서 발을 떼거나 액셀을 밟아 차를 출발시킬 때는 차량 시동이 자동으로 들어오게 만든다.
- 조향장치용 보조전원
- 전압 안정기

사진 4.33은 회생제동(Regenerative braking)을 적용한 자동차의 모습이다.

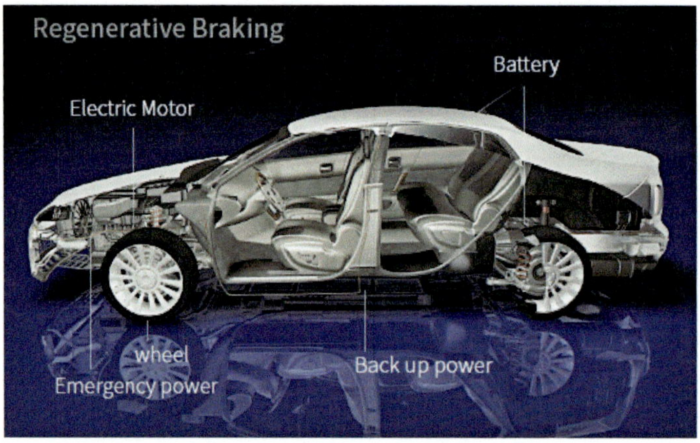

사진 4.33 회생제동을 적용한 자동차 모습

사진 4.34는 권장하는 모듈이다.

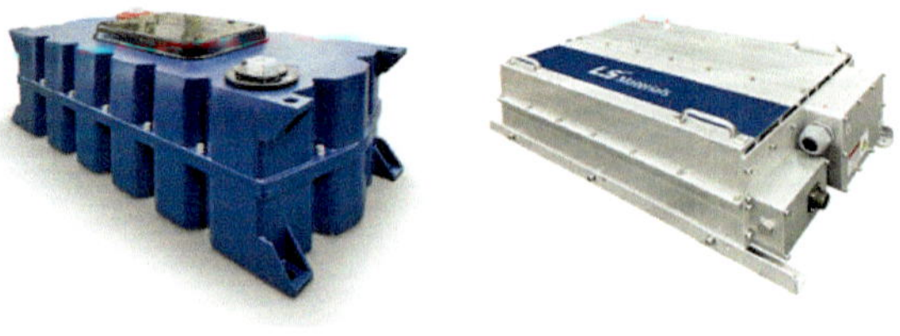

LSUM 048R6C 0166F EA DC　　LSUM 129R6C 0062F EA

사진 4.34 권장하는 모듈

7) 의료장비

의료장비 분야에 있어, 울트라커패시터의 고출력 기능을 통한 전력품질 및 안전성 향상을 가져온다.

- 설치현황 : 유럽, 한국, 북미 등
- 목적
  - 진단 중 정전 발생 대비 예비전력 공급
  - 휴대용 진단장비에 필요한 고출력 대응
  - 환자의 생명과 직결되는 진단장비의 안전성 확보
- 장점
  - 유지비용 절감(장수명)

사진 4.35는 첨단의료장비인 영상진단장치 CT(Computed Tomography, 컴퓨터 단층촬영)의 모습이다.

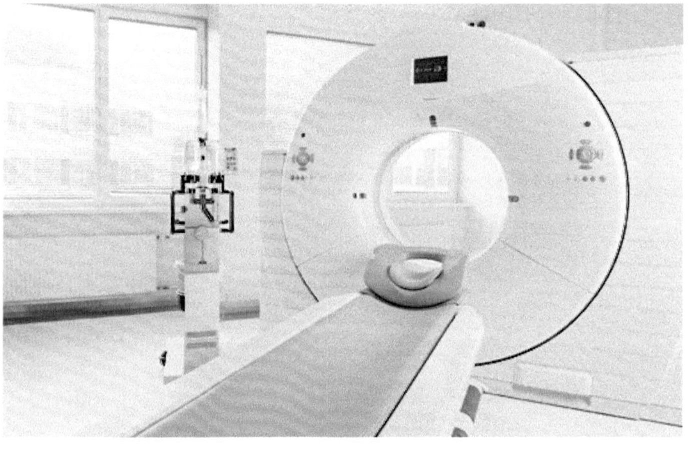

사진 4.35 첨단영상진단장치 CT의 모습

다음 사진 4.36은 권장하는 슈퍼커패시터 셀(cell)과 모듈(module)이다.

LSUM 051R3C 0166F EA　　LSUM 032R4C 0250F EA

사진 4.36 권장하는 셀과 모듈

8) 비상전원

슈퍼커패시터는 비상전원 공급에 가장 효과적인 에너지저장장치이다.

① 엘리베이터

- 고객 : 유럽
- 비상 리프트업(lift-up, 밑에서 위로 들어올리다)용 비상등, 에너지 회생장치
- 장점
  - 유지보수 비용의 감소
  - 회생에너지를 통한 출력 보상

사진 4.37은 엘리베이터(elevator, 승강기)의 모습이다.

사진 4.37 엘리베이터 모습

② 긴급 전원(대피용 비상표시 외)

슈퍼커패시터는 긴급 대피용 비상표시를 나타내는 전원공급에 가장 효과적인 에너지저장장치이다.

- 비상등
- 장점
  - 유지비용 절감(기존 배터리 대비 장수명)

사진 4.38은 긴급 대피용 비상표시의 모습이다.

사진 4.38 긴급 대피용 비상표시 모습

Reference

1. 이국환, "2차전지공학 개론-전기자동차 · 모빌리티 배터리 핵심요소기술", 구민사, 2024. 6. 20.
2. ㈜피엠모터스 전동오토바이(e-bike) 기술개발 자료.
3. ㈜피엠모터스 슈퍼커패시터 배터리팩 시험성적서(KATRI) 자료, 2024.
4. 박정기 외 공저, "리튬이차전지의 원리 및 응용(PRINCIPLES and APPLICATIONS of LITHIUM SECONDARY BATTERIES)", 홍릉과학출판사, 2023. 1. 10.
5. LS머트리얼즈㈜ 자료.
6. 한국기업데이터㈜ 보고서, 2021. 9. 2.
7. ㈜피엠모터스, "R&D사업(수출형 E-Mobility 진공형 단열, 방열 배터리팩의 기술 개발 및 수출마케팅 구축)", 중소벤처기업부, 2019. 10. 01.
8. 이병민 외 공저, "슈퍼커패시터 : 원리 및 재료(Supercapacitors : Principles and Materials)", 충남대학교출판문화원, 2020. 3. 1.
9. 위키피디아(위키백과, www.wikipedia.org) 검색자료.
10. 구글(www.google.com) 검색자료.
11. 네이버(www.naver.com) 검색자료.

1. Qi, Zhaoxiang ; Koenig, Gary M. (July 2017). "Review Article : Flow battery systems with solid electroactive materials". Journal of Vacuum Science & Technology B, Nanotechnology and Microelectronics : Materials, Processing, Measurement, and Phenomena. 35 (4) : 040801.
2. Tehrani, Z. ; Thomas, D.J. ; Korochkina, T. ; Phillips, C.O. ; Lupo, D. ; Lehtimäki, S. ; O'Mahony, J. ; Gethin, D.T. (2 January 2017). "Large-area printed supercapacitor technology for low-cost domestic green energy storage", Energy. 118 : 1313-1321.
3. J. G. Schindall, The Change of the Ultra-Capacitors, IEEE Spectrum, November 2007.
4. Naoi, K. ; Simon, P. (Spring 2008). "New Materials and New Configurations for Advanced Electrochemical Capacitors", nterface. 17 (1) : 34-37.
5. Frackowiak, Elzbieta ; Jurewicz, K. ; Delpeux, K. ; Béguin, Francois (July 2001). "Nanotubular Materials For Supercapacitors". J. Power Sources. 97-98: 822-825.
6. Garthwaite, Josie (12 July 2011). "How ultracapacitors work (and why they fall short)". Earth2Tech. GigaOM Network. Archived from the original on 22 November 2012. Retrieved 23 February 2015.
7. Malmberg, Siret (23 September 2020). "Electrochemical Evaluation of Directly Electrospun Carbide-Derived Carbon-Based Electrodes in Different Nonaqueous Electrolytes for Energy Storage Applications". Journal of Carbon Research. 6.
8. LaClair, M. (1 February 2003). "Replacing energy storage with carbon aerogel supercapacitors". Power Electronics. Penton. Retrieved 28 February 2015.
9. Chien, Hsing-Chi ; Cheng, Wei-Yun ; Wang, Yong-Hui ; Lu, Shih-Yuan (5 December 2012). "Ultrahigh Specific Capacitances for Supercapacitors Achieved by Nickel Cobaltite/Carbon Aerogel Composites". Advanced Functional Materials. 22 (23) : 5038-5043.
10. Chenguang, L. ; Zhenning, Y. ; Neff, D. ; Zhamu, A. ; Jang, B.Z. (November 2010). "Graphene-based supercapacitor with an ultrahigh energy density". Nano Letters. 10 (12) : 4863-4868.

11. Signorelli, R. ; D.C. Ku ; J.G. Kassakian ; J.E. Schindall (2009). "Electrochemical Double-Layer Capacitors Using Carbon Nanotube Electrode Structures". Proc. IEEE. 97 (11) : 1837–1847.
12. Conway, B. E. ; Birss, V. ; Wojtowicz, J. (1997). "The role and the utilization of pseudocapacitance for energy storage by supercapacitors". Journal of Power Sources. 66 (1–2) : 1–14.
13. Toupin, Mathieu ; Brousse, Thierry ; Bélanger, Daniel (2004). "Charge Storage Mechanism of MnO2 Electrode Used in Aqueous Electrochemical Capacitor". Chem. Mater. 16 (16) : 3184–3190.
14. Brousse, Thierry ; Bélanger, Daniel ; Long, Jeffrey W. (1 January 2015). "To Be or Not To Be Pseudocapacitive?". Journal of the Electrochemical Society. 162 (5) : A5185–A5189.
15. Zheng, J. P. (1995). "Hydrous Ruthenium Oxide as an Electrode Material for Electrochemical Capacitors". Journal of the Electrochemical Society. 142 (8) : 2699–2703.
16. Naoi, Katsuhiko ; Naoi, Wako ; Aoyagi, Shintaro ; Miyamoto, Jun-Ichi ; Kamino, Takeo (2013). "New Generation "Nanohybrid Supercapacitor"". Accounts of Chemical Research. 46 (5) : 1075–1083.
17. Salanne, Mathieu (30 May 2017). "Ionic Liquids for Supercapacitor Applications". Topics in Current Chemistry. 375 (3) : 63.
18. "Supercapacitor Technologies and Markets 2016–2026". IDTechEx. 1 November 2016. Retrieved 10 March 2017.
19. Borghino, Dario (19 April 2015). "New device combines the advantages of batteries and supercapacitors". www.gizmag.com. Retrieved 10 February 2016.
20. "Microporous polymer material for supercapacitors with large capacitance, high energy and power densities and excellent cycle life". Green Car Congress.
21. Y. Zhu; et al. (May 2011). "Carbon-based supercapacitors produced by activation of graphene". Science. 332 (3067) : 1537–1541.
22. A.F. Burke, Batteries and Ultracapacitors for Electric, Hybrid, and Fuel Cell Vehicles Archived 7 January 2014 at the Wayback Machine.
23. "Supercapacitors to be tested on Paris STEEM tram". Railway Gazette. 8 July 2009. Archived from the original on 17 September 2011. Retrieved 29 May 2013.
24. Crispo, Rick ; Brekken, Ted K. A. (2013). "A motor-generator and supercapacitor based system for microgrid frequency stabilization". 2013 1st IEEE Conference on Technologies for Sustainability (Sus Tech). pp. 162–166.
25. J. R. Miller, JME, Inc. and Case Western Reserve University, Capacitors for Power Grid Storage, (Multi-Hour Bulk Energy Storage using Capacitors).
26. "Maxwell Technologies Ultracapacitors (ups power supply) Uninterruptible Power Supply Solutions". Maxwell.com. Archived from the original on 22 May 2013. Retrieved 29 May 2013.
27. David A. Johnson, P.E. "SuperCapacitors as Energy Storage". Discoversolarenergy.com. Retrieved 29 May 2013.
28. Leitner, K. W. ; Winter, M. ; Besenhard, J. O. (2003). "Composite Supercapacitor Electrodes". J. Solid State Electr. 8 (1) : 15–16.

Index

한글

영문

Epilogue

기술 패권의 시대, 배터리(이차전지)의 시대가 활짝 열리다.

현 시대 과학기술의 발전은 4차 산업혁명의 범주를 뛰어넘을 만큼 가히 엄청나다.

우리 인간들은 능력과 지혜를 받았는데, 그 능력과 지혜의 한계는 어디까지일까 감히 상상하기도 어렵다.

단지, 인간의 지혜와 능력이 인류의 발전과 성장 그리고 평화로운 번영을 위해 올바르게 선용되기를 기대하며, 한편으론 올바르지 못한 방향으로 쓰이지 못하게하는 제어와 규제가 반드시 필요하다고 본다.

세상에 없는 기술, 지금껏 생각지도 못하고, 상상하지도 못한 기술들이 하루하루 쏟아져 나오고 있다.

인류의 역사와 함께 해온 과학기술은 현재 AI(인공지능), 반도체, 양자컴퓨터를 비롯해 전기자동차는 우리의 이동수단으로 일상생활에 필수적인 도구이다. 전기자동차를 움직이는 핵심은 바로 배터리다.

본 저서의 특징은 다음과 같다.

1. 슈퍼커패시터(Supercapacitor) 배터리의 기술개발을 통한 이차전지 지식의 이해와 습득을 원활하게 하고, 실제로 실무에 적용되도록 저술하였다.
2. 삼원계 NCM, NCA 리튬이온 배터리, 리튬인산철 배터리와의 비교를 통해 서로의 특징, 장단점을 비롯한 기술발전과 사용 용도를 상세히 비교했다.
3. 저자는 학부 3학년, 4학년에게 기계시스템응용설계와 대학원 석사 · 박사과정 대학원생들과 전기자동차 및 이차전지 관련 세미나, 토론 등을 한 내용을 심층적으로 정리하여 새로운 차별화된 내용을 담았다.
4. 저자는 기계시스템응용설계로 박사학위를 받은 공학자로 리튬이온 이차전지, 리튬인산철 배터리, 슈퍼커패시터 배터리 등의 연구개발과 기술사업화를 한 실무경험을 기반으로 저술하였다. 이차전지 관련 기술개발 및 활용에 도움이 될 것이다.

5. 저자의 연구개발 자료를 접목하여 저서의 차별성을 기하였다.
6. 저자의 연구 및 기술개발에 따른 기술사업화 결과물을 기반으로 저술해 실제 이모빌리티 및 이차전지 개발에 도움을 주고, 사례연구로 분석 자료와 차별화된 전략 구축에 대한 제안도 제시하였다.
7. 저자의 80여권이 넘는 융복합 연구개발과 더불어 기술사업화의 전문가로, 공학자로 이차전지에 대한 다양한 내용으로 집필하여 이차전지 및 전동화 모빌리티 관련 기술 습득에도 도움이 될 것이다.

본 저서의 집필에 너무 많은 수고와 노력 그리고 열정으로 배터리를 비롯한 전기자동차 그리고 과학기술 및 관련 공학발전 등에 기여를 한 분들의 업적과 결과를 분석하고, 검토하고, 가르치고, 세미나 등을 하면서 나름대로 저자의 차별화된 내용을 추가했다.

독자들 앞날에 발전과 성장이 있기를 기대하며, 기술보국의 주인공이 되길 바라는 바이다.

다시 한번 이차전지의 발전과 성장에 기여를 한 분들의 노고에 진심으로 찬사와 감사를 드리는 바이다.

저자소개

이 국 환(李國煥)

한양대학교 정밀기계공학과와 동대학원을 졸업한 후 한국산업기술대학교에서 기계시스템응용설계 관련 박사학위를 받았다. 35년 이상 대우자동차 연구소, LG전자 중앙연구소, 대학교에서 기계 · 시스템 및 부품 · 소재, 전자 · 정보통신, 환경 · 에너지, 의료기기 산업 등에서 아주 다양한 융 · 복합기술 분야의 첨단 R&D, 제품개발 및 프로젝트를 수행하였다.

주요 내역은 다음과 같다.

- LG전자 특허발명왕 2년(1992년~1993년) 연속 수상(회사 최초)
- LG그룹 연구개발 우수상 수상(1996년) – 국내 최초 및 세계 최소형 · 최경량 PDA(개인휴대정보단말기) 개발로 1996년 한국전자전시회 국무총리상 수상
- 문화관광부선정 과학기술분야 우수학술도서 저술상 3회 수상(1998년, 2001년, 2014년) – 국내 최다
- 2021년 제39회 한국과학기술도서상 출판대상 수상(과학기술정보통신부장관상)–"이국환 교수와 함께하는 스마트폰 개발과 설계기술" 시리즈 총 3권
- "중소기업을 위한 지식재산관리 매뉴얼" 자문 및 감수위원(특허청, 대한변리사회)
- LG전자, 삼성전자, 에이스안테나, 만도 등 다수 기업(BM발굴, 개발 및 현업문제해결 컨설팅, 특강)과 현대 · 기아 차세대 자동차 연구소(창의적 문제해결 방법론 교육)
- 삼성전기에서 제품개발 및 설계 직무교육
- 정부출연연구기관, 한국산업단지공단, 중소기업진흥공단, 한국생산성본부, 지자체, 대학교 등에서 창의적 제품개발, 신사업발굴, R&D전략 및 기술사업화(R&BD), 창의적 문제해결 방법론 등 교육 및 강의
- 첨단 제품 및 시스템 관련 미국특허(2건), 중국특허(2건) 및 국내특허 20여개 보유

현재 한국공학대학교에서 기계시스템응용설계, 창의적 공학설계, ICT 제품설계 · 개발 등과 더불어 대학원에서 기술사업화 및 R&D전략, 특허기반의 제품 · 시스템개발 및 기술사업화(IP–R&D, R&BD), 기술경영(MOT) 등을 가르치고 있으며, 정부 R&D 개발 사업화 과제 선정 및 평가위원장 등 다수 역할을 수행하고 있다.

또한, 다양한 융 · 복합기술 분야에서 창의적이며 혁신적인 특허 · 지식재산권(PM : Personal Mobility, 전동개인이동수단 관련 다수의 국내 및 미국특허등록, 중국특허등록, 해외특허 PCT 출원)을 보유하고 있으며 이를 활용한 글로벌 혁신적, 창의적이며 차별화된 첨단 제품과 시스템 개발에도 열정을 쏟고 있다.
㈜피엠모터스(www.pmmotors.co.kr) 창업자 겸 원천기술 개발자(30여 편의 국내외 특허 보유)로 과학자, 공학자, 발명가로 활동중이다.

다음과 같은 전문 분야에서도 활발한 활동을 하고 있다.

- 창의성, 창의적 문제해결의 방법론 및 창의적 개념설계안의 도출 · 구체화
- 혁신적 · 창의적 개념설계(Concept design) R&D 및 연구과제 · 아이템 창출
- 선행 연구개발 및 창의적(Creative) 도전기획과제 발굴 및 창출
- 특허기술의 사업화(Open innovation), 특허분석 및 회피설계
- 제품개발과 기술사업화 전략, 사업아이템 발굴 및 BM(비즈니스 모델) 전략수립
- 제품 · 시스템설계 및 개발공학, 동시공학적 개발(CAD/CAE/CAM), 원가절감(VE) 및 생산성(Q.C.D) 향상
- 기술예측, R&D 평가 등

저서로는 〈2차전지공학 개론〉, 〈다이슨 '날개없는 선풍기' 선행개념 연구개발〉, 〈플라스틱 제품개발 사례 및 활용〉, 〈냉각장치 · 냉각시스템 개발 및 활용〉, 〈알기쉬운 도면연습〉, 〈알기쉬운 기계제도 도면해석〉, 〈제품 · 서비스 플랫폼 개발전략〉, 〈스마트폰 해석과 개선설계〉, 〈플라스틱 응용과 재활용〉, 〈플라스틱 금형 · 사출성형과 제품설계〉, 〈복합 엔지니어링 플라스틱 및 응용〉, 〈수퍼 엔지니어링 플라스틱 및 응용〉, 〈엔지니어링 플라스틱 및 응용〉, 〈플라스틱 개론과 제품설계〉, 〈설계사례 중심의 기구설계(개정증보판)〉, 〈스마트폰 부품목록과 설계도면〉, 〈스마트폰 개발전략(Development Strategy of Smart Phone)〉, 〈스마트폰 개발과 설계기술〉, 〈최신 제품설계(Advanced Product Design) – ICT 및 융 · 복합 제품개발을 위한〉, 〈4차 산업혁명의 핵심소재, 플라스틱 미래산업에 답하다〉, 〈최신 기계도면 보는 법〉, 〈메커니즘 사전〉, 〈제품설계 · 개발공학〉, 〈제품개발과 기술사업화 전략〉, 〈동시공학기술(Concurrent Engineering & Technology)〉, 〈설계사례 중심의 기구설계〉, 〈2차원 CAD AutoCAD 2023, 2022, 2021, 2020, 2019, 2018, 2017, 2016, 2015, 2014 등〉, 〈3차원 CAD SolidWorks 2015, 2013, 2011 등〉, 〈SolidWorks를 활용한 해석 · CAE〉, 〈3차원 CAD Pro–ENGINEER Wildfire 2.0 등〉, 〈기계도면의 이해 Ⅰ · Ⅱ〉, 〈2D 드로잉 및 3D 모델링 도면 사례집〉, 〈미래창조를 위한 창의성〉, 〈알파고 시대, 신인류 인재 육성 프로젝트〉 등 제품설계 및 개발, R&D, 기술사업화, CAD/CAE, 특허, 창의성, 창의적인 혁신제품의 개발전략 분야 등 상품기획, 제품설계 및 생산에 이르는 전분야 · 전주기에 걸친 총 80권의 관련 저서가 출간되어 있다.

감수

김 형 석

University of California at LA(Ph.D., Materials Science & Engineering).
한국과학기술연구원
청정신기술연구본부. 에너지저장연구센터 책임연구원
(연구분야 : 차세대이차전지 소재 원천기술 개발)
한국전기화학회 커패시터분과 분과회장